気候システム論
グローバルモンスーンから読み解く気候変動

Climate system study
Global monsoon perspective

植田 宏昭 著
Hiroaki UEDA

筑波大学出版会

Climate system study
—Global monsoon perspective—

by Hiroaki UEDA

University of Tsukuba Press, Tsukuba, Japan
Copyright ©2012 by Hiroaki UEDA

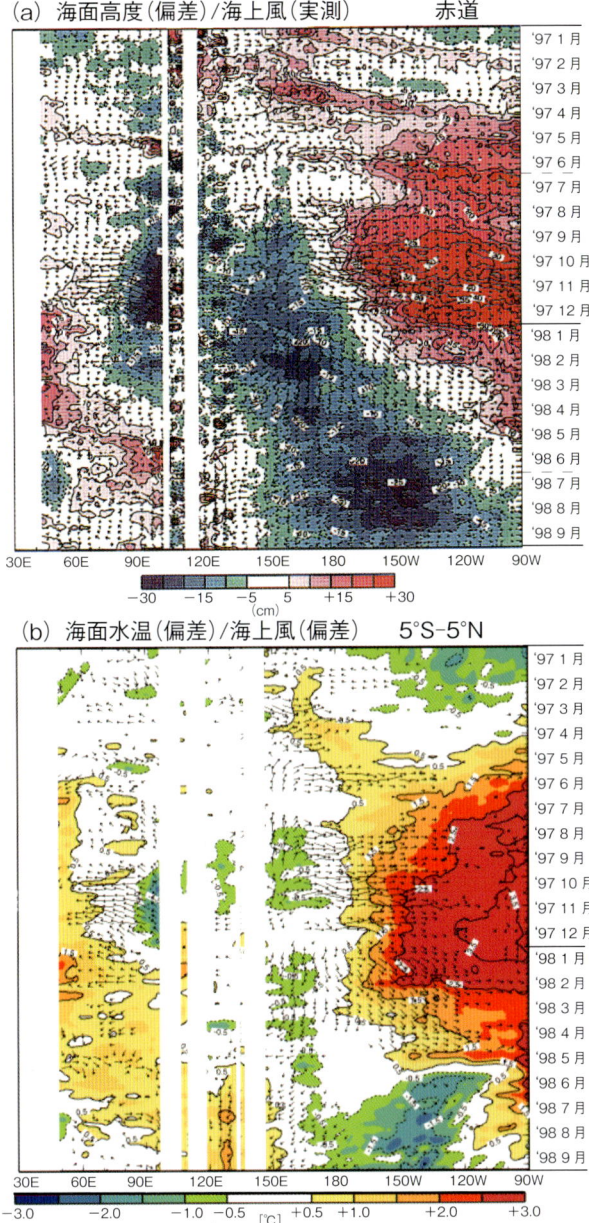

口絵A 赤道域での(a)海面高度偏差と(b)5°S-5°Nにおける海面水温偏差の経度時間断面図.海上風ベクトルは(a)実測値,(b)偏差.(本文p.12)

温暖化時の降水量偏差
(a) 夏期(6, 7, 8月)

(b) 冬期(12, 1, 2月)

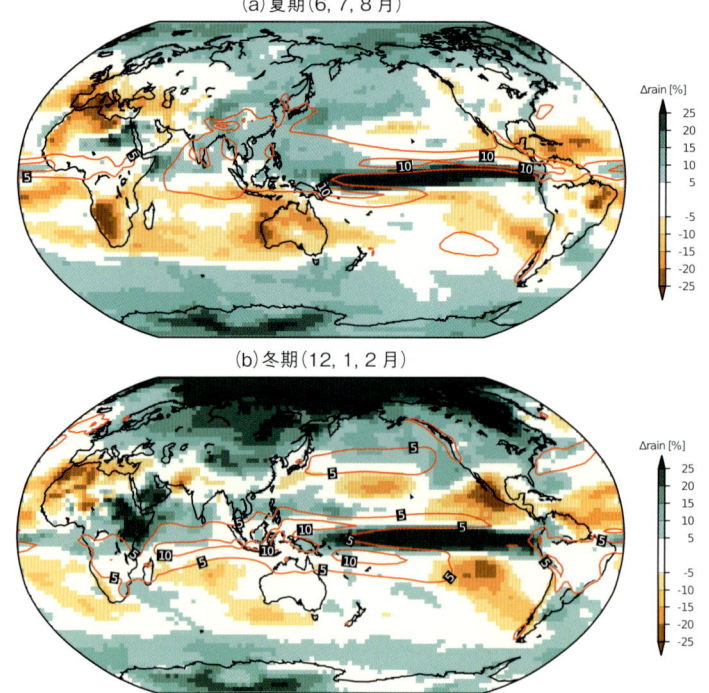

口絵 B　複数の気候モデル(24のCMIP5モデル出力)に基づく北半球の降水量変動予測．現在(1971～2000年)に対する将来(2071～2100年)の変化率．二酸化炭素濃度は代表濃度経路シナリオ4.5(RCP4.5)に基づく．(a)夏期(6, 7, 8月)(本文 p.105)，(b)冬期(12, 1, 2月)(本文 p.177) (Ogata et al. 2014による)

温暖化時の海面水温偏差

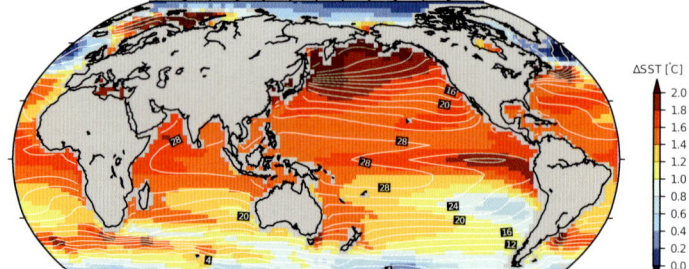

口絵 C　複数の気候モデル(24のCMIP5モデル出力)に基づく温暖化時の海面水温．現在(1971～2000年)に対する将来(2071～2100年)の変化量．二酸化炭素濃度は代表濃度経路シナリオ4.5(RCP4.5)に基づく．陰影は将来と現在の差分量，等値線は現在の海面水温を示す．(本文 p.176) (Ogata et al. 2014による)

はじめに

　気候変動がこれほど注目されている時代はない．夏や冬の月平均気温が平年（一般には過去 30 年平均値）に比べて 3℃ 程度高かったり，低かったりすれば，世間には異常気象という言葉が氾濫する．加えて地球温暖化という別の時間スケールの現象が，話をさらに複雑にしている．ひとたび極端な気象に見舞われると，我々はその変動成分である平均値からのズレ（偏差）に注目しがちである．しかし，平均的な気候の形成要因についての理解なくしては，問題の本質を捉えているとは言えない．日本の気候を例に取れば，毎年あたりまえのように訪れる春夏秋冬も，実はよく観察すると，単純な太陽入射量の季節変化に対して大きく変形されている．この理由は，大気や海洋，雪氷，植生，土壌などの様々なサブシステム間の相互作用とフィードバックにある．

　モンスーンという言葉からは，暖かい南よりの湿った風，もしくは冬季の乾いた冷たい北風が連想される．本書では，これらの風や雨の 3 次元的な構造を記述するだけではなく，それらを作り出すシステムの説明に紙面を割いている．モンスーンの前に「グローバル」を付けた理由は，モンスーンが海洋上を含む，熱帯から中緯度の広範な領域に渡って分布しているだけではなく，領域間の相互作用が重要であることに根ざしている．

　本書はある程度の気象学の基礎を有した学部の 2・3 年生，もしくは修士課程から新たにグローバル気候学を学ぶ学生や，気象予報士，若い研究者を対象とし，気候システムの理解に必要な気候力学と海洋力学のエッセンスを大局的に修得することを目的としている．主に取り扱う地域は高緯度を除く広範なモンスーン地域とし，その中で起こっている大気・海洋・陸面間の相互作用の実例を交えながら，気候システムの奥深さを理解できるよう努めた．

　便宜上，本書の前半では熱帯における海洋力学を取り扱い，その後にモンスーン気候力学を論じている．これは，力学的には海洋力学も気候力学も基本とする方程式は同じであること，遅延振動子のように，各種の波動や大気海洋相互作用を実際の現象として認識し易いためである．

　当初は数式をあまり使わずに，用語や現象の紹介にとどめることも考えたが，より深く物理機構を理解するために，あえて方程式を取り入れた．ただ

し，最終的な関係式のみを掲載するのではなく，初めての人でもつまずかないように，数式を最初から丁寧に導出することにも腐心している．これは，筆者自身が学生時代に，難解な教科書の導入部で断念してしまった苦い経験に基づいている．

気候力学は既存の気象力学を基礎とし，過去四半世紀の間，地球温暖化などに代表される気候変動の理解に対する社会的な要請の中で急速に発展している．本書では基礎的な内容に加え，最近発見された現象や，議論中の事項も積極的に取り入れている．

気候システムという広範な内容を一人で執筆するのは暴挙であり，かなりの勇気を必要とした．敢えてこれを行ったのは，一人の著者の理解の範囲内ではあるが，一つの基軸から全体像を見わたす訓練も，学問の細分化が進む中で大事ではなかろうかと思ったからである．この本を通じて多くの人が，気候の形成や変動の謎解きの面白さに興味を持つようになっていただけたら幸いである．

目次 CONTENTS

はじめに　Preface

1　気候学と海洋学　climatology and oceanology　1

1.1　気候学と気候システム学　climatology and climate system study　2
1.2　力学フレームワークの概観　dynamical framework　3
1.3　海洋と大気大循環の見方　general circulation of ocean and atmosphere　5
　1.3.1　海洋混合層と温度躍層　mixed layer / thermocline　5
　1.3.2　海面高度と海水温　sea surface height / sea surface temperature　7
　1.3.3　速度ポテンシャルと流線関数　velocity potential / stream function　13
　1.3.4　対流活動の空間構造　spatiotemporal structure of convective activity　19

2　気候研究に必要な海洋力学　minimum ocean dynamics for climate study　23

2.1　エル・ニーニョ現象　El Niño phenomena　24
　2.1.1　大気海洋結合系の概観　Bjerknes feedback　24
　2.1.2　直接・間接影響　direct and indirect impact　33
　2.1.3　3種類の振動理論　three oscillators　35
2.2　風によって駆動される表層循環　wind-driven circulation　39
　2.2.1　エクマン輸送　Ekman transport　39
　2.2.2　スヴェルドラップ輸送　Sverdrup transport　46
　2.2.3　スヴェルドラップ輸送の応用例　application of Sverdrup theory　48
　　(a)　充填・放出振動子理論　recharge-discharge oscillator　48

　　　　(b) 西岸境界流　western boundary current　50
　2.3　海洋波動　ocean wave　52
　　　2.3.1　ケルビン波　Kelvin wave　52
　　　2.3.2　ロスビー波　Rossby wave　58
　2.4　大気海洋結合系　air-sea coupled wave　60
　　　2.4.1　遅延振動子　delayed oscillator　60
　　　2.4.2　エル・ニーニョの予測と季節内振動
　　　　　　　forecast of El Niño / intraseasonal variation　61
　　　　(a) 周期　frequency of ENSO　61
　　　　(b) 季節内変動　intraseasonal oscillation　62
　　　2.4.3　WES フィードバックと ITCZ の北偏　mystery of ITCZ　65
　2.5　インド洋での大気海洋相互作用　progress in the Indian Ocean　71
　　　2.5.1　インド洋ダイポールモード　dipole mode in the Indian Ocean　71
　　　2.5.2　赤道モンスーンと ENSO の結合　ENSO-monsoon interaction　74
　　　2.5.3　インド洋のコンデンサー効果　capacitor effect of the Indian Ocean　81

3　モンスーン気候力学　climate dynamics involved in the monsoon　91

　3.1　古典的な概念と新たな解釈　conventional idea and new paradigm　92
　　　3.1.1　巨大海陸風循環説　gigantic land-sea breeze　92
　　　3.1.2　大気の熱源応答　heat-induced response to atmosphere　96
　　　3.1.3　熱源の特定　〜$Q_1 \cdot Q_2$ 法〜　Q_1, Q_2 method　106
　　　　(a) 熱力学方程式と水蒸気保存則　heat and moisture budget　106
　　　　(b) 積雲対流による鉛直渦熱輸送　cumulus parameterization　112
　3.2　季節変化　seasonal change　120
　　　3.2.1　地域特性の差異　stepwise seasonal evolution　120
　　　3.2.2　大気海洋相互作用　air-sea coupled process　126
　　　　(a) 7 月中旬の対流ジャンプと海面水温　convection jump　126
　　　　(b) 海面水温を変化させる要因　regulation of SST　131
　　　　(c) 広域モンスーンの開始　the first transition　133

（d）大気海洋陸面結合系としての季節進行
　　　　　　integrated view of seasonal change　138
　3.3 年々変動　inter-annual variation　142
　　3.3.1 ENSO-モンスーン論の進展　ENSO-monsoon paradigm　142
　　3.3.2 日本の夏季天候の支配要因　anomalous hot summer　153
　　　（a）定常ロスビー波　stationary Rossby wave　153
　　　（b）太平洋高気圧　Pacific high　161
　　3.3.3 日本の冬季積雪変動　snowfall variation in Japan　166
　3.4 様々な時間スケールの変動　various climate variations　169
　　3.4.1 温暖化予測　projection of global warming　169
　　　（a）夏季モンスーン　Asian monsoon in future　170
　　　（b）盛夏期に至る季節変化と梅雨前線　duration of Baiu season　171
　　　（c）冬季モンスーン　winter monsoon　177
　　3.4.2 古気候研究からのアプローチ　paleoclimate modeling　181
　　　（a）地球軌道要素と日射量変動　orbital elements and insolation　183
　　　（b）過去の温暖期と寒冷期　hypsithermal and last glacial maximum　190
　　3.4.3 日変化　diurnal variation　196

おわりに　Postscript　210
Appendix　Appendix　212
和文索引　Japanese Index　217
英文索引　English Index　227

＊なお，図表に関しては，原図の多くが英語表記のため，本書に転載するにあたり，和文化を図っている．内容に関わる大幅な変更を行っていない場合は，「～（原典名）による」という表現に統一している．

1 気候学と海洋学

1.1 気候学と気候システム学

　大気の日変化から年変化までの現象を，長期間平均した状態を気候という．気候学の発展の歴史は，大航海時代の風系図の作成に端を発し，地球全域にわたる地理学的な探求心を背景に発展を遂げてきた．18世紀後半から始まった気象観測データの積み重ねにより，早くも19世紀は気候学の第一次黄金時代を迎えた．

　気候には国境がない．言い換えれば，国を超えた観測体制を整備する必要がある．これを大きく阻んだのが，2度にわたる世界大戦である．温暖化の科学史を冷静に分析したWeartの言葉を借りれば，「20世紀前半の気候学は気温や降雨量などを測候所で記録し，統計を編集する単調な仕事で，良くも悪くも安定した学問」であった．

　第二次世界大戦後は，赤道や極域のデータが新たに得られるようになり，様々な気象現象が発見された．赤道波などはその好例であろう．当時は気象力学と気候学の両輪によって，世界中の気象現象が次々と明らかにされていた．私見ではあるが，この頃から徐々に気候学と気象学の間に，目には見えない境界ができてきたように感じられる．実際，日本における気候学と気象学は別々の学会を活動基盤として発展してきた経緯がある．

　21世紀に入り，地球温暖化などに代表される気候変動が，世間の耳目を集めている．時間平均として扱ってきた対象が長期的に変化する，つまりシステムの「平衡解」や「フィードバック」の議論にシフトしたとも言える．別の視点から見れば，気候学者だけでも，また気象学者だけでも取り扱えない新たな問題が出現したと捉えることもできる．ここで「気候システム」という新たな概念が脚光を浴びることになる．

　気候システムは，気候を形成する大気，海洋，さらには陸面の土壌，植生，雪氷などのサブシステムの総称である．サブシステムの間では熱，水をはじめとし，様々な物質の移動や交換が行われており，これを相互作用もしくはフィードバックと呼んでいる．

　気候システムは太陽放射によって駆動され，サブシステム間の複雑なプロセ

スを経て，エネルギーが宇宙へ戻っていく巨大なシステムである．地球の平均気温が約15℃に保たれていることからもわかるように，惑星スケールで考えれば，地球の気候は平衡に達している安定したシステムのように見える．

ところが，サブシステム間の相互作用によって，気候システムには様々なスケールの変動現象が現れる．熱帯太平洋で発生するエル・ニーニョ–南方振動現象(El Niño–southern oscillation : ENSO)は，数年周期の大気海洋結合現象の代表格である．メカニズムの理解は日進月歩であるが，どの説も共通して，大気海洋結合波動に内在する正と負のフィードバックの重ね合わせで周期的な現象を説明している．別の見方をすれば，自然界に備わる自己制御機構を学ぶ格好の材料とも言える．

地球温暖化研究は将来予測という不確実性を有している点で，従来の気候研究とは根本的に異なっている．気候は氷期・間氷期などに代表されるように，数千年から数万年スケールで変動している．つまり，温暖化と寒冷化が繰り返し起こっていたわけで，過去に生じた気候変動の要因の理解が，気候の将来予測に大いに役立つことが期待されている．氷期・間氷期サイクルの説明では，地球の軌道要素の変化のほかに，炭素循環を含む物質循環や氷床の融解に伴う海洋深層循環の変動など，様々な側面から研究が進められている．

このように，気候システムの研究は，学際科学としての様相を色濃く帯びていることは論を待たない．しかしながら，実際にこれから勉強や研究を始める人にとっては，どこから手をつければよいのかわからないという声も聞く．本書では，気候システムの力学的なフレームワークについて，グローバルモンスーンに係わる具体的な事例を交えて説明していく．基礎から積み上げていくというより，ジクソーパズルの断片を埋めていくような構成なので，完全に理解できなくても，どんどん先へ進み，必要に応じて読み直しても構わない．

1.2 力学フレームワークの概観

図1.2.1に気候システムを考える上で主要となる方程式と，それらを用いて導出される波動や事象などを網羅的に示す．

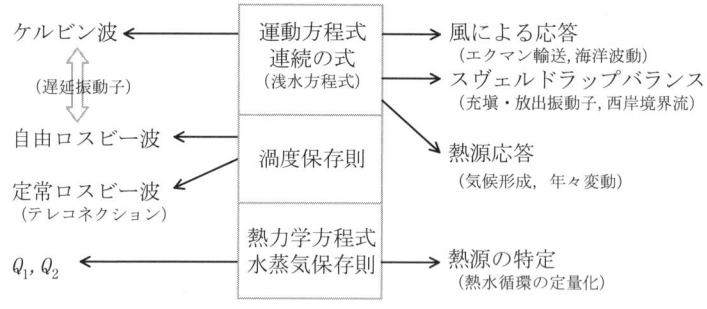

図 1.2.1　気候力学の基礎方程式系(中央；長方形の枠はフレームワークを示す)
　　　　　導出される波動や物理量(左列)，および応用例や最先端の事象(右列).

　一般に大気中の流れは，流体の三次元の運動方程式，質量保存の式，熱力学第一法則，そして状態方程式の計6本の物理法則で記述される．これらの方程式は，最終的には三つのフレームワークに集約でき，そこから各種の波動や様々な事象の説明が可能である．

　空気の水平方向の運動と鉛直方向の運動を結び付ける質量保存の式は，別名「連続の式」と呼ばれ，水平(x, y)方向の運動方程式と合わせたものを，浅水方程式という．この式からケルビン波が導出される．また，浅水方程式に外力を与えて定常応答解を求めることによって，海洋や大気の応答を調べることが可能である．これは気候形成や異常気象など，気候システムの平均的な描像や偏差(平均値からの差分量)の理解に大きく役立つ．

　具体的には2.2節で，浅水方程式系に風応力を与え，大気海洋結合波動が生成される様子を修得する．さらに風の代わりに熱源を置いて得られる定常解，通称，松野-ギルパターンと呼ばれる大気の熱源応答にも触れる．

　海洋の表層循環は，スヴェルドラップバランスと呼ばれる関係を通して風によって駆動される．実はこの式も浅水方程式から導かれる．エル・ニーニョにおける南北方向の熱の輸送，通称，充填・放出振動子理論では，スヴェルドラップ輸送が重要な役割を果たしている．このほかに，黒潮に代表される西岸境界流の力学的解釈も可能である．

　2番目のフレームワークである渦度保存則から導出される自由ロスビー波，前述のケルビン波，さらに風による海洋の応答を組み合わせることによって，

エル・ニーニョ現象における大気海洋結合の全容,すなわち遅延振動子理論を理解することができる.渦度保存則を線形化して分散関係を導くと,定常ロスビー波の本質が見えてくる.これは,テレコネクションパターンの実態にほかならない.

熱力学方程式と水蒸気の保存則を組み合わせた3番目のフレームワークは,一般に Q_1, Q_2 法と呼ばれる.大気中の冷熱源を特定するだけではなく,二つの式を比較することで,対流システムの特徴を議論することも可能になる.

以上,気候システムを理解する上で必要な方程式系と,特徴的な現象について,かなりおおざっぱに説明を試みた.毎年のように起こる異常気象(定義についてはここでは触れない)や,それらを規定する ENSO のメカニズム,さらにはテレコネクションの機構,気候の形成プロセス等々,旬な話題のつまみ食いの感も否めないが,目指すところは,それぞれの部品とシステム全体との関係,つまり気候システム論を構築するところにある.

1.3 海洋と大気大循環の見方

1.3.1 海洋混合層と温度躍層

海洋は大気と異なり,海洋表層が最も暖かく,深さとともに水温が下がる(図1.3.1).一方,大気と同じように,海面付近の海水温には季節変化が見られ,夏は暖かい海水が冷たい海水の上に乗っかった状態になる.このため,海面付近の水温が上昇することから,温度勾配はきつくなる.季節によって勾配が変化するので,この層のことを,後述の主温度躍層と区別して季節温度躍層(seasonal thermocline)と呼ぶ.

冬の場合は,海面から水深 100 m 付近まで,密度や塩分濃度が鉛直に一様な層が現れ,これを季節混合層(seasonal mixed layer)と言う.混合層は風応力が海面に加えられた時に生じる機械的混合(mechanical mixing)と,密度の重い海水の沈み込みによって駆動される熱対流(thermal convection)によって形成される.この重い海水は,海面での熱の放出に伴う水温低下や,蒸発によ

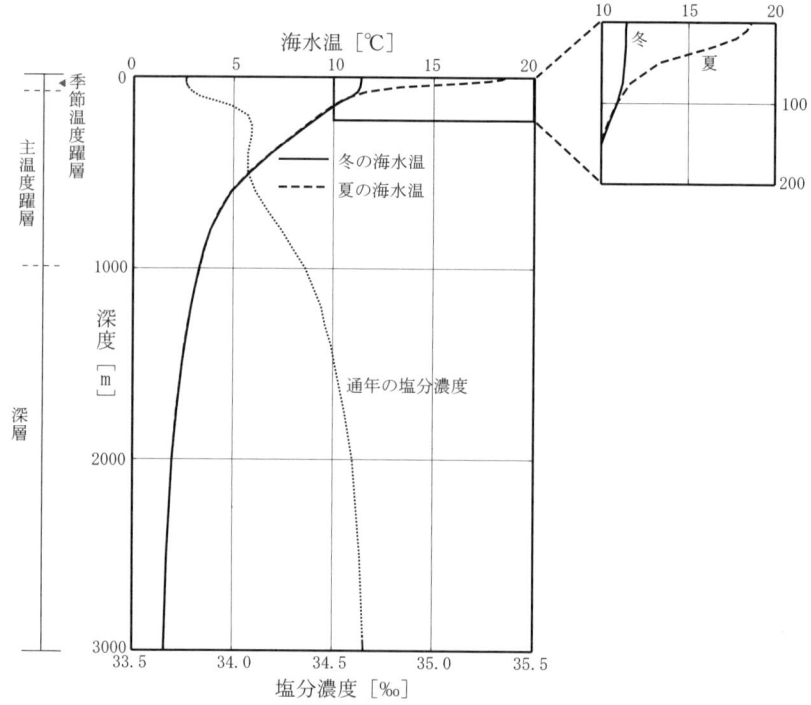

図1.3.1　北太平洋の中緯度における水温と塩分濃度の鉛直構造

る塩分濃度の上昇と関係している．

このように，水深200 m付近までは，季節変化が顕著であるが，それより深いところでは，年間を通してほぼ安定した成層になっている．図1.3.1の深さ3,000 mまでの温度プロファイルを見ると，季節混合層または，季節温度躍層の下には1,000 m付近まで深さとともに温度が低下する層があり，これを主温度躍層(main thermocline)という．なお，主温度躍層の下には，水温が3〜4℃でほぼ一定の，深層と呼ばれる安定層があり，全球的に見た場合，海洋水の約80％を占めている．

海洋内部の鉛直方向の運動は，密度の増減による浮力の変化によって引き起こされる．一般に，上ほど密度が小さくなる成層状態では，微小な上下のゆらぎが生じても復元力が働き元の状態に戻ろうとする．これを安定成層という．

反対に，上ほど密度が大きくなる場合には，ちょっとしたゆらぎでも浮力を得て，鉛直方向の運動が生じる．これを不安定成層と呼び，不安定な成層を解消しようとする運動を対流という．

平均海水 1,000 g には，約 34.5 g の塩が溶け込んでいて，真水よりも約 3% 重くなっている．海水の密度は，塩分濃度が高いほど，水温が低いほど大きくなる．図 1.3.1 の塩分濃度の鉛直構造を見ると，海面付近で塩分濃度が最も小さく，深度の増加とともに塩分濃度が大きくなっている．これは，海面付近では，降水や河川などによる淡水の流入によって，塩分濃度が薄められるからである．一方，重い水は下方へ沈みこむため，深層では相対的に塩分濃度が大きくなっている．

1.3.2　海面高度と海水温

エル・ニーニョ現象に伴う，海水温，風，塩分濃度などの変化を観測するために，赤道太平洋域では 1984 年から海洋ブイによる観測（章末注 1 参照）が始まり，今日まで連続してデータが得られている．図 1.3.2 に示すように，赤道を中心として，南北に 2 度，5 度，7〜9 度，また経度方向は 15 度間隔で定置ブイ（autonomous telemetering line acquisition system：通称 ATLAS）が設置されており，エル・ニーニョ現象における赤道波動を捉えることに成功した．

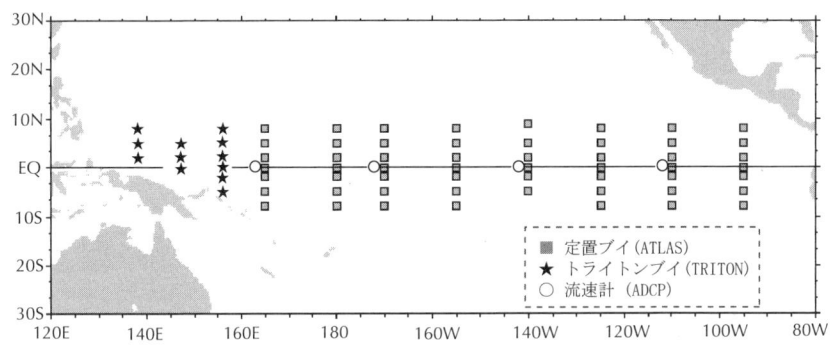

図 1.3.2　赤道太平洋域における海洋ブイの配置図
凡例はブイの種別を示す．ADCP（acoustic doppler current profiler）は音響式ドップラー流速計と呼ばれ，ドップラー効果を利用して水平流速を計測している（PMEL のホームページによる）．

ATLAS は海底にアンカーで固定され,海上では基本要素として気温,湿度,風向,風速を測定している.また,海洋内部は深さ 500 m まで約 10 か所に水温計が取り付けられている.これらのデータは,極軌道衛星 NOAA を経由して陸上に準リアルタイムで送られ,インターネットを通じて一般に公開されている.

近年,日本の海洋研究開発機構(JAMSTEC)は,TAO アレイ(章末注 1 参照)の基本観測要素に加え,雨量計,短波放射計,気圧計,流向流速計,電気伝導度計などを搭載したトライトン(TRITON)ブイを,西太平洋から赤道インド洋域に展開している.とりわけ,西太平洋では PMEL の TAO アレイに代わって運用されることになり,国際的な観測における日本の貢献が高く評価されている.

次にエル・ニーニョ現象の舞台となる赤道域での海水温の構造を見ていこう.図 1.3.3 の最上段は,年平均の気候値を示す.海面水温,海水温ともに東太平洋は西太平洋に比べて相対的に低くなっている.赤道域は年変化が小さいので,そこでは浅い主温度躍層のみが認められる.20℃ 前後の等温線が密になっているところが主温度躍層にあたり(太実線),その深さは東太平洋の南米沿岸付近で 100 m と最も浅く,西太平洋では 200 m 前後と深くなっている.このように海水温が低ければ温度躍層は浅くなり(太破線),反対に暖かければ深くなる.なお,海洋学の分野では,躍層が深(浅)くなることを,「躍層が下(上)がる」と表現する場合が多く,本書でも同じように,暖(冷)水偏差=「躍層が下(上)がる」と表現する.

ここで,海水温と海水位の関係を考えてみよう.鉛直方向の運動方程式において,鉛直速度 w が無視できるほど小さい場合には,ρ を密度,p を圧力,z を高度,g を重力加速度として,

$$0 = -\frac{1}{\rho}\frac{\partial p}{\partial z} - g \quad (1.3.1)$$

のように簡略化することが許される.これは気象学では「静力学平衡の式」,海洋学では「静水圧平衡の式」と呼ばれる.海洋では,海面から深さとともに深度が増すので,鉛直方向の符号を反転させ,海底から海面(高度 z_0)までを鉛直積分すると,(1.3.1)式は,

1.3.2 | sea surface height / sea surface temperature

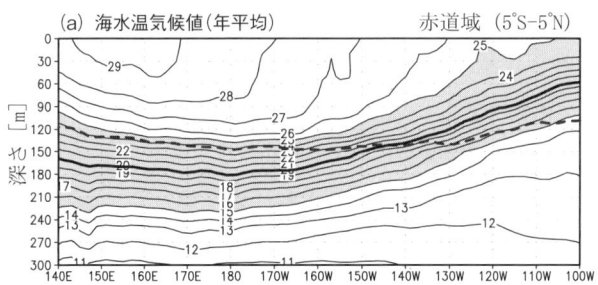

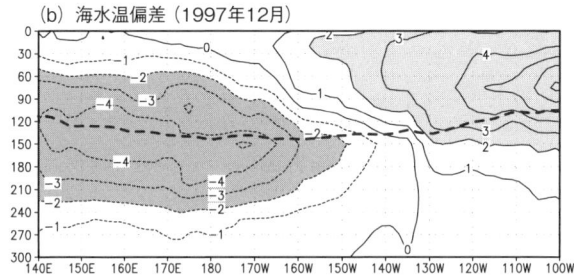

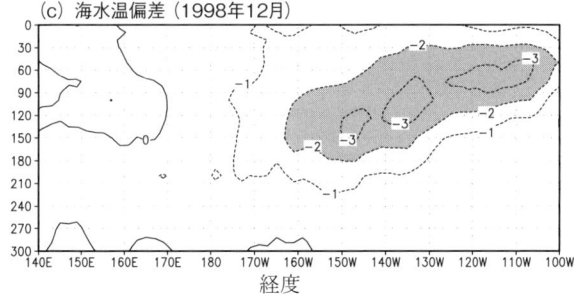

図1.3.3　赤道域(5°S-5°N)における海水温の鉛直断面図
(a)年平均の気候平均値(1961～2000年),15℃～25℃の温度躍層部分を陰影で示す,(b)1997年12月の海水温偏差,濃(薄)い陰影は−2(+2)℃以下(以上)を示す,(c)(b)に同じ,ただし1998年12月.(a)の太実線は気候値の20℃の等温線,(a)(b)の破線は1997年の20℃の等温線.データは北太平洋亜寒帯循環と気候変動に関する国際共同研究(略称SAGE)に基づく.

$$p=\int_{\infty}^{z_0} \rho g dz \qquad (1.3.2)$$

のように表される.つまり,流体の圧力はその位置より上にある海水の重さで

近似することができる．この関係を利用すると，赤道太平洋の東西での海面水位差を簡単に計算できる．

図1.3.4は，海洋を密度の違う2層に分けてモデル化したもので，冷たく重い海水の上に，暖かい表層混合層が乗っている状態を示す．西太平洋は東太平洋に比べて暖かいので，海水は熱膨張し，結果として海水位は相対的にhだけ高くなると仮定しよう．混合層の密度と，その下の冷たい層の密度を，それぞれρ_1，ρ_2とすると，密度差$\Delta\rho=\rho_2-\rho_1>0$と表せる．東西の混合層の深さをそれぞれ，$H_e$，$H_w$とし，東太平洋の海面からの深さを$D$とおくと，静水圧平衡の関係から，混合層より深い水深D地点では，西太平洋と東太平洋の静水圧は等しくなる．この関係を数式で表すと，

$$\rho_1(h+H_w)+\rho_2(D-H_w)=\rho_1 H_e+\rho_2(D-H_e) \qquad (1.3.3)$$

のようになる．$\Delta\rho=\rho_2-\rho_1$を用い，hについて(1.3.3)式を変形すれば，

$$h=\Delta\rho\left(\frac{H_w-H_e}{\rho_1}\right) \qquad (1.3.4)$$

となる．$H_w=200\,\mathrm{m}$，$H_e=100\,\mathrm{m}$，$\Delta\rho=5.0\,\mathrm{kg\,m^{-3}}$を代入すれば，$h$は$0.50\,\mathrm{m}$と概算できる(便宜上，$\rho_1$で除する際には$\rho_1\approx\rho_2\approx1.0\times10^3\,\mathrm{kg\,m^{-3}}$としている)．このように太平洋の東西の気候学的な水位差は，数十cmから1mとい

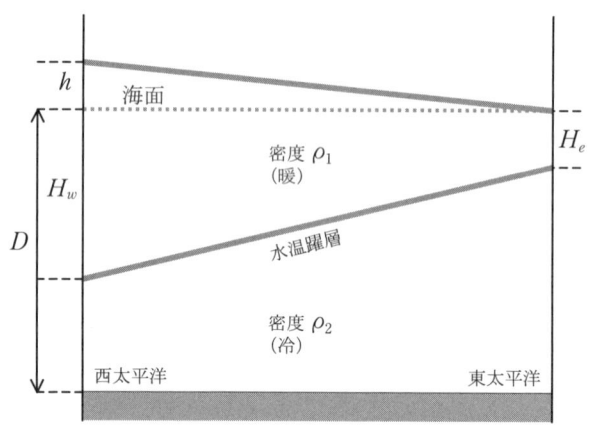

図1.3.4　赤道太平洋における2層モデルの模式図

うことがわかる．

　話を再び年々変動に戻そう．図1.3.3(b)の東太平洋の海水温偏差に見られるように，エル・ニーニョ現象の最盛期には，表層混合層の水温偏差は4℃以上に達している．暖かい海水は熱膨張するので，海面水位も上昇するはずである．実際に，中緯度の検潮所で計った潮位のデータと，同じ緯度帯を航行した船舶によって計られた海水温を比較すると，実によく一致することが知られている．厳密には，海水位は海底から海面までの積算した海水の平均温度によって変化するが，深層ではほぼ水温が一定なので，温度躍層よりも浅い表層混合層の水温変動が海水位変動の主要因となる．

　図1.3.3(c)は東太平洋の海水温が負偏差の時，すなわちラ・ニーニャ現象期を示す．日付変更線(経度180度)から西の海域での水温偏差は，温度躍層を中心に負に転じている．これは，西太平洋から東進する冷水の赤道ケルビン波によって引き起こされている．赤道波動については2.3節で詳しく触れるので，ここでは赤道波動の検出方法について説明する．

　図1.3.5(カラーは口絵A参照)に人工衛星によって計測された海面高度の経度時間断面図を示す．計測している衛星はTOPEX/POSEIDONという呼称がついており，1992年にアメリカとフランスが共同で打ち上げ，継続して全球の観測を行っている．衛星には能動型レーダーが搭載されていて，衛星から発射した電波が海面で跳ね返されるのをキャッチすることによって海面と衛星との距離を算出している．先に説明したように，海洋表層の水温が高ければ，海水が膨張して海水位は高くなるので，衛星と海面との距離は短くなる．この関係を利用すれば，人工衛星から直接計測出来ない海洋内部の水温構造，すなわち海洋波動を検出できる．

　赤道における海面高度の気候平均値(1992～1998年)からの偏差(口絵A(a))と，同時期の海面水温(sea surface temperature：SST)偏差(口絵A(b))を比べながら見ていこう．日付変更線(経度180度)より東側では1997年の4月頃から正の海面高度偏差が出現し，同じ年の冬季(11～12月)に最大となり，翌年の5月には偏差がほぼ消えている．海面高度の上昇は海洋表層の暖水偏差を示しているので，海面水温の偏差にもほぼ同じ季節進行が確認できる．

　一方，負偏差領域に着目すると，海面高度と海面水温の関係は正偏差に比べ

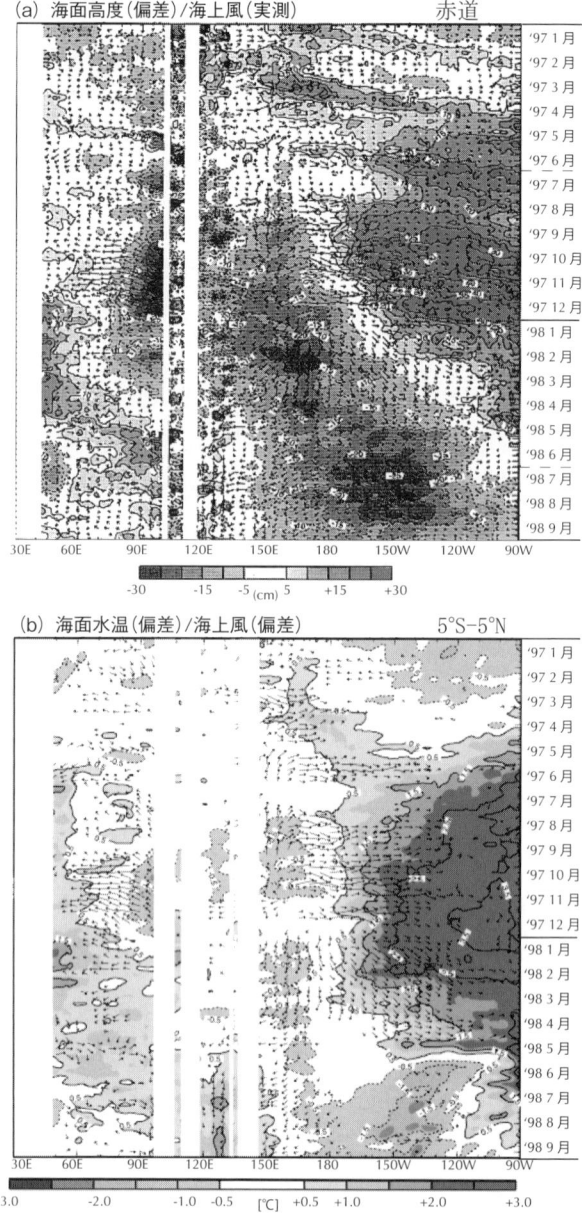

図1.3.5　赤道域での(a)海面高度偏差と(b)5°S-5°Nにおける海面水温偏差の経度時間断面図．海上風ベクトルは(a)実測値，(b)偏差．（カラー図版は口絵A参照）

てあまりよい対応関係にない．西太平洋域で最初に海面水温の負偏差が出現するのは，1997年の8月頃で，その後，負偏差領域は徐々に東進し，翌年の夏に東太平洋に達している．これに対し，海面水温偏差は，1998年の6月になるまで$-0.5\sim-1.0$℃と，微小な範囲にとどまっている．図1.3.3(c)に見られるように，東進する冷水ケルビン波の極大深度は，西太平洋から中央太平洋にかけては温度躍層の深さにとどまっているが，東太平洋では温度躍層が浅くなるため，冷水偏差が海面付近に現れている．つまり，海洋内部に極大を持つ冷水塊が，1998年の6月前後に東太平洋の海面付近に達し，その結果として海面水温偏差が負に転じていると考えられる．

このように海面高度をモニターしていれば，ケルビン波の東進の様子が把握できるので，原理的には東太平洋域での海面水温偏差を，半年～1年前から予測できることになる．

1.3.3 速度ポテンシャルと流線関数

速度ポテンシャルχと流線関数ψは，それぞれ発散循環と回転循環を大循環的な視点（章末注2参照）から見る手法として広く用いられている．ここでは最初に式の導出を行い，次にその意味について説明する．一般に，水平風$V(u,v)$は発散成分$V_\chi(u_\chi,v_\chi)$と回転成分$V_\psi(u_\psi,v_\psi)$に分解することができる．

$$V(u,v)=V_\chi(u_\chi,v_\chi)+V_\psi(u_\psi,v_\psi) \tag{1.3.5}$$

速度ポテンシャルの勾配($grad\ \chi=\nabla\chi$)が発散風$V_\chi(u_\chi,v_\chi)$を表し，流線関数ψの外積($curl\ \psi=\nabla\times\psi$)が回転風$V_\psi(u_\psi,v_\psi)$に相当するので，(1.3.5)式は，

$$V(u,v)=\nabla\chi+\nabla\times\psi \tag{1.3.6}$$

のように表すことができる．$\nabla\chi$，$\nabla\times\psi$の定義は，

$$\nabla\chi=\left(\frac{\partial\chi}{\partial x},\frac{\partial\chi}{\partial y}\right),\ \nabla\times\psi=\left(-\frac{\partial\psi}{\partial y},\frac{\partial\psi}{\partial x}\right) \tag{1.3.7}$$

で与えられるので，(1.3.6)式を直交座標系のx，y方向に分解し，u，vを用いて表すと，

$$V\begin{pmatrix}u\\v\end{pmatrix}=\begin{pmatrix}\dfrac{\partial\chi}{\partial x}-\dfrac{\partial\psi}{\partial y}\\[6pt]\dfrac{\partial\chi}{\partial y}+\dfrac{\partial\psi}{\partial x}\end{pmatrix} \qquad (1.3.8)$$

この式の右辺第 1 項が χ の $x,\ y$ 成分,第 2 項が ψ の $x,\ y$ 成分となるので,V_χ と V_ψ は,

$$u_\chi=\frac{\partial\chi}{\partial x},\quad v_\chi=\frac{\partial\chi}{\partial y} \qquad (1.3.8\mathrm{a})$$

$$u_\psi=-\frac{\partial\psi}{\partial y},\quad v_\psi=\frac{\partial\psi}{\partial x} \qquad (1.3.8\mathrm{b})$$

のように書き改められる.一方,発散 D と渦度 ζ の定義は,

$$D=\frac{\partial u}{\partial x}+\frac{\partial v}{\partial y},\quad \zeta=\frac{\partial v}{\partial x}-\frac{\partial u}{\partial y} \qquad (1.3.9)$$

で与えられるので,(1.3.8)式の $u,\ v$ を(1.3.9)式に代入すると,

$$D=\frac{\partial u}{\partial x}+\frac{\partial v}{\partial y}=\left(\frac{\partial^2\chi}{\partial x^2}-\frac{\partial^2\psi}{\partial x\partial y}\right)+\left(\frac{\partial^2\chi}{\partial y^2}+\frac{\partial^2\psi}{\partial x\partial y}\right)=\frac{\partial^2\chi}{\partial x^2}+\frac{\partial^2\chi}{\partial y^2}=\nabla^2\chi \quad (1.3.10)$$

$$\zeta=\frac{\partial v}{\partial x}-\frac{\partial u}{\partial y}=\left(\frac{\partial^2\chi}{\partial x\partial y}+\frac{\partial^2\psi}{\partial x^2}\right)-\left(\frac{\partial^2\chi}{\partial x\partial y}-\frac{\partial^2\psi}{\partial y^2}\right)=\frac{\partial^2\psi}{\partial x^2}+\frac{\partial^2\psi}{\partial y^2}=\nabla^2\psi \quad (1.3.11)$$

このように,発散場 D と渦度 ζ は,それぞれ速度ポテンシャル χ,流線関数 ψ のラプラシアン ∇^2 と関係していることがわかる.つまり,水平風ベクトル $u,\ v$ から,発散と渦度を求めて,ポアソン方程式を解いたものが,$\chi,\ \psi$ になる.

補足 1.1

渦度 ζ

渦度の符号について確認することで,現象と数式の意味を理解する.補足図 1.1 で A での風を (u_1, v_1),B での風を (u_2, v_2) とする.A から B に移動するということは,x と y 座標軸で考えると,ともに正の方向に移動することになる.つまり $\Delta x>0$,$\Delta y>0$.A では西風なので $v_1=0$ であるが,B では南西風になるので,$v_2>0$ となる.一方,u_2 の大きさは u_1 より小さくなる.すなわち,$\Delta u<0$,

1.3.3 velocity potential / stream function

$\Delta v > 0$ となる．この関係を(1.3.8)式に当てはめると，$\Delta v/\Delta x$ および $-\Delta u/\Delta y$ はともに正となる．つまり，反時計回り（低気圧性）の循環の渦度は正となる．高気圧性循環の場合は反対になる．

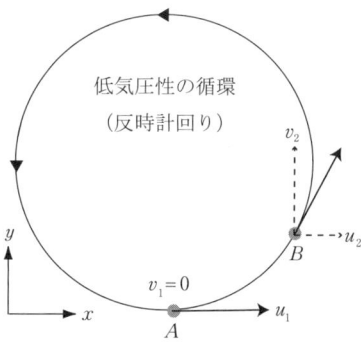

補足図 1.1 　北半球での低気圧性循環における 2 地点の風の東西，南北成分の変化

　再び(1.3.6)式に戻ろう．速度ポテンシャルの勾配が発散風 $V_\chi(u_\chi, v_\chi)$ に相当するということは，χ の等値線と直角に交わる曲線を引けば，それが発散風の方向を表し，等値線の間隔が風の強さを示すことになる（発散風は速度ポテンシャルの値が大きい方に向かって吹くため，直感的にわかりにくい．そのため，速度ポテンシャルの符号を反転させてプロットすることもある）．一般に大気下(上)層で風が収束すれば，上昇(下降)流が生まれ，上(下)層で発散する．このような鉛直循環は発散場によって表されるので，速度ポテンシャル χ の分布を見れば，どこで収束・発散が生じているのかがわかる．

　図 1.3.6 に 7 月における対流圏(a)上層と(b)下層の速度ポテンシャルの分布を示す．対流圏の下層では，フィリピン東方海上からインドシナ半島北部にかけて，水平風の収束域が見られる．反対に下層の収束域の上部では発散域となっている．つまり，この領域で対流活動に伴う強い上昇気流があることがわかる．発散風に着目すると，フィリピン付近の下層収束域に向かって v_χ による南北の収束が顕著である．一方，上層の発散中心から南北に向かって発散風がわき出し，南半球では南インド洋からギニア湾の南にかけて下降している．こ

れは主にアジアモンスーンに付随した子午面循環(南北方向の循環)を表している．北半球の上層の発散中心は，アジア・西太平洋域のほかに，弱いながら中米大陸上にも見られる．両者からわき出した発散風は，中部北太平洋トラフ(Mid-Pacific trough：MPT)付近で収束している．

1月になると(図1.3.7)，南太平洋収束帯(South Pacific convergence zone：SPCZ)に伴う対流活動やオーストラリア北部からニューギニアにかけての降水を反映して，最も顕著な下層収束・上層発散域が西部南太平洋上に見られる．1月の南半球では，より多くの太陽入射を地表面が受け取るため，陸上の降水が増加し，結果として下層収束，上層発散が強まる．速度ポテンシャルの値は相対的に小さいが，下層収束と上層発散の中心は南米大陸と南アフリカにもあり，ここから北向きの上層発散風がわき出している．

1月と7月の発散循環強度を比べると，太陽入射量が夏半球と冬半球で対称

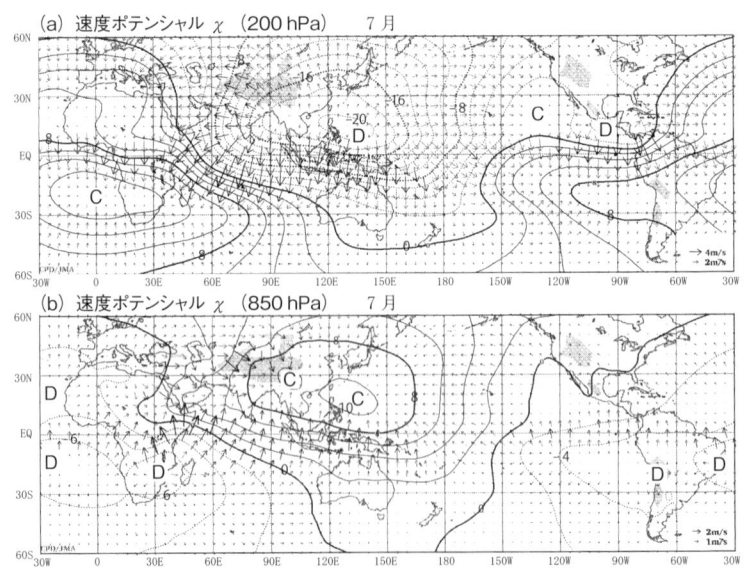

図1.3.6　　7月における速度ポテンシャルの気候平均場(1979〜2006年の平均値，気象庁) (a)200 hPa，(b)850 hPa．等値線間隔は$2.0\times10^6 \mathrm{m^2 s^{-1}}$．D, Cはそれぞれ発散(divergence)，収束(convergence)を示す．発散風の基本ベクトルは右下に記載(200 hPaと850 hPaでは基本ベクトルの大きさが異なる)．データはJRA (Japanese reanalysis：日本長期再解析)の25年平均値に基づく．

1.3.3 velocity potential / stream function

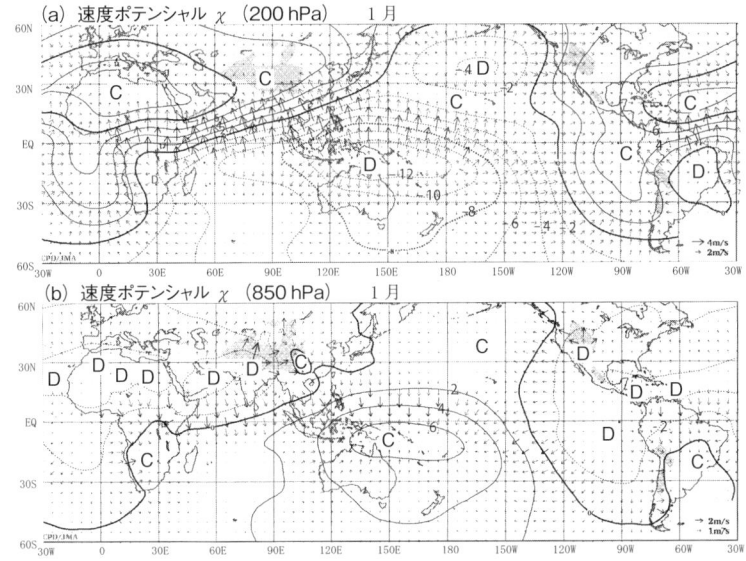

図1.3.7　1月における速度ポテンシャルの気候平均場(1979〜2006年の平均値,気象庁)
データはJRA(Japanese reanalysis:日本長期再解析)の25年平均値に基づく.

であるにもかかわらず,7月の循環の方が強い.その理由は地球上の海陸分布に起因した降水量の南北半球間の非対称性に求めることができる.ユーラシア大陸の中ではアジア域の降水量がもっとも多く,大気中に放出される凝結熱も莫大な量に達する.また対流圏の中部に突出したチベット高原の熱力学・力学的効果も大きい.このように,アジアモンスーンは,グローバル循環における重要な支配因子となっている.なお,モンスーン循環に関しては,成因や変動を含め,改めて第3章で論じる.

　図1.3.8は7月における対流圏(a)上層と(b)下層の流線関数ψの分布を示す.夏の下層循環の中では,南北両半球における亜熱帯域の太平洋高気圧が顕著である.一方,対流圏の上層ではアジア大陸上にチベット高気圧が東西方向に延びている.日本付近に着目すると,上層はチベット高気圧の東端,下層は太平洋高気圧の西端に位置している.この順圧的な高気圧(上層・下層ともに高気圧性の循環)は小笠原高気圧と呼ばれ,日本の夏の天候の支配因子の一つとして様々な研究が進展している.詳細は3.3.2項で改めて触れる.

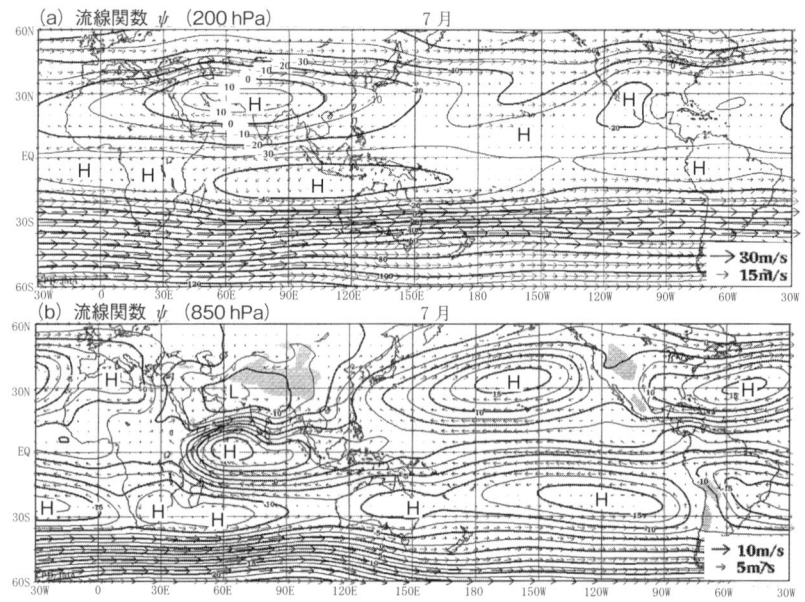

図 1.3.8　7月における流線関数の気候平均場（1979〜2006年の平均値，気象庁）(a) 200 hPa，(b) 850 hPa．等値線間隔は (a) $10.0 \times 10^6 \, \mathrm{m^2 \, s^{-1}}$，(b) $2.5 \times 10^6 \, \mathrm{m^2 \, s^{-1}}$．H，L はそれぞれ高気圧（high），低気圧（low）の中心を示す．風の基本ベクトルは右下に記載（200 hPa と 850 hPa では異なることに注意）．データは JRA（Japanese reanalysis：日本長期再解析）の 25 年平均値に基づく．

補足 1.2

流線関数と相対渦度の符号

　流線関数の導出のところで，回転風の x，y 成分と流線関数の勾配との関係は，$u_\psi = -\partial \psi/\partial y$，$v_\psi = \partial \psi/\partial x$ で与えられることを示した．この関係を図 1.3.8 を見ながら確認してみよう．例えば，チベット高気圧の中心から北に行くに従って ψ の値は減少（$\partial \psi/\partial y < 0$）しているので，$u_\psi > 0$，すなわち東向きの流れになる．同様に中心から東へ向かうに従って ψ は減少（$\partial \psi/\partial x < 0$）するので $v_\psi < 0$，すなわち南向きの風となり，全体では時計回りの高気圧性循環が生み出される．このように視覚的に理解しておけば，南半球でも，低気圧性の循環でも容易に ψ と回転風の関係を把握できる．なお，流線関数の値は，北太平洋高気圧の中心で極大，南太平洋高気圧の中心で極小となっている．つまり，補足表 1.1 に示すよう

に，相対渦度の符号とは反対の関係にある．

補足表1.1　流線関数 ψ と渦度 ζ の符号

気圧	半球	循環	ψ	ζ
高気圧	北半球	時計回り	正	負
	南半球	反時計回り	負	正
低気圧	北半球	反時計回り	負	正
	南半球	時計回り	正	負

1.3.4　対流活動の空間構造

　対流活動の活動度および水平構造は，地球から射出される外向き長波放射量 (outgoing long-wave radiation : OLR) を人工衛星から測定することによって推定することができる．一般に，絶対温度 T の黒体の表面からは，T の4乗に比例した放射エネルギー E が射出されている．この関係はステファン-ボルツマンの法則と呼ばれ，以下の式で表される．

$$E = \sigma T^4 \qquad (1.3.12)$$

σ はステファン-ボルツマン定数といい，その値は 5.67×10^{-8} W m^{-2} K^{-4} である．波長 $8\sim 12\,\mu$m の波長帯では，大気による地球放射の吸収が少なく「大気の窓」とも呼ばれている．この窓領域の波長帯の地球放射を人工衛星から計測すれば，放射体の温度を推定することができる．

　一般に活発な対流活動域での雲頂高度は高い．大気の気温減率に従えば雲頂温度は低くなるので，OLR の値は小さくなる．この関係を利用すれば，対流が活発な場所を二次元的に推定することができる．ただし，冬季の中・高緯度地域では地表面の温度低下が著しいので，雲が無い場合でも低 OLR になること，また熱帯域では積雲対流とともに層状性のアンビル (anvil) が対流圏上部に広がるなど，低 OLR が必ずしも積雲対流活動を示しているとは限らない点に注意が必要である (図1.3.9)．

　図1.3.10に OLR の気候平均値を示す．北半球の冬には，赤道に近い西部南太平洋上からインドネシアなどを含む海洋大陸にかけて OLR の値が最も低く

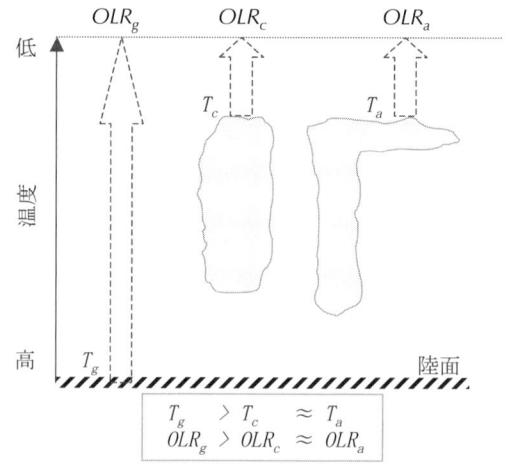

図1.3.9　表面温度(T)と外向き長波放射量(OLR)との関係
添字のgは地面(ground)，cは対流雲(convective cloud)，aはアンビル(anvil)を示す．対流雲の雲頂温度とアンビルの温度はほぼ同じなので，OLRの値からは区別が難しい．雲が無い場合は，地表面や海面からの放射量を人工衛星から計測していることになる．

なる．これはSPCZや海洋大陸上の活発な対流活動を反映したもので，図1.3.7に示されている速度ポテンシャルの下層収束・上層発散域とよく対応している．アジア・太平洋地域以外に目を転ずると，太陽入射量が夏半球(南半球)に増大するので，南米大陸，南アフリカ大陸上にも低OLR，すなわち活発な対流活動域が出現していることに気付く．一方，東太平洋や亜熱帯域では，対流活動が弱い．東太平洋域では，湧昇により海水温が低いので対流活発化が起こりにくいこと，亜熱帯域では下降流によって対流が抑制されていることなどが主な要因である．

　夏(7月)になると，南米，南アフリカ大陸上にあった低OLR領域は，それぞれ北半球側に移動する(図1.3.10(b))．赤道以北のアフリカ大陸上に見られるOLRは，太陽入射量の増大に起因する陸面加熱で説明が可能である．ところが，中米付近では陸上だけではなく，東太平洋上でも低OLRが広がっている．これはアメリカンモンスーン，またはメキシカンモンスーンと呼ばれるもので，暖かい海域における蒸発の寄与も大きい．アジア・西太平洋域での変化は顕著である．インドやインドシナ半島を含む南アジアから東南アジア，さら

| 1.3.4 | spatiotemporal structure of convective activity |

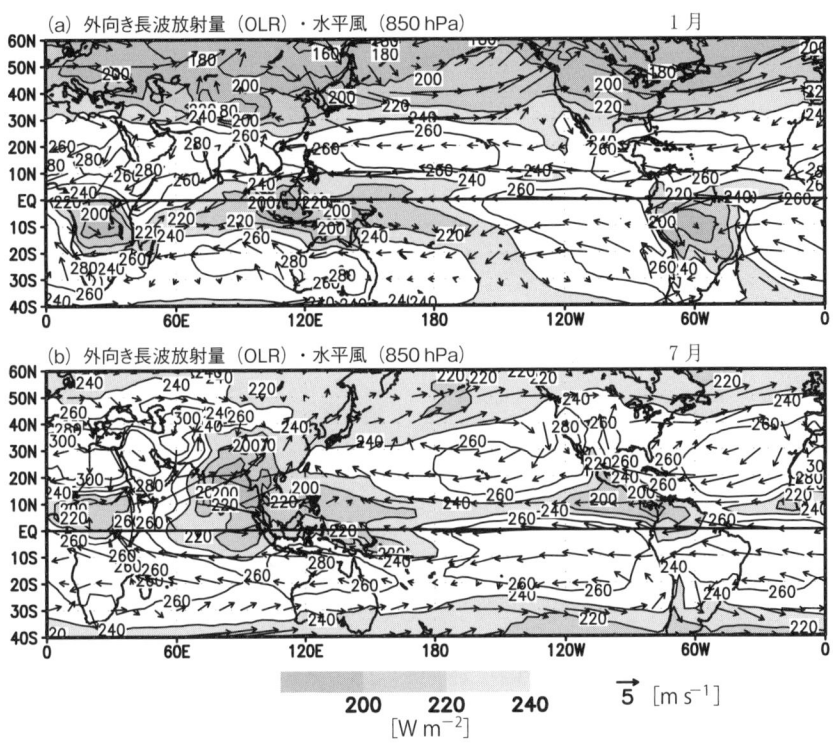

図1.3.10　外向き長波放射量(OLR)と850 hPaの風ベクトルの気候平均場
(a)1月, (b)7月. 等値線間隔は20 W m^{-2}.

には西太平洋上のフィリピンの東方海上にかけて，対流活動が最も活発になっている．アジアモンスーンと西太平洋モンスーンは全球の非断熱加熱の分布において主要な地域であり，日本の天候とも密接に関連するので，第3章で詳しく論じる．

　雲を黒体とみなし，放射量の値から放射源の値を算出したものを相当黒体放射輝度温度(equivalent black body temperature : T_{BB})と呼ぶ．例えば，220 W m^{-2}の放射強度であれば，250 K(零下23℃)の T_{BB} に換算される．対流圏の気温減率をおよそ0.65 K/100 m, 地上の気温を30℃と仮定すれば，雲頂高度は8,154 m(鉛直の温度差53℃を$0.65×10^{-2}$で除する)と求まる．これは活発な対流活動が，対流圏界面近くまで達していることと矛盾しない．

熱帯降雨観測衛星(tropical rainfall measuring mission：TRMM)が打ち上げられるまでは，低OLRと実際の降水量の関係が不明であったが，10年程度の気候平均値の議論の範囲内では，両者の空間分布は大局的には一致していることが分かってきた．ただしTRMMは太陽非同期の円軌道を周遊し，地球を約90分で1周する(1日に16周回)．同じ場所を衛星が通過するのに46日を要するため，日変化や短いスケールの季節内変動を調べるためには，より多くのサンプリングデータが必要となる．このような理由から，静止衛星から得られるOLRもしくはT_{BB}が併用されている．

第1章　注

1：米国海洋大気庁(National Oceanic and Atmospheric Administration：NOAA)の太平洋海洋環境研究所(Precision Measurement Equipment Laboratory：PMEL)が展開している自動観測システムで，TAO(tropical atmosphere ocean)アレイと呼ばれている．世界気象機関(World Meteorological Organization：WMO)の世界気候研究計画(world climate research program：WCRP)の研究プログラムであったTOGA(tropical ocean and global atmosphere)計画の一環で実現した．

2：小・中規模スケールの気象現象では発散(divergence)や渦度(vorticity)をプロットするのが一般的であるが，全球スケールで発散・渦度を描くと，局所的な構造を反映して図がモザイク画のようになってしまう．

参考文献

PMEL：http://www.pmel.noaa.gov/tao/proj_over/map_array.html(2011.9.1閲覧)
Weart, S. R.(増田耕一・熊井ひろ美訳), 2005：温暖化の"発見"とは何か，みすず書房，283pp.

2
気候研究に必要な海洋力学

2.1 エル・ニーニョ現象

2.1.1 大気海洋結合系の概観

　赤道東太平洋からペルー沖にかけての海域では，赤道湧昇と沿岸湧昇によって冷たい海水が湧き上がってくるので，同じ緯度帯の海洋に比べ相対的に低温になっている．また深海から汲み上げられる海水は栄養塩に富むため，海洋表層付近の植物プランクトンの活動が活発となり，それらを捕食するアンチョビ（和名：カタクチイワシ）などの豊かな漁場が生成されている．

　次節で解説するように，湧昇は海上風によって引き起こされている．図2.1.1は赤道東太平洋における海面水温と海上風速の季節変化の気候値を示す．海上風速は6月に最大になり，12月から2月にかけて最も弱くなる．一方，海面水温の極小は9月に現れ，3月に極大を迎える．風速の弱化に伴う海面水温の上昇，あるいは風速強化後の水温低下というように，海水温の変動と循環場の季節変化は負相関の関係にあり，両者の位相差は3か月程度である．

　ここでは主に，北半球の冬～春に出現する海面水温の極大に着目する．海水

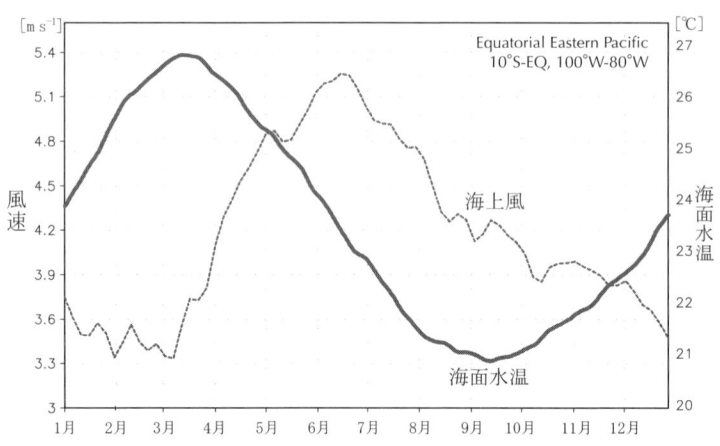

図2.1.1　東太平洋(100°W–80°W, 10°S–EQ)における海面水温(SST)と海上風速の季節変化の気候値

2.1.1 Bjerknes feedback

温の上昇は，湧昇の弱化に起因する植物プランクトン活動の低下，つまり漁獲量の減少を意味する．ペルー沖では，毎年クリスマスの頃になると，海水温の上昇とともに不漁になることが経験的に知られていた．この時期はクリスマス休暇と重なっていたため，季節的な海水温の昇温現象を，スペイン語で神の子の意である「エル・ニーニョ」の到来と呼んでいた．

ところが数年に一度，海水温が高い状態が一年以上持続することがあり，この異常な現象はペルー沖にとどまらず，赤道を中心とした中・東部太平洋の広域に見られることが，1960 年代以降，明らかになってきた．現在では，数年に一度発生するこの赤道付近の高水温現象を総称して，エル・ニーニョ現象と呼んでいる．

図 2.1.2 に北半球の冬期（12 月）における海面水温の気候値とエル・ニーニョが発現した年の合成偏差（章末注 1 参照）を示す．気候学的には，西部熱帯太平洋の海面水温は 27℃〜30℃ と高く，暖水プールと呼ばれている．一方，東部熱帯太平洋から南米大陸の沖合にかけての海面水温は，西太平洋に比べて相対的に温度が低く，西高東低の温度勾配が恒常的に維持されている．

エル・ニーニョ年を見ると（図 2.1.2(b)），正の海面水温偏差が日付変更線（経度 180 度）より東側に発現し，振幅は赤道付近で最大になっている．これは後述する海洋の赤道ケルビン波の関与を示している．4 回のエル・ニーニョイベントにおける水温上昇量の平均は 2 度前後なので，気候値にこの偏差を加えると，中部赤道太平洋における海面水温の絶対値は 28℃ 近くになる（図 2.1.2(c) の太実線）．つまりエル・ニーニョ時の中部赤道太平洋の海面水温は，西部熱帯太平洋域での気候値とほぼ同じになっている．一般に赤道太平洋域の対流活動は海面水温が高くなるにつれて活発化する傾向があり，統計的には 28℃ を超えると深い対流の頻度が増加することが明らかにされている（図 2.1.3）．図 2.1.2(c) の OLR 偏差を見ると，エル・ニーニョ時には対流活発化を示す負の OLR 偏差が日付変更線以東の赤道域に見られ，28℃ の等値線で囲まれた暖水域とほぼ一致していることがわかる．

一般に暖かい海洋上では，第一次近似的には対流活動は活発化するが，両者は「鶏と卵」の関係でもあることから，大気海洋相互作用の視点が必要となる．図 2.1.3 を見ると 29.5℃ 以上の海面水温のプロットが見当たらない．言

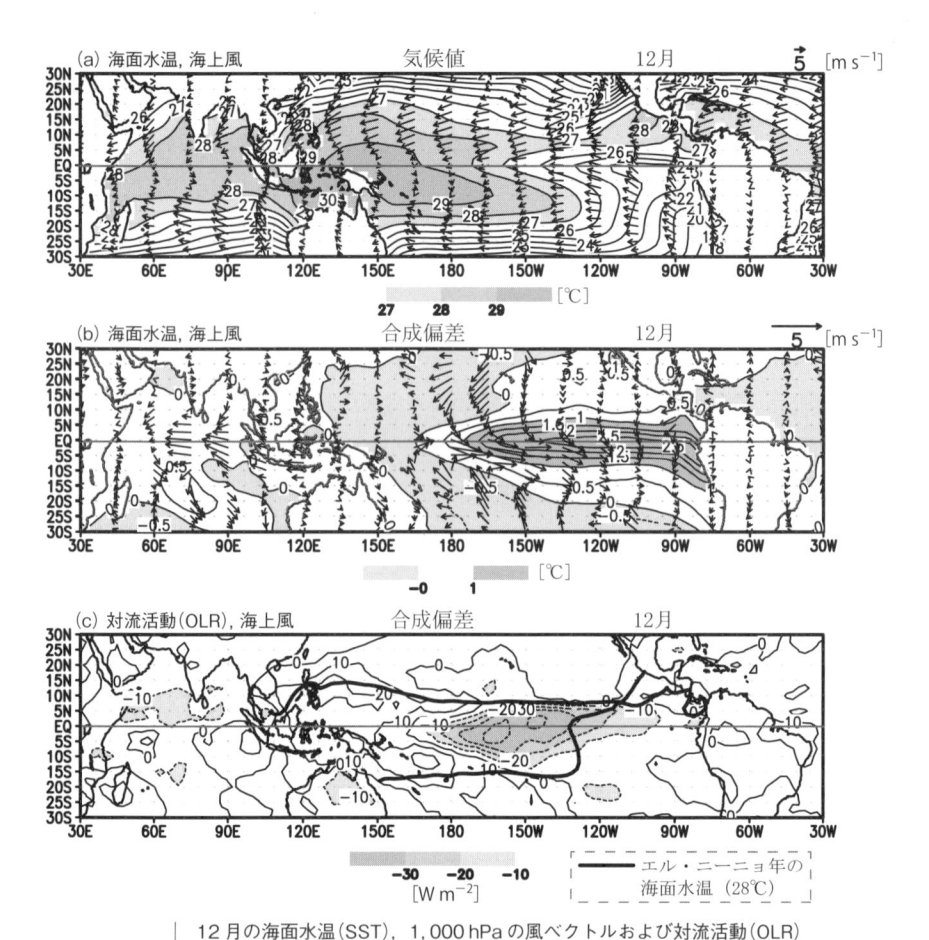

| 図2.1.2 | 12月の海面水温(SST),1,000 hPaの風ベクトルおよび対流活動(OLR) (a)SSTと風ベクトルの30年気候値, (b)エル・ニーニョ年(1982, 1987, 1991, 1997年)におけるSSTと風ベクトルの合成偏差, (c)エル・ニーニョ年におけるOLR合成偏差.エル・ニーニョ年のSSTの絶対値は28℃の等値線のみをOLR偏差に重ねて太実線で示す. |

い換えれば,海面水温が高くなると,対流活動が不活発になる何らかの機構が内在していることを示している.これを,こたつのような暖房機器に取り付けられているサーモスタットになぞらえて,サーモスタット理論(thermostat hypothesis)と呼んでいる.

以下にその仕組みを説明する.対流活発化によって海面では,(1)蒸発によ

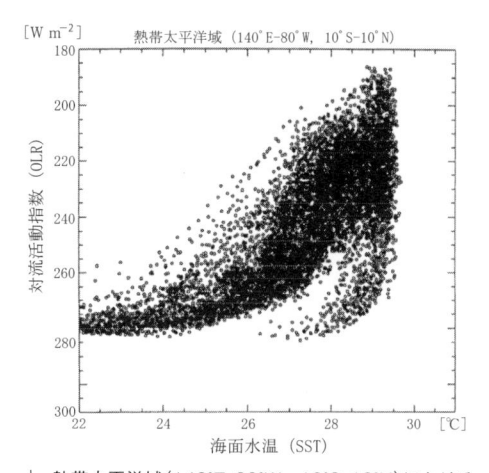

2.1.1 Bjerknes feedback

図2.1.3　熱帯太平洋域(140°E-80°W, 10°S-10°N)における，月平均の海面水温(SST)と外向き長波放射量(OLR)の散布図．1980〜1991年の2度格子データに基づく(Webster et al., 1998による)．

る冷却(evaporative cooling)，(2)海面上を覆う雲による日射の遮蔽(cloud shielding effect)，(3)風応力に伴う海洋の乱流混合(turbulent mixing)などが生じる．これらは，海面水温を引き下げる負のフィードバックとして働くので，対流活発化後に海面水温の低下が生じ，最終的にある一定の温度以下に保たれている．

このように海面水温と対流の関係を議論する際には，両者の時間差を考慮する必要がある．モンスーン循環下の海面水温の形成においては，大気循環やエクマン輸送などの海洋力学が複雑に作用しているため，インド洋での海面水温とOLRの散布図を描くと，両者の間には有意な相関関係が見られない．またアジアモンスーンの年々変動を論じる際には，しばしば海面水温の高低が着目されるが，海面水温の対流活動への影響を含め，海面水温を規定するメカニズムには多くの謎が残されている．本書では，「相互作用」という視点で，これらの問題を整理していく．

図2.1.4は赤道域におけるインド洋から太平洋上の風の東西成分と鉛直流 ω の経度・高度断面図を示す．気候学的には，西太平洋と東インド洋での海水温は高く，豊富な海面からの蒸発に支えられて対流活動は活発になる．また，海

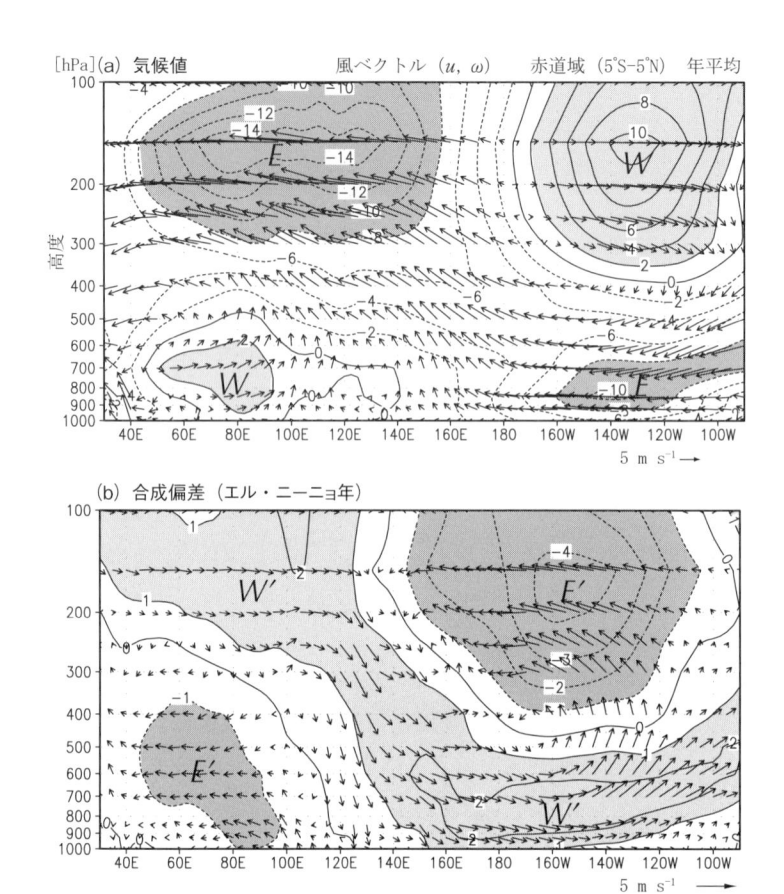

図2.1.4 赤道域(5°S–5°N平均)における年平均の東西風(u)と鉛直流(ω)の経度・高度断面図
(a)気候値, (b)エル・ニーニョ年(1982, 1987, 1991, 1997年)の合成偏差. 気候値の単位ベクトルは, u成分($5\,\mathrm{m\,s^{-1}}$), ω($10^2\,\mathrm{Pa\,s^{-1}}$)を示す(ただし合成偏差の$\omega$の単位は$2\times 10^2\,\mathrm{Pa\,s^{-1}}$). 濃い陰影は東風, 薄い陰影は西風を表す.

洋大陸上でも，太陽放射による陸面加熱により対流活動が活発化している(図1.3.6, 1.3.7, 1.3.10参照)．つまり，赤道域では90°E–150°Eにかけて，海と陸の複合効果で対流活動が活発化し，低圧部が形成されている．対流圏の下層では，この低圧部に向かって中部太平洋からの偏東風とインド洋からのモンスーン西風気流が収束し，上層で発散している(図1.3.6参照)．上昇した空気は，

2.1.1 Bjerknes feedback

対流圏の上層で東と西に向かい，それぞれ東太平洋上とインド洋上で沈降する．これらの東西鉛直循環のことを，発見者のイギリス人気象学者 Gilbert Walker 卿にちなんでウォーカー循環（Walker circulation）と呼ぶ．

　夏のアジアモンスーンは，上層の偏東風ジェットと下層のモンスーン西風気流で特徴付けられる．一方，冬季には偏西風ジェットが対流圏の中・上層で卓越し，下層では大陸から吹き出す北東風と太平洋からの偏東風（貿易風と呼ぶこともある）がインド洋上で合流し，赤道付近は東風となる．図 2.1.4(a) は年平均のデータに基づいているので，夏と冬で風系が逆転するモンスーン循環を厳密には議論できないが，赤道インド洋上では，対流圏の上層の熱帯東風ジェットと対流圏下層の西風気流が確認できる．年平均を取っても夏の循環が見えるということは，夏のモンスーン循環がほかの季節の循環よりも強いことを表している．季節変化の非対称性については，大陸配置や海面水温の形成などの複雑な要因が関与しているので，改めて第 3 章で触れる．

　鉛直循環の説明において出発点とした西太平洋の暖水プールの形成要因について，大気海洋相互作用の視点から考察する．赤道付近の太平洋上は偏東風が年間を通して卓越しているため，海洋表層の暖かい海水は太平洋の西側に吹き寄せられ，西太平洋で暖水が集積（pile up）し，図 1.3.4 のように海面高度が高くなっている．一方，暖水の集積を引き起こしている偏東風は，ウォーカー循環を通して，西太平洋上の対流活動と結び付いている．つまり，偏東風→西太平洋での暖水の集積→対流活発化→ウォーカー循環の形成→東太平洋上での上層収束・下層発散→偏東風の強化というように，ビヤクネスフィードバック（Bjerknes feedback）と呼ばれる大気・海洋間の正のフィードバック機能が内在している．

　エル・ニーニョ時には対流活動が中央太平洋で活発化するので，上昇流の位置も東方へシフトする．図 2.1.4(b) は過去 4 回のエル・ニーニョイベント時の鉛直循環の合成偏差を示す．赤道域の太平洋上では，対流圏の下層で西風偏差，上層で東風偏差が顕著である．これは，気候値に見られる熱帯偏東風と上層西風ジェットの弱化を意味している．一方インド洋上では気候値の風とは反対の偏差循環が見られる．下層の東風偏差と上層の西風偏差は，弱められた夏のモンスーン循環を主に反映している．

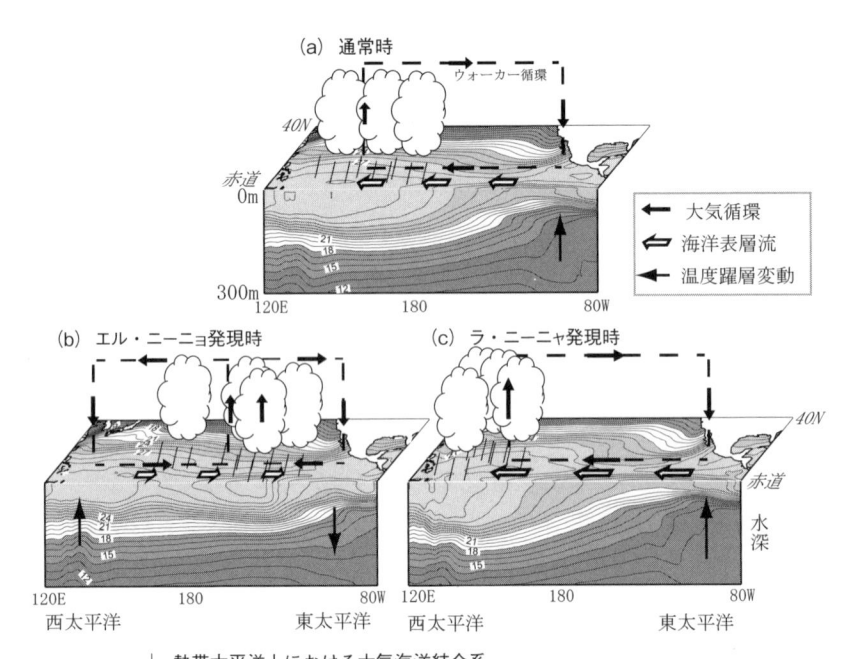

図2.1.5　熱帯太平洋上における大気海洋結合系
鉛直スケールは大気と海洋で異なる（大気は対流圏全体，海洋は水深300 m）．
上段(a)は年平均の気候値，下段左(b)はエル・ニーニョ発現時，同右(c)は
ラ・ニーニャ発現時．

　最後に熱帯太平洋上の大気海洋結合系について図2.1.5に模式的に示す．通常，西太平洋上では偏東風によって集積した暖水プール上で対流活動が活発になり，上昇流が卓越する．一方，東太平洋上では，湧昇により海面水温が相対的に低くなっているため，西太平洋のような活発な積雲対流は見られず，空気塊は沈降している．海洋亜表層の温度構造を見ると，西太平洋では温度躍層が下がっているのに対し，東太平洋では湧昇による冷水塊の上昇のため躍層の深度は浅くなっている．

　図2.1.5の下段の図はそれぞれエル・ニーニョ発現時とラ・ニーニャ発現時の様子を示す．エル・ニーニョが発生すると，対流活発域は中央太平洋に移動し，上昇した空気塊は西太平洋から海洋大陸上と東太平洋で下降する．西太平洋の海水温の低下は躍層深度の上昇として表現されている．一方，東太平洋では湧昇の弱化と暖水ケルビン波の複合効果によって躍層の低下が引き起こされ

ている．ラ・ニーニャ時は通常の大気と海洋の状況が強化されたような状態となり，西太平洋から海洋大陸にかけての対流活動がより活発化し，ウォーカー循環の強化を通して偏東風が通常よりも強くなっている．この強い東風は西太平洋に暖水を集積させる一方，東太平洋から中央太平洋にかけての水温を低く保っている．このように，エル・ニーニョ現象とラ・ニーニャ現象は，海洋の東西の温度勾配の変化と，対流活発域の東西シフトに起因するウォーカー循環の強弱が互いに影響を及ぼし合う大規模な大気海洋結合現象である．

次に対流圏下層の気圧場と赤道太平洋上の偏東風の強弱について考える．通常は，上昇流が卓越する太平洋の西部では低圧場となり，東部では下降気流により高圧場が形成されている．つまり，偏東風はこの東西の気圧差によって維持されている．エル・ニーニョ時には，西部で対流が弱まり，東部では対流活発化が起こるので，西高東低の気圧偏差が生じ，偏東風が弱化する．ラ・ニーニャ時には，反対の気圧偏差になるため，偏東風は強化される．このように，熱帯域の気圧場はエル・ニーニョ現象/ラ・ニーニャ現象と密接に関係している．

気圧場の東西振動については，エル・ニーニョが太平洋の広域にわたる現象として認識される1970年代以前に，インドモンスーンの長期予報と関連して指摘されていた．歴史を遡ると，20世紀のはじめにインド気象局の長官であったWalker卿により，インド洋からインドネシアにかけての気圧が，熱帯東部太平洋との間でシーソーのように変動する南方振動(southern oscillation：SO)を発見したのが最初とされる．この関係をオーストラリア北端のダーウィンの気圧と東太平洋のタヒチとの地上気圧の相関で示したのが図2.1.6(a)である．この図から，熱帯太平洋域の西部と東部の地上気圧は逆位相で変動しているのがわかる．

ダーウィンとタヒチ島はともにヨーロッパの植民地化に伴い早くから気象観測が行われたという歴史的な経緯があり，20世紀のはじめに年々変動の解析に資するデータが存在していたことが南方振動の発見につながった．現在も発見の由来を尊重し，この2地点の気圧差を正規化した指数を，南方振動指数(SO index：SOI)として利用している．ダーウィンとタヒチの地上気圧差の指数であるSOI，および赤道東太平洋域(Niño3領域：150°W–90°W，5°S–5°N)の海

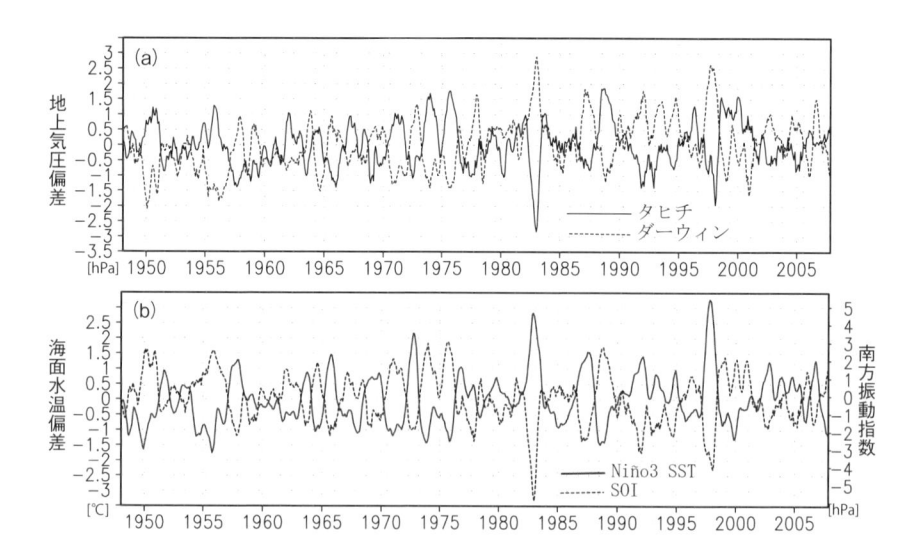

図2.1.6　(a)タヒチ周辺(150°W-140°W, 20°S-15°S)とダーウィン周辺(130°E-132.5°E, 12.5°S-10.0°S)の地上気圧偏差の変動，(b)南方振動指数とNiño3領域の海面水温偏差．どちらも1948年から2007年までの60年気候値からの偏差．地上気圧はNCEP再解析データに基づくため領域平均となっている．

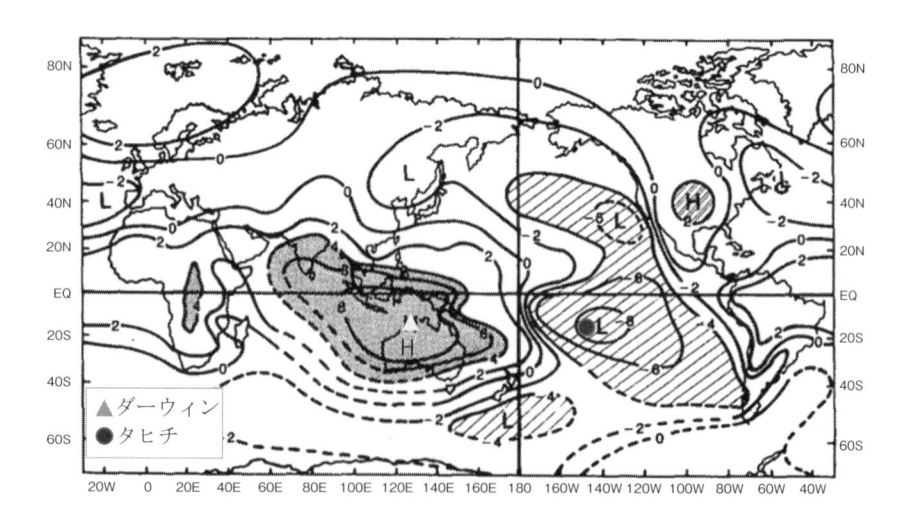

図2.1.7　ダーウィンと他の地点との間の年平均地上気圧の相関係数(×10)の空間分布濃い陰影は相関係数＋0.4以上，薄い陰影は－0.4以下を示す(Trenberth and Shea, 1987による)．

面水温偏差の時系列を見ると，互いに逆位相で高い相関関係にある（図 2.1.6 (b)）．これはエル・ニーニョ発生時には，タヒチ（ダーウィン）を含む東（西）太平洋域では対流（不）活発化のため低（高）圧になることを反映したものである．

図 2.1.7 は地上気圧のダーウィンにおける年々変動とその他の地点の変動との相関係数の空間分布を示す（Trenberth and Shea，1987）．ダーウィンとの 1 点相関なので，ダーウィンを中心として正偏差が広がっているのは当然であるが，タヒチ周辺とカリフォルニア沖では大きな負相関となっている．これはエル・ニーニョ現象に伴って，熱帯太平洋の東西で気圧が逆位相の関係にあることを反映したもので，現在ではエル・ニーニョ現象と南方振動の総称として El Niño/southern oscillation の頭文字をとって ENSO（エンソ）と呼んでいる．

2.1.2 直接・間接影響

エル・ニーニョ現象は熱帯太平洋上のみならず全球的に影響を与えることが統計的に明らかにされている．図 2.1.8 はエル・ニーニョ/ラ・ニーニャ現象に伴う気温と降水量の変化の割合が大きい地域を示したものである．エル・ニーニョが起きた年の気温は全球的に高温になる傾向がある．とりわけアジア域では，ウォーカー循環の変化に関係し，海洋大陸からインドにかけての対流活動が不活発になるため地表面の乾燥化が進み，結果として北半球の秋から翌年の夏前まで高温偏差が続くことが多い．日本付近の冬季の天候は暖冬になる確率が高いことがこの図からも読み取れる．これら一連の偏差はエル・ニーニョがピークを迎える冬季を中心に生じているので「直接影響」に分類される．

エル・ニーニョ現象が発現すると，西太平洋上の対流活発域が東にシフトする．このため中央太平洋上では降水による潜熱解放が盛んに起こり，対流圏の中・上層の大気は加熱される．Horel と Wallace は，この熱源に起因して太平洋・北アメリカ（Pacific North American：PNA）パターンと呼ばれるテレコネクションパターンが引き起こされることを示した（Horel and Wallace, 1981）．3.3 節で式の導出を含めて詳しく触れるが（図 3.3.7 参照），波列の下流側に位置するアラスカからカナダ西部にかけては高圧偏差，アメリカ南東部での低圧偏差が確認できる．なお，図 2.1.8 に見られるアラスカからカナダ西部にかけての高温偏差（降水減少）やアメリカの南東部での低温偏差（降水増加）は，

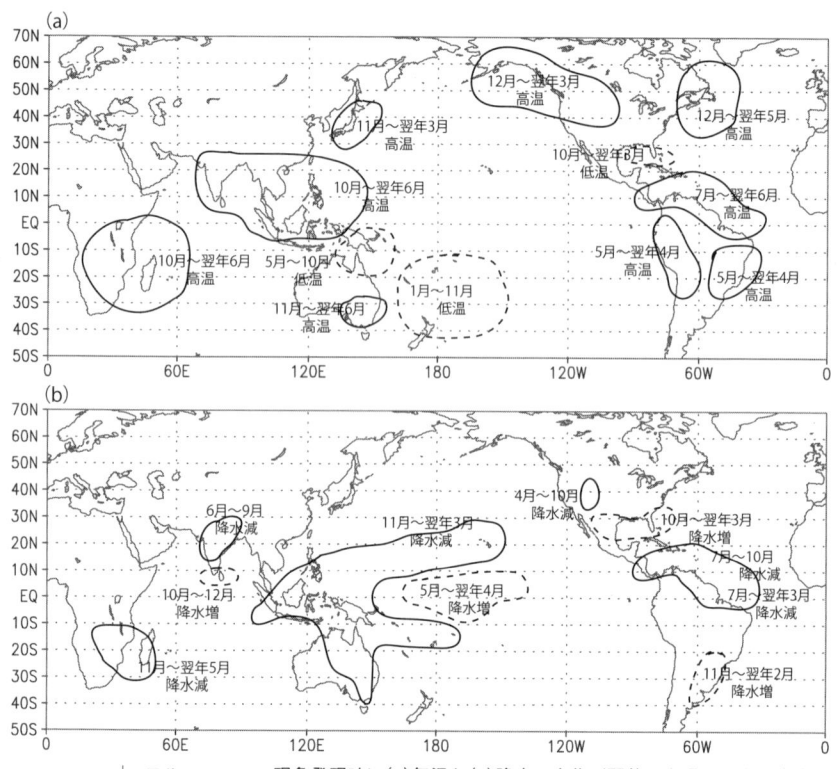

図 2.1.8　エル・ニーニョ現象発現時に(a)気温と(b)降水の変化が顕著に出現しやすい地域．(a)は Halpert and Ropelewski (1992), (b)は Ropelewski and Halpert (1987) による．

PNA パターンに伴う降水量の変動と密接に関係している．

Ropelewski and Halpert (1987) は SOI が負の時，すなわちエル・ニーニョ現象時の雨の変化について図 2.1.8(b)のように集約した．降水量は西太平洋上とその周辺域では減少するが，反対に赤道付近の中央太平洋上では増加する傾向にあることがわかる．降水の減少地域は海洋大陸を支点にして馬の蹄鉄のような形(horseshoe shape)に北東と南東方向に伸びており，図 2.1.2(b)の海面水温偏差の構造と類似している．

アジア域に目を転ずると，夏のインドモンスーンが活発化しているのに気づく．太平洋から離れた夏のインドの降水量が何故，ENSO の影響を受けるのであろうか．この問題に関しては 1980 年代から ENSO とモンスーンの結合とい

う視点から様々な研究が行われてきた．現在では，ENSO のシグナル情報がモンスーンの年変化の中で，ある季節に選択的にインド洋やアジア大陸に埋め込まれ，数か月の時間差を伴って再び現れるとする考え方が ENSO の「間接影響」として注目されている．

2.1.3 ３種類の振動理論

エル・ニーニョ現象の発達過程においては，前述のビヤクネスフィードバックと呼ばれる大気海洋相互作用の正のフィードバックの理解が 1970 年代のはじめに急速に進んでいた．しかし，最初に偏東風を弱化させる要因や，エル・ニーニョ現象とラ・ニーニャ現象が交互に起こる機構については，明らかにされていなかった．Anderson と McCreary は，擾乱に起因した赤道ケルビン波が東進する様子を明らかにし(Anderson and McCreary, 1985)，同じ時期に Zebiak と Cane は数年周期の ENSO サイクルの再現に成功するなど(Zebiak and Cane, 1987)，1980 年代の中頃から単純化した数値モデルを用いた大気海洋結合波動(赤道波)の研究が急速に進展した．

一連の研究は，Schopf と Suarez や，Chao と Philander らによって，遅延振動子理論としてまとめられ(Schopf and Suarez, 1988；Chao and Philander, 1993)，1990 年代の後半からは，西太平洋振動子理論(Weisberg and Wang, 1997)や充填・放出振動子理論(Jin, 1997)などのメカニズムも加わるなど，時代とともにエル・ニーニョ現象/ラ・ニーニャ現象の発生メカニズムの理解が深まりつつある．本書では最初に三つの振動子理論について模式図を用いて概説する．説明の中には，ケルビン波，スヴェルドラップ輸送など聞き慣れない単語が出てくるが，まず全体像の把握を優先し，個々の力学過程については次節で改めて詳しく触れることにする．

図 2.1.9 はエル・ニーニョ現象からラ・ニーニャ現象への遷移過程について，三つの振動子理論を模式的に示したものである．遅延振動子理論(delayed oscillator)は，赤道域での大気と海洋の相互作用に起因した海洋波動の東西振動によってエル・ニーニョ現象とラ・ニーニャ現象の遷移過程を説明したものである．先に述べたように熱帯太平洋上は偏東風が卓越しているが，何らかのきっかけで偏東風が弱まると，西風偏差が生じ，海洋表層のエクマン流が赤道

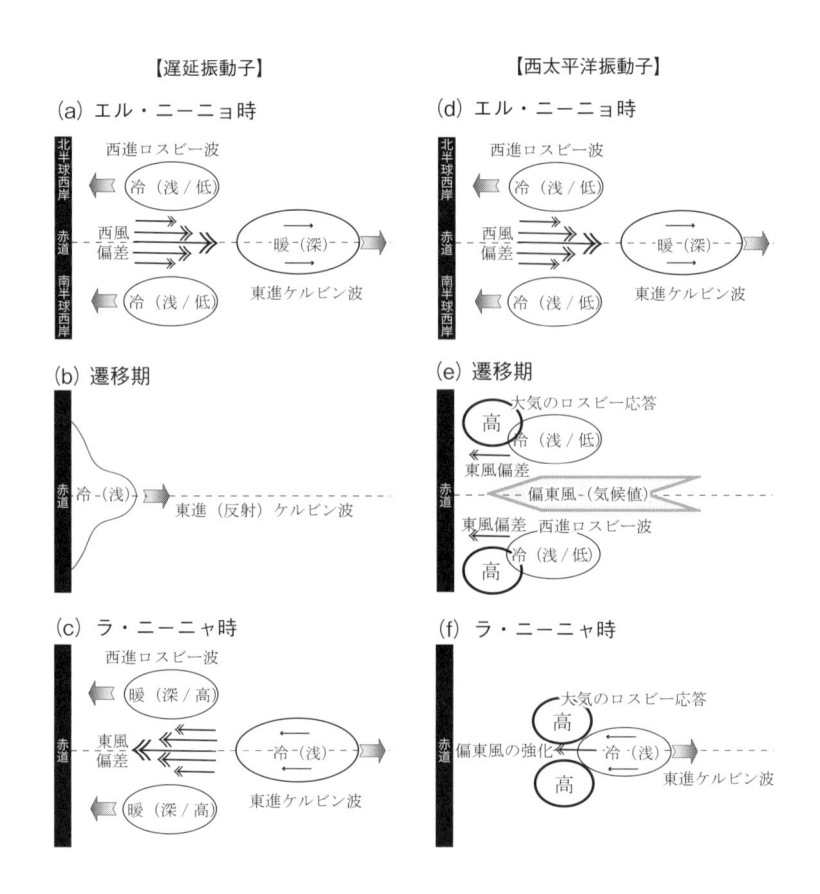

【遅延振動子】　　　　　　　　【西太平洋振動子】

(a) エル・ニーニョ時　　　　　(d) エル・ニーニョ時

(b) 遷移期　　　　　　　　　(e) 遷移期

(c) ラ・ニーニャ時　　　　　　(f) ラ・ニーニャ時

付近で収束する(図2.1.9(a))．赤道域に集積した暖水はケルビン波として東進し，東部赤道太平洋の温度躍層を押し下げ，海面水温の上昇が引き起こされる．気候学的には東部赤道太平洋の温度躍層は西部赤道太平洋に比べて浅いので，躍層の深度の変化が海面水温の変化に現れやすい．このため，エル・ニーニョに伴う東太平洋の海面水温の上昇は，ラ・ニーニャ期の西部赤道太平洋よりも大きな値となる．

　赤道を中心に西風偏差が生じた状態は，南北方向に風の水平シアーを生み出す．北半球側では反時計回り，南半球では時計回りの循環になるが，ともに低気圧性の渦なので，エクマンパンピングによる湧昇が起こり，躍層の深度が浅くなるとともに冷たい海水が表層に現れる．この冷たい海水は，赤道から離れ

2.1.3 | three oscillators

【充填・放出振動子】
(g) エル・ニーニョ時

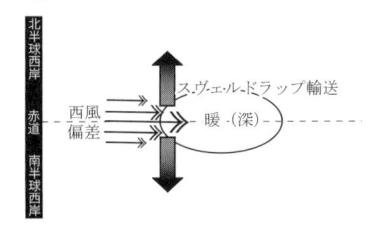

北半球西岸
赤道
南半球西岸

スヴェルドラップ輸送
西風偏差
暖 -(深)-

(h) 遷移期

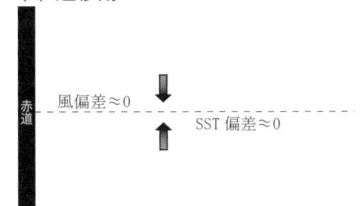

赤道
風偏差≈0
SST偏差≈0

(i) ラ・ニーニャ時

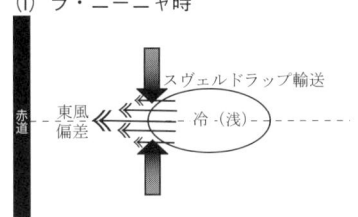

赤道
スヴェルドラップ輸送
東風偏差
冷 -(浅)-

図2.1.9 エル・ニーニョからラ・ニーニャへの移行過程における遅延振動子(a)〜(c)，西太平洋振動子(d)〜(f)，充填・放出振動子(g)〜(i)の模式図

ているためコリオリの β 効果を復元力とする西進ロスビー波が励起される．

　海洋ロスビー波は太平洋の西岸付近で反射し，今度は冷水ケルビン波として再び東部赤道太平洋を目指す(図2.1.9(b))．このため東部赤道太平洋では，温度躍層の上昇，すなわち海面水温の低下が起こる．赤道域における西高東低の海面水温の勾配はさらに大きくなるので，偏東風は図2.1.9(c)のように強化され，結果としてエル・ニーニョ時とは反対の高気圧性循環が赤道から少し離れたところに生成される．高気圧性の循環内では，エクマン収束によって海洋表層の暖水が集まり，西進ロスビー波となって太平洋の西岸に向かう．西岸に到着した暖水ロスビー波は，西部赤道太平洋の海水温の上昇をもたらし，ラ・ニーニャの状態へと移行する．

遅延振動子理論は概念としてはすっきりしているが，実際には太平洋の西岸でロスビー波が反射される際に多くのエネルギーを失うなど，補足的な機構を必要としていた．そこで新たに登場したのが，西太平洋振動子理論(western Pacific oscillator)である．エル・ニーニョ時に赤道から離れたところに冷水塊が作られることは，遅延振動子理論と同じであるが(図2.1.9(a)および(d))，遷移期では冷水域での負の熱源によって赤道を挟んで双子の高気圧性偏差が生じる(章末注2参照)．熱帯太平洋上は偏東風が卓越しているので，高気圧性の循環の赤道側では基本風である偏東風が強められる．風速の強化は，海面での蒸発冷却や海面付近の乱流混合(風・蒸発フィードバック：wind–evaporation feedback)などを介して，海面水温の低下をもたらす．つまり，元々あった冷水偏差が東に移動したように見える．この新たに生じた冷水偏差も，高気圧性の偏差を作り出し，前述の風・蒸発フィードバックを通して負の海面水温偏差を赤道域に生じさせる．このように，大気の冷源応答とそれに伴う大気海洋間の正のフィードバックによって，赤道域での冷水塊が蓄積され，東進ケルビン波となって東部赤道太平洋へと伝播していく(図2.1.9(f))．西太平洋振動子理論では，ENSOの位相反転において，必ずしもロスビー波の西岸での反射を必要としていない点が新しい．

　遅延振動子理論，西太平洋振動子理論はともに，ENSOの反転において東西方向の赤道波動の伝播が重要としているが，南北方向の熱の移動は考慮されていない．この点に着目したのが，充填・放出振動子理論(recharge–discharge oscillator)である．エル・ニーニョ時に伴う西風偏差は，赤道から離れるに従って振幅が減衰するので，南北両半球側に低気圧性の風応力が作り出される．この風応力はスヴェルドラップ輸送と呼ばれる海洋の流れによって，赤道付近の暖水を極方向に放出させる(図2.1.9(g))．赤道域では足りなくなった海水を湧昇で補おうとする．論理的には，湧昇の大きさは東西方向に一様である．それでは何故ラ・ニーニャの状態に遷移するのであろうか．その鍵は温度躍層の深さにある．一般に東太平洋の温度躍層は西太平洋に比べて浅いので，湧昇に伴う冷水は効率的に海洋亜表層の水温を下げる．つまり東部赤道太平洋における水温低下が顕著となるため，結果としてラ・ニーニャへ遷移していく．なお，ラ・ニーニャ時には反対に高気圧性の風応力偏差によって赤道外に蓄積さ

れていた暖水が赤道域に運ばれるため，中・東部赤道太平洋における海面水温偏差は正に転じ，再びエル・ニーニョに戻る（図 2.1.9(i)）．

2.2 風によって駆動される表層循環

2.2.1 エクマン輸送

海面上での風応力(wind stress)によって駆動される海洋循環を風成循環(wind-driven circulation)と呼ぶ．風応力 τ は近似的に下記のように表すことができる．

$$\tau = \rho C_D u_{10}^2 \qquad (2.2.1)$$

ここで ρ は空気の密度，u_{10} は海面から高度 10 m での風速である．C_D は風の海面摩擦係数で，風速が 10 m s^{-1} の時におよそ 0.001 前後の値をとり，風速が 20 m s^{-1} で約 2 倍になることが経験的に知られている．

風が一定の状態で吹き続けている場合，浴槽などの小さな空間スケールでは，水は風下側に動くだけであるが，大規模な空間スケールになると，転向力の効果によって図 2.2.1 のような流れになる．この流れを最初に理論的に考察したスウェーデンの海洋学者 Ekman の名前を冠して，エクマン流(Ekman flow)と呼ぶ．北半球では風の吹く方向に対して右手 45 度傾いた方向に表面の海水が運ばれる．さらに Ekman は，水の渦動粘性が一定で，海水の運動が海底の影響を受けないと仮定した場合，表層より下の海水が渦動粘性による摩擦によって引きずられ，その海水も転向力によってさらに右にずれることを示した．この流れはエクマン螺旋(Ekman spiral)と呼ばれ，海水を鉛直方向に積分した海水の流れをエクマン輸送(Ekman transport)という．エクマン輸送は風応力と転向力(Coriolis force)が釣り合った状態にあり，その向きは，風の方向に対し北半球では右手直角，南半球では左手直角になる（図 2.2.2）．エクマン輸送量は風応力に比例するが，転向力の大きさには反比例する．この関係は海水の密度を ρ とすれば，

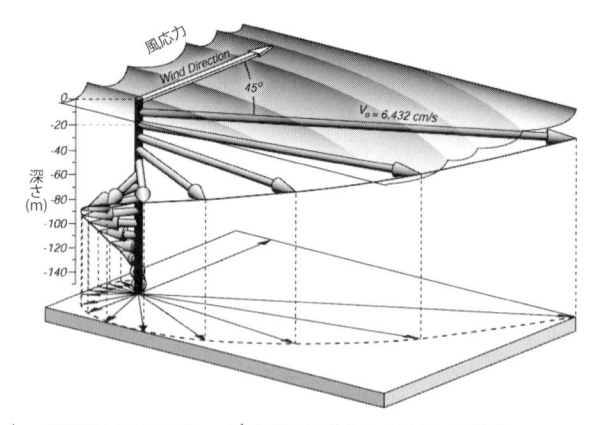

図2.2.1　35°Nにおいて10 m s^{-1}の風に駆動されたエクマン輸送
(Introduction of Physical Oceanography : Open source Textbook[web], Stewart, 2005による, ⓒOcean World)

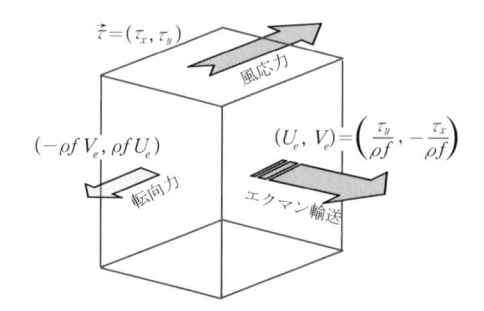

図2.2.2　エクマン層の平均的な運動
風応力と転向力がバランスし, 北半球では風の吹く方向に対して直角右方向にエクマン輸送が引き起こされる.

コリオリパラメーターをf, エクマン輸送を(U_e, V_e), 風応力を(τ_x, τ_y)として,

$$-\rho f V_e = \tau_x, \quad \rho f U_e = \tau_y \qquad (2.2.1a)$$

のように表される. つまりエクマン輸送は, 風応力とコリオリパラメーターの関数として,

$$U_e = \frac{\tau_y}{\rho f}, \quad V_e = -\frac{\tau_x}{\rho f} \qquad (2.2.1b)$$

と記述することができる.

> **補足 2.1**
>
> ### 海面応力の単位
>
> 海面応力は単位面積あたりにかかる力なので，単位は$[\mathrm{N\,m^{-2}}] = [\mathrm{kg\,m^{-1}\,s^{-2}}]$になる．(2.2.1)式の右辺の単位を確認しておこう．ρは$[\mathrm{kg\,m^{-3}}]$，u_{10}は$[\mathrm{m\,s^{-1}}]$であることを考慮すると，ρu_{10}^2は，$[\mathrm{kg\,m^{-3}}][\mathrm{m^2\,s^{-2}}] = [\mathrm{kg\,m^{-1}\,s^{-2}}]$となり，左辺と一致することがわかる．中緯度の海上10 mでの代表的な風速は10$[\mathrm{m\,s^{-1}}]$，海面摩擦係数を0.001とすると，SI単位系(kg, m, s)での風応力は0.1$[\mathrm{N\,m^{-2}}]$となる．熱帯域では風速が半分になるので，風応力は0.025$[\mathrm{N\,m^{-2}}]$と求まる（簡便化のため摩擦係数は中緯度と同じにしている）．なお，海の流れは非常にゆっくりしているため，しばしばCGS単位系(cm, g, s)で表記される場合もある．1N $[\mathrm{kg\,m\,s^{-2}}]$は$10^5[\mathrm{dyn}] = 10^5[\mathrm{g\,cm\,s^{-2}}]$と等しいという定義から，
>
> $$1\left[\frac{N}{m^2}\right] = \frac{10^5}{10^4}\left[\frac{dyn}{cm^2}\right] = 10\left[\frac{dyn}{cm^2}\right]$$
>
> つまり風応力が$[dyn]$で表記されていたときは10で除すればSI単位系に変換できる．

　実際のエクマン輸送は，海面から数十mまでの深さにとどまるが，赤道や海岸でエクマン輸送が生じると，図2.2.3のように鉛直方向の海水の運動が引き起こされる．太平洋の東側は太平洋高気圧の東端に位置するため，北半球では北風，南半球では南風が卓越している．このため南北米大陸の西岸沖では，ともに西向きのエクマン輸送が引き起こされる．つまり表層付近の暖かい海水が沖の方向へ運ばれるので，沿岸付近の上層の海水は足りなくなり，それを補償するために下層から冷たい海水が湧き上がってくる．この流れのことを湧昇（upwelling）と言う．沿岸域での湧昇は，後述する赤道湧昇（equatorial upwelling）と区別するため，沿岸湧昇（coastal upwelling）と呼ぶ場合が多い．先に述べたペルー沖の湧昇が有名であるが，アフリカ東岸のソマリア半島沖では，南風によって強い湧昇が引き起こされている．

　赤道域の中・東部太平洋上では年間を通して偏東風が卓越している．表層付近の海水は，風応力によって北（南）半球では赤道から北（南）向きに運ばれる．赤道域では表層の海水が不足するので，沿岸湧昇域と同じように下層から冷た

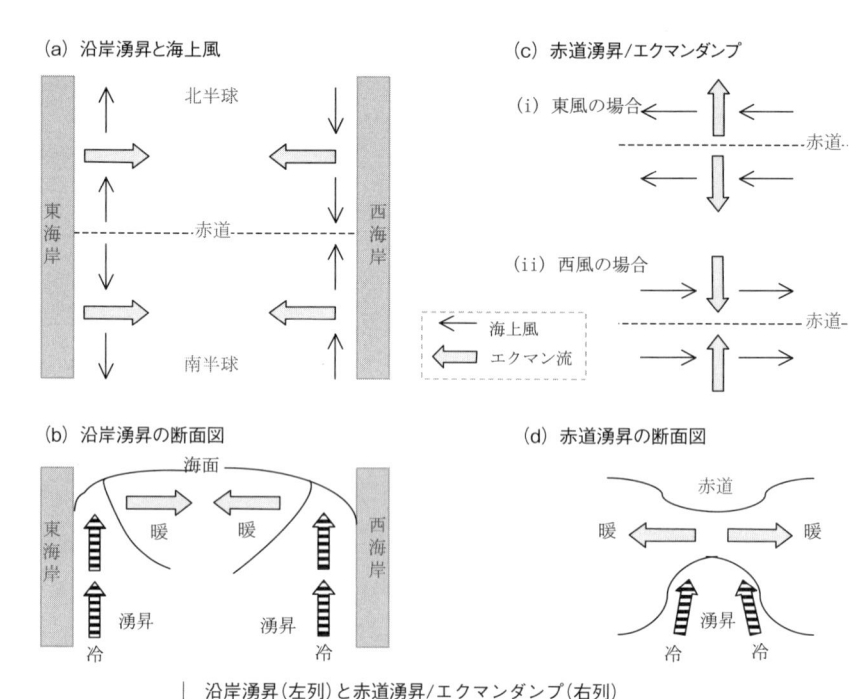

図2.2.3 沿岸湧昇(左列)と赤道湧昇/エクマンダンプ(右列)
上段は海上風によるエクマン輸送の水平構造，下段はエクマン輸送に引き起こされる海洋内部の循環を示す．

い海水が湧き上がってくる．これを赤道湧昇と呼ぶ．実際に，表層付近の海水温は，赤道から離れた緯度帯よりもやや低くなっている．一方，赤道インド洋では，春と秋にヴィルティキジェット(Wyrtki jet)と呼ばれる西風が一時的に吹くことがある．この場合は，赤道向きのエクマン輸送が引き起こされるので，赤道域では暖水が集積することによって海面が上昇する．赤道湧昇と対比させるため，エクマンダンプ(Ekman dump)と表現されることもある．

次に海上を吹く風が水平方向に一定ではなく，回転している場合を考える．図2.2.4(a)は北半球において低気圧性の大気循環があったときのエクマン輸送を模式的に示したものである．風の向きに対してエクマン輸送は直角右向きとなるので，エクマン層全体の海水は低気圧性循環の外側に排出される．この海洋上層での海水の発散を補うために，下層から冷たい水が湧き上がり，温度躍層の深度が上昇する．この鉛直流速 w_e のことをエクマンパンピング流速

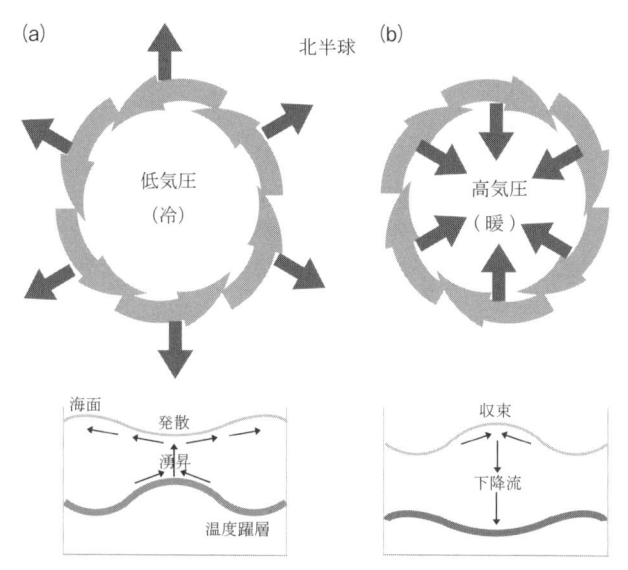

2.2.1 Ekman transport

図2.2.4 北半球における(a)低気圧性循環と(b)高気圧性循環によって駆動されるエクマン流(上段),海面および温度躍層の変化(下段)

(Ekman pumping velocity)と言う.w_e はエクマン輸送の水平発散量と釣り合うので,(2.2.1b)式を用いると,

$$w_e = div(U_e, V_e) = \frac{\partial}{\partial x}\left(\frac{\tau_y}{\rho f}\right) - \frac{\partial}{\partial y}\left(\frac{\tau_x}{\rho f}\right) = curl\left(\frac{\vec{\tau}}{\rho f}\right) \quad (2.2.2)$$

となる.高気圧性の循環が卓越している場合には,表層付近の海水は循環内に収束し,温度躍層を押し下げる.海面水温に着目すると,北半球で高気圧性の循環が卓越しているときに水温は上昇し,低気圧性循環の場合は低下する(南半球でもこの関係は変わらない).

図2.1.9において,遅延振動子理論を説明する際に,赤道から離れたところに生成される海洋のロスビー波は,風の水平シアーによって励起されるということを述べた.また,充填・放出振動子理論においても,南北方向の海水の運動を駆動する力として,風の水平シアーの役割に触れた.東西風の振幅が赤道付近で最大である場合,言い換えると風の南北方向のシアーがあるときは,赤道から離れたところに循環が生み出される.この関係を,地球流体の運動方程

式((2.2.3), (2.2.4)式)と連続の式((2.2.5)式)によって構成される浅水方程式(shallow water equation)から導出する．

$$\frac{\partial u}{\partial t} - fv = -\frac{1}{\rho}\frac{\partial p}{\partial x} \quad (2.2.3)$$

$$\frac{\partial v}{\partial t} + fu = -\frac{1}{\rho}\frac{\partial p}{\partial y} \quad (2.2.4)$$

$$\frac{\partial u}{\partial x} + \frac{\partial v}{\partial y} + \frac{\partial w}{\partial z} = 0 \quad (2.2.5)$$

(2.2.3), (2.2.4), (2.2.5)式において東西方向の風応力 τ_x を外力として与え，風が一定の状態で吹いている場合(u, v の時間変化項 $\partial u/\partial t$, $\partial v/\partial t$ がゼロ)を考える．$\partial w/\partial z$ を気圧の変化 $\partial p/\partial t$ に置き換え，β 面近似(補足2.2参照)を適用すると，

$$-\beta yv + \frac{1}{\rho}\frac{\partial p}{\partial x} = \tau_x \quad (2.2.3\mathrm{a})$$

$$\beta yu + \frac{1}{\rho}\frac{\partial p}{\partial y} = 0 \quad (2.2.4\mathrm{a})$$

$$\frac{\partial p}{\partial t} + \frac{\partial u}{\partial x} + \frac{\partial v}{\partial y} = 0 \quad (2.2.5\mathrm{a})$$

となる．(2.2.3a)式を y で偏微分，(2.2.4a)式を x で偏微分して両者の差を取り，連続の式(2.2.5a)を用いれば，

$$\frac{\partial p}{\partial t} = \frac{1}{\beta y}\frac{\partial \tau_x}{\partial y} + \frac{v}{y} \quad (2.2.6)$$

が得られる．図2.2.5はエル・ニーニョに伴う西風偏差の卓越を想定し，東西風の振幅が赤道付近で最大となる場合の大気と海洋の応答を模式的に示したものである．風の南北成分がゼロ($v=0$)の場合，(2.2.6)式は，

$$\boxed{\frac{\partial p}{\partial t} = \frac{1}{\beta y}\frac{\partial \tau_x}{\partial y}} \quad (2.2.6\mathrm{a})$$

と簡略化できる．この式は気圧の変化と風の南北方向のシアーがバランスの関係にあることを表している．再び図2.2.5に戻って北半球側を見ると，赤道から離れるにつれて西風が弱くなるので，$\partial \tau_x/\partial y$ は負となる．$y>0$ なので(2.2.6a)式の右辺は負になり，これとバランスするために，$\partial p/\partial t$ も負になる．つまり風のシアーがある場所では低気圧性の循環が生じる．南半球では $y<0$

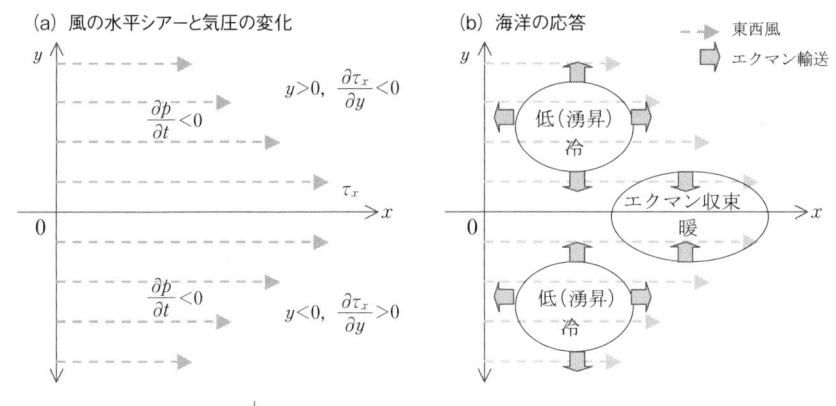

図 2.2.5　東西風に南北シアーがある場合の大気と海洋の応答

であるが，$\partial \tau_x / \partial y$ は北半球とは反対に正となるので，結果として(2.2.6)式の右辺は負になる．

このように，水平方向の東風シアーは南北両半球側に低気圧性の循環を生み出し，エクマン湧昇を介して海面水温を低下させる．なお西風シアーの時は反対の応答になる．赤道付近は南北両半球からのエクマン輸送の収束によって海面付近の暖水が集積し，暖水塊が形成される．これら一連の連鎖は図 2.1.9(a) にほかならない．

補足 2.2

β 面近似（β-plain approximation）

転向力 f は緯度 θ の関数として表されるので，直交座標系で表現されている方程式に代入すると，変数 x, y, z のほかに新たに θ が加わってしまう．変数の増加を回避するために，算術的に $f = f_0 + \beta y$ とおく近似がよく用いられる（f を θ_0 の近くでテイラー展開する）．これは，ある緯度でのコリオリパラメーター f_0 の付近で，コリオリパラメーターが南北方向の距離に比例して変化するという仮定に基づいたもので，例えば $\theta_0 = 30°$，地球の自転の角速度 $\omega = 7.3 \times 10^{-5}\,\mathrm{s}^{-1}$，地球の半径 R を $6.4 \times 10^6\,\mathrm{m}$ とすれば，$f_0 = 2\omega \sin\theta_0 \approx 7.3 \times 10^{-5}\,\mathrm{s}^{-1}$，$\beta \approx df/dy = (2\omega/R)\cos\theta = 2.6 \times 10^{-11}\,\mathrm{m}^{-1}\,\mathrm{s}^{-1}$ と求まる．β 面近似の導出は Appendix–1 (p. 212) を参照のこと．

2.2.2　スヴェルドラップ輸送

　図2.2.6は北半球の太平洋高気圧下でのエクマン層とその下層の海水の動きを模式的に示したものである．高気圧性の循環下ではエクマン収束に伴う下向きのエクマンパンピング流速が生じるので，エクマン層の海水が下層へ押し込まれることになる．水の密度が一定の場合，水平方向の流速は深さによらず一様になる（テーラー–プラウドマンの定理）．つまり順圧的な性質を持つので，エクマン層より下層の海水を水柱として考えることができる．

　下向きのエクマンパンピング流速によって押しつぶされた水柱は，渦位(potential vorticity)の保存則を考えると，南に動くことになる．この関係はエクマンパンピングによる水柱（渦糸）の伸び縮みと惑星 β 効果の釣り合いの式から説明できる（式の導出は補足2.3参照）．

$$\beta v = f \frac{\partial w}{\partial z} \tag{2.2.7}$$

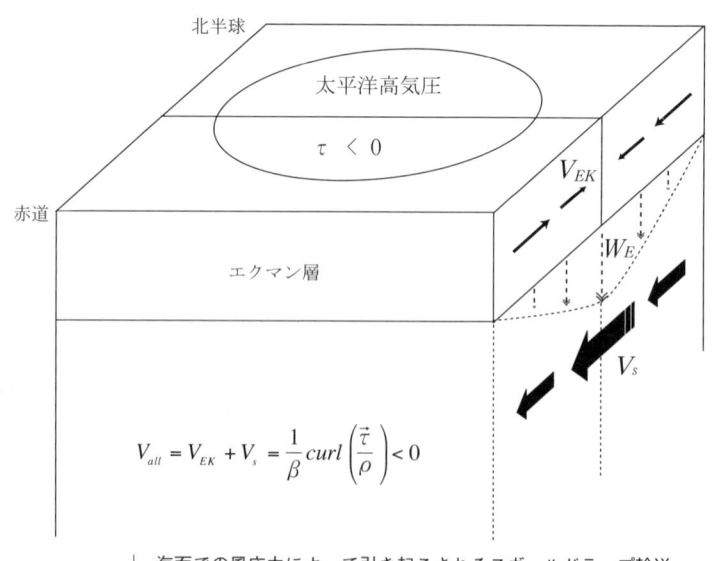

図2.2.6　海面での風応力によって引き起こされるスヴェルドラップ輸送
北半球に存在する太平洋高気圧によってエクマン収束が起こり，エクマン層より下部の内部領域に向かう鉛直流が引き起こされ，渦位を保存するように南向きの流れが生じる．

2.2.2 Sverdrup transport

　北半球において下向きのエクマンパンピングによって水柱が縮んだ場合を考える。右辺の $\partial w/\partial z$ は負になるが, $f>0$, $\beta>0$ なので, 両辺の符号を一致させるためには v は負になる必要がある。つまり水柱は南に動くことになる。

補足 2.3

水柱（渦糸）の伸び縮みと惑星渦度の釣り合い

　$\beta \approx df/dy$ として, 定常状態を仮定した上で, (2.2.3)式を y で微分し, (2.2.4)式を x で微分すれば,

$$-\beta v - f\frac{\partial v}{\partial y} = -\frac{1}{\rho}\frac{\partial^2 p}{\partial x \partial y} \tag{2.2.3b}$$

$$f\frac{\partial u}{\partial x} = -\frac{1}{\rho}\frac{\partial^2 p}{\partial x \partial y} \tag{2.2.4b}$$

となる。(2.2.3b)式から(2.2.4b)式を差し引くと, 両式の右辺は消去できる。連続の式と対応させるために f でくくれば,

$$\beta v = -f\left(\frac{\partial u}{\partial y} + \frac{\partial v}{\partial z}\right) \tag{2.2.3c4c}$$

のように整理できる。連続の式((2.2.5)式)の鉛直成分の項を右辺に移動すれば,

$$\left(\frac{\partial u}{\partial x} + \frac{\partial v}{\partial y}\right) = -\frac{\partial w}{\partial z} \tag{2.2.5b}$$

のように変形できるので, この式の左辺を(2.2.3c4c)式に代入すれば, 目的の(2.2.7)式が導かれる。

　(2.2.7)式を海底からエクマン層の最下端(深度 $-D_E$)まで積分する。ここではエクマン輸送量とスヴェルドラップ輸送を区別するために, 流速をそれぞれ V_{EK}, V_s と表記する。大気による渦度強制と鉛直流 w_e は(2.2.2)式によって表されるので,

$$\beta V_s = \int_0^{D_e} f\frac{\partial w}{\partial z}dz = f\,curl\left(\frac{\vec{\tau}}{\rho f}\right) \tag{2.2.8}$$

となる。この式を変形すると(Appendix–2(p.213)参照), 海底から海面まで積分した子午面方向の海水の輸送量 V_{all} は,

$$V_{all} = V_{EK} + V_s = \frac{1}{\beta} curl\left(\frac{\vec{\tau}}{\rho}\right) \tag{2.2.9}$$

のように示される．(2.2.9)式はエクマン輸送とスヴェルドラップ輸送の和が海上での大気による渦度強制と釣り合うことを示しており，発見者の名前を冠してスヴェルドラップの関係と呼ばれている．例えば太平洋高気圧に覆われた北太平洋を考えてみよう．高気圧性循環の風応力は負なので，スヴェルドラップの関係を満たすには V_{all} も負になる必要がある．つまり海水全体は北から南に運ばれる．

補足 2.4

スヴェルドラップ流速の計算例

風応力を $1.0\times10^{-1}[\mathrm{N\ m^{-2}}]$，水平スケールを $1{,}000\,\mathrm{km}\,(1.0\times10^6\,\mathrm{m})$ とすれば，$\beta = 2.0\times10^{-11}[\mathrm{m^{-1}\ s^{-1}}]$，密度 ρ は $10^3[\mathrm{kg\ m^{-3}}]$ なので，

$$V = \frac{1}{\beta}curl\left(\frac{\vec{\tau}}{\rho}\right) = \frac{1}{2\times10^{-11}[\mathrm{m^{-1}\ s^{-1}}]} \times \frac{1.0\times10^{-1}[\mathrm{kg\ m\ s^{-2}\ m^{-2}}]}{10^3[\mathrm{kg\ m^{-3}}]10^6[\mathrm{m}]} = 5[\mathrm{m^2\ s^{-1}}]$$

水の深さ H を $10^3\,\mathrm{m}$ と仮定すると，平均流速 V_s/H は

$$5[\mathrm{m^2\ s^{-1}}] \div 10^3[\mathrm{m}] = 5\times10^{-3}[\mathrm{m\ s^{-1}}]$$

つまり $0.5[\mathrm{cm\ s^{-1}}]$ と非常にゆっくりとした流れであることがわかる．

2.2.3 スヴェルドラップ輸送の応用例

(a) 充填・放出振動子理論

遅延振動子理論では東西方向に伝播する赤道波動の役割に重きをおいていたが，Jin(1997)は亜熱帯の風応力偏差に起因した子午面方向のスヴェルドラップ輸送に着目し，新たな概念モデルを発表した．「ENSOのリチャージパラダイム」と題された論文は，多くの後続研究を生むことになる．

もう一度図2.2.5に戻ろう．エル・ニーニョ時に赤道を中心として卓越する西風偏差は，赤道から離れたところに低気圧性の大気循環を引き起こし，海洋の表層にはエクマンパンピングによって冷たい海水が湧昇してくる．エクマン層より下層の水柱は図2.2.4のように引き伸ばされるため，渦位保存則である

| 2.2.3 | application of Sverdrup theory |

図2.2.7　充填・放出振動子理論の模式図
時計回りに時間進展し，同じ状態に戻る．温度躍層の深度は赤道における平均値からの偏差を示す．破線は偏差がゼロの状態，破線よりも上に位置する場合は，躍層の浅い状態(低い海水温)を示す．細い矢印は海上における風応力偏差，太い矢印はスヴェルドラップ輸送を表す．SSTAは海面水温偏差(sea surface temperature anomaly)の略 (Meinen and McPhaden, 2000 による).

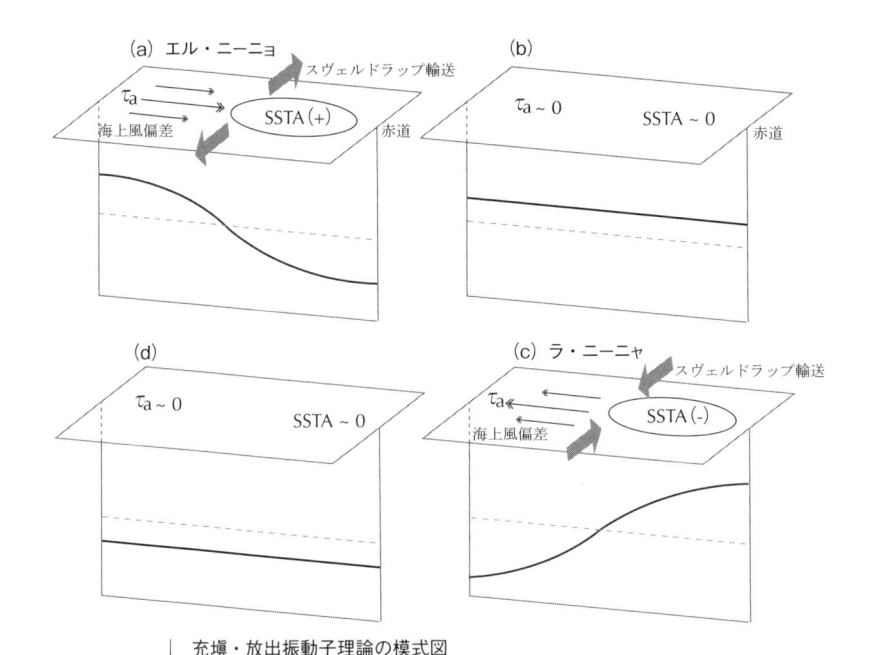

(2.2.7)式を満たすためには北向きのスヴェルドラップ輸送($v>0$)が必要となる．つまり赤道付近に溜まっていた暖水が極向きに排出されることによってエル・ニーニョが終息する．

図2.2.7は充填・放出振動の様子を温度躍層の変動も含めて模式的に示したものである．エル・ニーニョが生じた後に，赤道域の暖水が極向きに輸送されるため，赤道全体の温度躍層は上昇(海水温は低下)する．一方，ラ・ニーニャ時には，亜熱帯に出現する高気圧性の風応力偏差によって南向きのスヴェルドラップ輸送が引き起こされる．結果として赤道付近に暖水が戻ることによってラ・ニーニャの状態が解消し，赤道全体では温度躍層が下がる(海水温は上昇)．注目すべきは，エル・ニーニョ(ラ・ニーニャ)がピークを迎える前に赤道域で暖(冷)水偏差が先行して蓄積している点にあり，観測データからもその

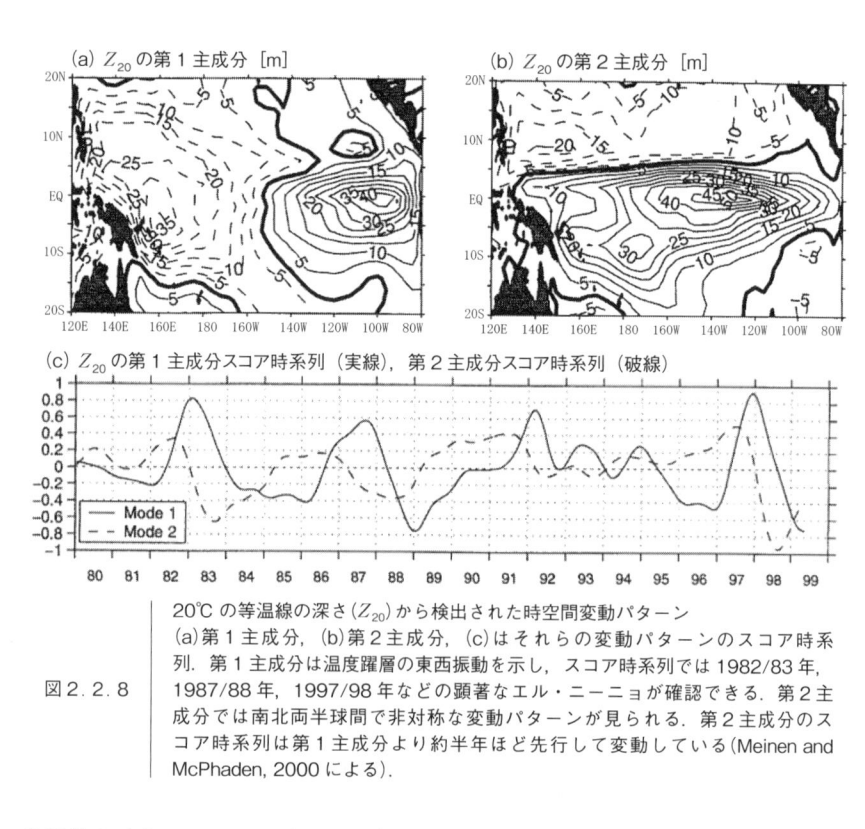

図2.2.8　20℃の等温線の深さ(Z_{20})から検出された時空間変動パターン
(a)第1主成分，(b)第2主成分，(c)はそれらの変動パターンのスコア時系列．第1主成分は温度躍層の東西振動を示し，スコア時系列では1982/83年，1987/88年，1997/98年などの顕著なエル・ニーニョが確認できる．第2主成分では南北両半球間で非対称な変動パターンが見られる．第2主成分のスコア時系列は第1主成分より約半年ほど先行して変動している(Meinen and McPhaden, 2000 による)．

位相差が確認されている(図2.2.8)．

(b) 西岸境界流

　日本の南岸を洗う黒潮は幅が約 100 km 程度の暖流で，流速は速いところで $2\,\mathrm{m\,s^{-1}}$ に達する．この流れのことを海洋学では西岸境界流と呼ぶ．海洋の東岸ではなく，西岸に強い流れが生じる理由は，スヴェルドラップ輸送と沿岸付近の摩擦の効果から説明が可能である．

　北太平洋全体の風系を見ると，中高緯度で西風，熱帯域で東風が卓越し，太平洋高気圧が日付変更線付近を中心として年間を通して存在している．つまり風応力は海に高気圧性の渦度($\zeta_w < 0$)を与える．先に述べたように，負の渦度は南向きのスヴェルドラップ輸送を生み出す．赤道に達した海水は，西岸もしくは東岸に沿って北に戻る必要がある．つまり，南向きの流れとの間に南北方

2.2.3 application of Sverdrup theory

向に沿岸に沿って境界層が定常的に存在する必要がある.

境界層の中での渦度バランスを図2.2.9に示す. 南向きのスヴェルドラップ輸送を補償するために, 西岸と東岸で北向きの流れが生じると仮定する. 赤道付近に起源を持つこの流れは, 北に進むにつれて惑星渦度 f が増加する. 2.3.2項の「ロスビー波」で詳しく触れるが, 相対渦度 ζ と惑星渦度 f の和 η (絶対渦度)は保存する性質があるので, f の増加を打ち消すために ζ は小さくなる必要がある. 便宜上この ζ のことを ζ_f としておく. この関係を式にすると渦度保存則は,

$$\eta = f + \zeta = const. \qquad (2.2.10)$$

と表せる.

沿岸では摩擦が効いてくるので, 南北流 v は岸に近づくにつれて小さくなる. 西岸では $\partial v/\partial x > 0$ となるが, 東岸では $\partial v/\partial x < 0$ になる. 相対渦度の定義は, (1.3.11)式より $\zeta = \partial v/\partial x - \partial u/\partial y$ であるが, 南北流に対し東西流は極めて弱いことを考慮すれば, 近似的に $\zeta \approx \partial v/\partial x$ と表せる. 摩擦の効果によって生成された渦度を ζ_r とすれば, 相対渦度 ζ は,

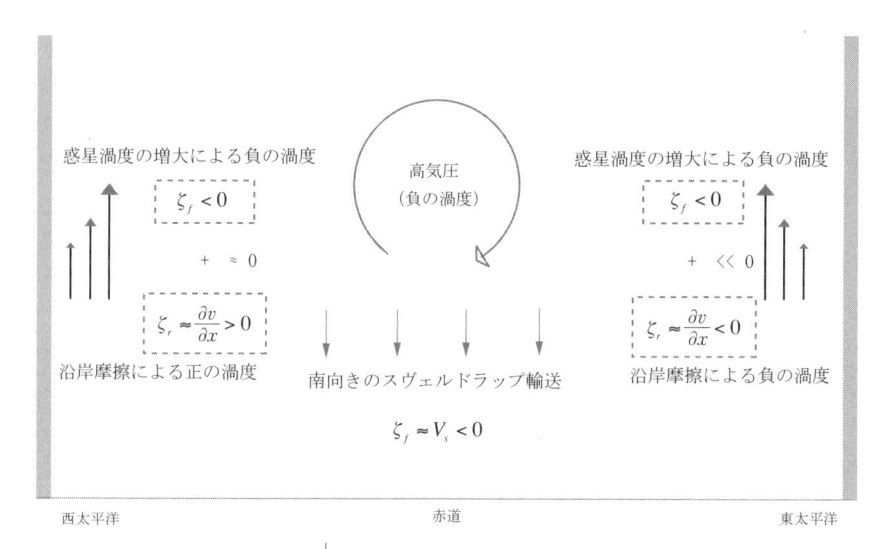

図2.2.9 北半球側の太平洋における渦度バランス

$$\zeta = \zeta_f + \zeta_r \qquad (2.2.11)$$

と表せる.

西岸では，$\zeta_r > 0$，東岸では$\zeta_r < 0$となるので，境界層での渦度バランスは，

$$\eta = f + \zeta_f + \zeta_r = const. \qquad (2.2.12)$$

と表せる.

　北向きの流れでは西岸または東岸の区別無くfは増加するので，絶対渦度ηを保存するためには，ζ_fは両岸で負になる必要がある．これに対し，摩擦の効果による渦度ζ_rは西岸で正になるので，ζはほぼゼロの状態で内部領域（南向きのスヴェルドラップ輸送が生じている場所）とスムーズに接続できる．一方，東岸においては，ζ_rが負になるため，負のζ_fを相殺することができず，定常状態を保てない．このように，スヴェルドラップ輸送も境界流もコリオリパラメーターの南北方向の変化（β効果）が本質的に重要であることがわかる.

2.3　海洋波動

2.3.1　ケルビン波

　南米大陸の沿岸に沿ってケルビン波が極方向に伝播していく様子を図2.3.1

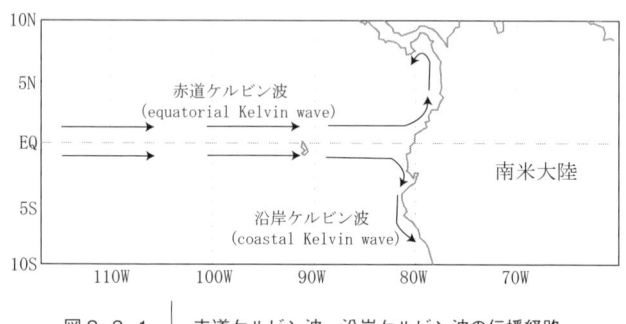

図2.3.1　赤道ケルビン波，沿岸ケルビン波の伝播経路

2.3.1 | Kelvin wave

沿岸ケルビン波

(a) 北半球
⊗ 手前から後方へ（北向き）
海面
沿岸境界
圧力傾度力 ⊗ 転向力
ロスビー変形半径 L

(b) 南半球
⊙ 後方から手前へ（南向き）
圧力傾度力 ⊙ 転向力
L

赤道ケルビン波

(c) 暖水
⊗ 東向き
圧力傾度力 ⊗ 転向力　転向力 ⊗ 圧力傾度力
L　　　　　　　L
海面　　北半球　　赤道　　南半球

(d) 冷水
海面　北半球　　赤道　　南半球
圧力傾度力 ⊙ 圧力傾度力
転向力　　　　転向力
⊙ 西向き

図 2.3.2 | 沿岸ケルビン波，赤道ケルビン波の力学バランス

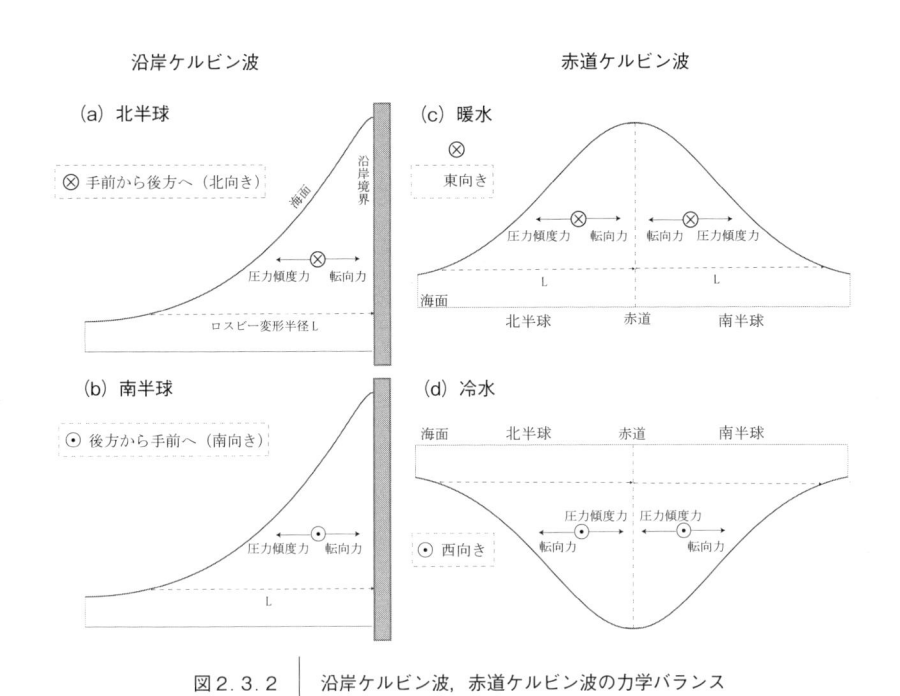

に示す．ここでは北半球の場合を考える（図 2.3.2(a)）．転向力は海水の流れに対し右向きに作用するが，境界（沿岸）があるため，海水は境界付近に集積し，岸に対して盛り上がった状態になる．このため沿岸から沖に向かう水平方向の圧力傾度力が生まれ，東向きの転向力と釣り合った状態を保ちながらケルビン波として北へ伝播する．なお，太平洋西岸の場合には，沿岸ケルビン波は赤道方向に伝播する．このように沿岸境界は導波管（wave guide）として機能し，ケルビン波は岸を右に見ながら伝播する．沿岸ケルビン波（coastal Kelvin wave）は境界波の代表的な例であり，波のエネルギーが境界付近に集中しているので，捕捉された波（trapped wave）とも呼ばれる．ロスビー波とケルビン波の違いは，それぞれの復元力が β 効果，重力となっている点にある．

次に赤道で海面水位が最大の振幅をとるような状況を考える．口絵 A で説明したように，暖水偏差の海面水位は熱膨張のため数 cm ほど通常より高くなる．ここでは，暖水が周囲に比べて数 cm 盛り上がった状態を仮定する（図 2.3.2(c)）．

南北両半球ともに，赤道から極方向に向かって圧力傾度力が発生する．赤道を中心として海面が盛り上がった状態を維持するためには，転向力は圧力傾度力とは反対の向き（赤道方向）に働く必要がある．この時，海水は東向きに移動する．一方，冷水塊の力学バランスは暖水塊とは反対になるので，結果的に西向きの流れが生じる（補足2.5参照）．このように赤道はあたかも沿岸のような役割を果たし，赤道導波管（equatorial wave guide）内に赤道ケルビン波（equatorial Kelvin wave）を捕捉している．

補足 2.5

冷水ケルビン波の階層構造

ケルビン波の位相速度は常に正なので，暖水・冷水の区別なく貯熱量偏差としては東進するが，冷水偏差の場合，実際の海水は力学バランスから西向きになる．補足図2.1(a)の水深100 mにおける水温偏差の経度時間断面図に見られるように，暖水・冷水の貯熱量偏差はケルビン波として太平洋を2か月程度で東に伝播している．冷水ケルビン波（破線）に着目すると，流速偏差は負，つまり西向きの流れが生じている．このように貯熱量偏差は重力波として東進しているが，

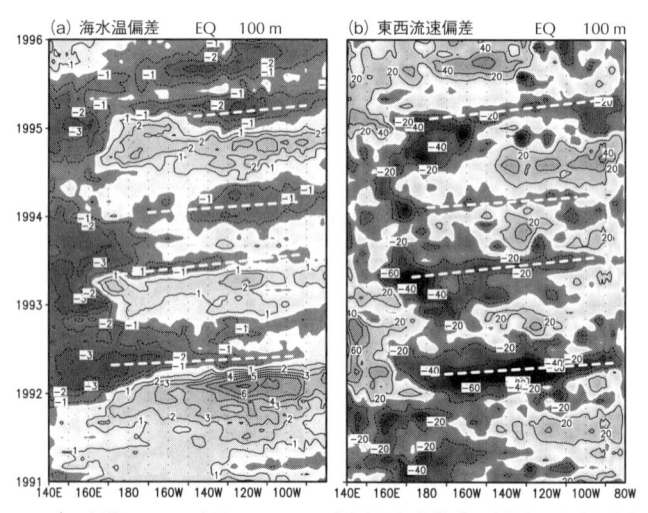

補足図2.1　赤道における水深100 mでの(a)水温偏差[℃]，(b)東西流速偏差[cm s^{-1}]．太破線は冷水ケルビン波を示す．海洋データ同化（simple ocean data assimilation : SODA）に基づく．

> 東の冷水は西に輸送されていることがわかる．模式図 2.1.9(c) の冷水ケルビン波のところで，楕円内に描かれている西向きの矢印に疑問を持った読者も多いと思うが，補足図 2.1(b) の負の流速偏差がその証拠であり，力学的なバランスは図 2.3.2(d) で説明される．

　沿岸ケルビン波は圧力傾度力と転向力が釣り合った地衡流平衡(geostrophic balance)と呼ばれる状態で沿岸付近に捕捉される．沿岸ケルビン波の振幅は岸から離れるに従って小さくなり，この捕捉される距離(L)のことをロスビーの変形半径(Rossby radius of deformation)と呼ぶ．ケルビン波の位相速度を c，コリオリパラメーターを f とすると，ロスビーの変形半径は $L=c/f$ で表される．例えば，北緯 15 度でのケルビン波の位相速度 c を $3\,\mathrm{m\,s^{-1}}$ とすれば，$f = 2\omega\sin(15°) = 2\times(7.3\times10^{-5})\times0.26 = 3.9\times10^{-5}$ なので，$L = 0.77\times10^5$ [m]，すなわちケルビン波は沿岸から約 77 km 離れたところまで捕捉されることになる．このようにロスビーの変形半径は，波が転向力の影響を大きく受けずに地衡流平衡を保って伝播できる距離を指し，赤道で無限大，極で最小となる．

　赤道域での貯熱量偏差は暖水，冷水を問わず東進する．この理由は転向力と圧力傾度力から構成される運動方程式を解いた時に，位相速度 c が正となる条件から説明することができる．h を平均海水面 H からのずれとすれば，運動方程式の東西成分と南北成分は，

$$\frac{\partial u}{\partial t} = fv - g\frac{\partial h}{\partial x} \tag{2.3.1}$$

$$\frac{\partial v}{\partial t} = -fu - g\frac{\partial h}{\partial y} \tag{2.3.2}$$

で表される．左辺は流れ (u,v) の時間変化，右辺第 1 項は転向力，第 2 項は圧力傾度力である．一方，海水面高度の時間変化は，

$$\frac{\partial h}{\partial t} = -H\left(\frac{\partial u}{\partial x} + \frac{\partial v}{\partial y}\right) \tag{2.3.3}$$

のように水平発散と釣り合い，この式を連続の式と呼ぶ．例えば，表層の海水が収束している場合を考える．$\partial u/\partial x < 0$，$\partial v/\partial y < 0$ なので，(2.3.3)式の右辺は正になり，これとバランスするように海面は盛り上がる($\partial h/\partial t > 0$)．一般に

(2.3.1)式,(2.3.2)式,(2.3.3)式を合わせたものを浅水方程式(shallow water equation)と呼ぶ.

補足 2.6

海面水位と力学バランス

浅水方程式は大気と海洋の運動を記述する重要な式なので,符号の向きを含めて正確に理解しておく必要がある.補足図2.2に示すように,赤道上に暖水偏差がある場合,北半球側での流速は$v>0$なので$fv>0$となる.一方,海面水位の最高点からは東(西)に行くほど低水位になるので$\partial h/\partial x<0$となる.このため両者の和である$fv-\partial h/\partial x$がuの時間変化項($\partial u/\partial t$)と釣り合う.南北成分の場合は,uが正であっても,転向力(fu)の向きは赤道方向になるので,$-fu$が(2.3.2)式に現れる.

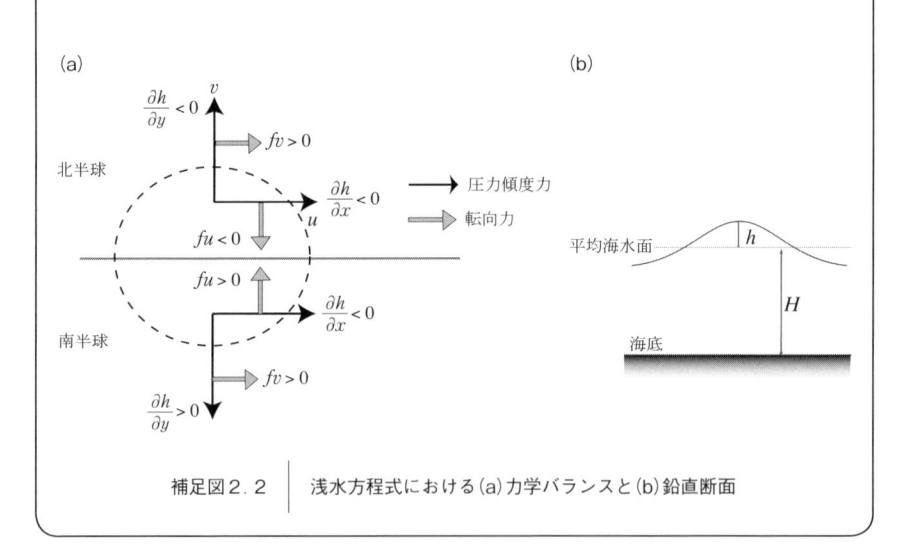

補足図2.2 浅水方程式における(a)力学バランスと(b)鉛直断面

三つの方程式から構成される浅水方程式系の変数はu, v, hの三つなので解を解析的に求めることが可能である.ケルビン波を想定しているので,風の南北成分はゼロ,すなわち$v=0$とすれば,(2.3.1)式,(2.3.2)式は,

$$\frac{\partial u}{\partial t}=-g\frac{\partial h}{\partial x} \tag{2.3.1a}$$

2.3.1 Kelvin wave

$$fu = -g\frac{\partial h}{\partial y} \qquad (2.3.2\text{a})$$

のように簡略化できる．次に赤道 β 面近似を適用する．ここでは赤道ケルビン波を論じるので，(AP1.4)式(p.213)において $f_0=0$ とすれば，(2.3.2a)式の左辺は $\beta y u$ となり，浅水方程式は最終的に，

$$\frac{\partial u}{\partial t} = -g\frac{\partial h}{\partial x} \qquad (2.3.1\text{a}) \longrightarrow (2.3.\text{I})$$

$$\beta y u = -g\frac{\partial h}{\partial y} \qquad (2.3.2\text{b}) \longrightarrow (2.3.\text{II})$$

$$\frac{\partial h}{\partial t} = -H\frac{\partial u}{\partial x} \qquad (2.3.3\text{a}) \longrightarrow (2.3.\text{III})$$

のように簡略化できる．東西方向に伝播する波を仮定しているので，解を，

$$\begin{pmatrix} u \\ v \\ h \end{pmatrix} = \begin{bmatrix} \hat{u} \\ \hat{v} \\ \hat{h} \end{bmatrix} \exp[i(kx-\omega t)] \qquad (2.3.4)$$

のように指数で表す(章末注3参照)．(2.3.4)式で k は東西波数，ω は振動数である．南北方向の情報は，係数として表現されており，$\hat{u}, \hat{v}, \hat{h}$ は y の構造関数になっている．(2.3.4)式を(2.3.I)～(2.3.III)式に代入すると，

$$-i\omega\hat{u} = -igk\hat{h} \qquad (2.3.\text{Ia})$$

$$\beta y \hat{u} = -g\frac{\partial \hat{h}}{\partial y} \qquad (2.3.\text{IIa})$$

$$-i\omega\hat{h} = -iHk\hat{u} \qquad (2.3.\text{IIIa})$$

が得られる．(2.3.IIIa)式を H について変形する．(2.3.Ia)式の両辺の虚数を消去すれば $\hat{h}/\hat{u} = \omega/gk$ になるので，東西方向の位相速度 $c=\omega/k$ の関係を用いれば，

$$\left.\begin{array}{c} H = \left(\dfrac{\omega}{k}\right)\left(\dfrac{\hat{h}}{\hat{u}}\right) = \left(\dfrac{\omega}{k}\right)\left(\dfrac{\omega}{gk}\right) = \dfrac{1}{g}\dfrac{\omega^2}{k^2} = \dfrac{1}{g}c^2 \\ \Leftrightarrow \quad c = \pm\sqrt{gH} \end{array}\right\} \qquad (2.3.5)$$

となる．つまり波の位相速度は深さのみの関数であり，正と負の両方の値を取り得ることがわかる．前述したように，ケルビン波は東方にのみ伝播する($c >$

0). このことを(2.3.Ia)式と(2.3.IIa)式から $\hat{u}$ を求めることによって考えてみよう．先に述べたように，(2.3.Ia)式から $\hat{h}=\hat{u}\omega/gk=c\hat{u}/g$ なので，(2.3.IIa)式は，

$$\beta y \hat{u} = -g\frac{\partial \hat{h}}{\partial y} = -c\frac{\partial \hat{u}}{\partial y} \tag{2.3.6}$$

のように変形できる．(2.3.6)式の両辺を積分すれば，

$$\left. \begin{array}{l} \beta \int \hat{y} dy = -c \int \dfrac{\partial \hat{u}}{\hat{u}} \\[4pt] \Leftrightarrow \quad \dfrac{1}{2}\beta y^2 = -c \log(\hat{u}+\alpha) \\[4pt] \therefore \hat{u} = u_0 \exp\left(-\dfrac{\beta y^2}{2c}\right) \end{array} \right\} \tag{2.3.7}$$

となる．赤道波の振幅は赤道から離れるに従って小さくなる．つまり $y \to \infty$ のとき，$\hat{u} \to 0$ になる必要がある．この条件を満たすためには(2.3.7)式で $c>0$ でなければならない．このように，解の存在条件からケルビン波は東にのみ伝播することが証明される．

2.3.2 ロスビー波

運動が二次元で水平収束がない場合，個々の流体粒子の相対渦度 ζ (relative vorticity)は保存される．流体力学ではヘルムホルツの定理として知られている保存則で，地球では順圧非発散の大気の渦度が保存される．地球は回転しているので，静止系から見ると地球自転に伴う渦度があるように見える．これを惑星渦度 f (planetary vorticity)と呼び，f と ζ の和を絶対渦度(absolute vorticity)と言う．大気は地球と一緒に回転しているので，

$$f+\zeta = const. \tag{2.3.8}$$

という絶対渦度の保存則が成り立つ．図2.3.3は地球上に低気圧性($\zeta>0$)と高気圧性($\zeta<0$)の循環があった場合の渦度バランスを模式的に示したものである．最初に低気圧性の循環が存在していた場合を考える(図中の左下)．循環の東側の大気は北向きの流れによって f は大きくなるので，渦度を保つために

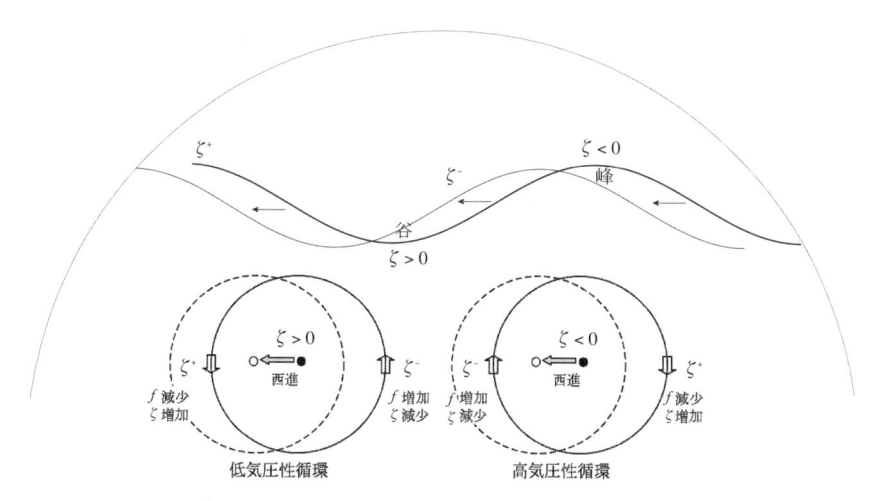

2.3.2 Rossby wave

図 2.3.3 赤道から離れたところに低気圧性循環と高気圧性循環があった場合の渦度バランス

相対渦度は小さくなる(ζ^-)．一方，西側の大気は南下するにつれて f が小さくなるので，渦度は増加する(ζ^+)．このように渦度の南北移流によって，低気圧性循環の東側では ζ が減少するが，西側では ζ が増大する．つまり，循環そのものが西に移動する．

高気圧性循環の場合(図中の右下)は，循環の東側で ζ^+，西側 ζ^- になるが，本来の渦度が負であるので，高気圧性渦度の強化はその西側で起こり，結果として循環そのものは低気圧性循環と同じように西進する．

中高緯度では気圧の谷や峰が連続し，図の上部に描かれているように波動として大気を取り扱うことが多い．この波動も谷の前面(東側で)と峰の後面(西側)で渦度が減少(ζ^-)するので，先の議論を適用すれば波動は西にシフトすることになる．このように，地球規模での渦運動は，循環の向きにかかわらず西に進む性質があり，この波のことを自由ロスビー波(free Rossby wave)と呼ぶ．

2.4 大気海洋結合系

2.4.1 遅延振動子

　本節では，遅延振動子理論を構成する個々の大気，海洋現象を一つのシステムとして再認識する．図2.4.1は，エル・ニーニョ現象が発生したときの様子について，図2.1.9(a)に大気海洋結合系の視点から補足を加えたものである．
　何らかのきっかけで赤道を中心に西風偏差が出現した場合を考える．赤道付近の海洋表層では，南北両半球側から赤道向きのエクマン輸送によって暖水が蓄積される．海洋学ではこの現象をエクマン収束またはエクマン流による吹き寄せ(Ekman dump)と呼ぶ．海面高度に着目すると，赤道が振幅の最大となるように海面が盛り上がる．この暖水塊の中では，転向力と圧力傾度力が釣り合う形で東向きの海水の流れが生じる．なお暖水の情報はケルビン波として東

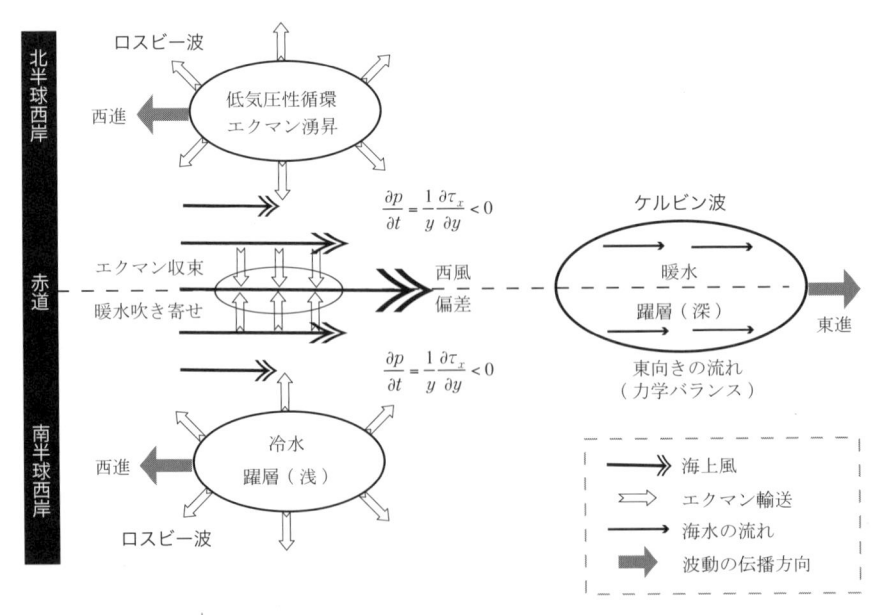

図2.4.1　大気海洋結合系としての遅延振動子．西風偏差時の海洋と大気の応答

に伝播する．

再び海上風の偏差に戻る．赤道付近で風速がピークであるということは風の南北方向のシアーが生成されていることを意味する．気圧の時間変化は風の南北シアーに比例するので((2.2.6a)式参照)，南北両半球ともにシアー領域では低気圧性の循環となる．低気圧性の循環，すなわち大気の正の渦度が海洋に応力として働くと，エクマン湧昇が引き起こされ，海面水温は低下する．この冷水塊は赤道から離れているため，転向力を復元力とする自由ロスビー波として西に伝播し，西岸付近に冷水が蓄積する．赤道を挟んだ両半球側に出現した冷水は，沿岸ケルビン波(北半球では岸を右に見て進む)となって赤道付近に集積し，今度は冷水赤道ケルビン波として再び東太平洋を目指す．なお，ラ・ニーニャの時はエル・ニーニョと反対の過程を経る．

このように大気の変動が新たに海洋循環を生み出し，誘発された海洋波動の伝播と反射を通して再び大気循環に反対の偏差が引き起こされていることから，海洋の赤道ロスビー波や赤道ケルビン波などは大気海洋結合波動(air-sea coupled wave)と呼ばれている．なお振動系の時間スケールを決めているのは，海洋波動の伝播速度であり，数か月の時間差を伴った振動系という意味で遅延振動子理論という名称が広く受け入れられるようになった．

2.4.2　エル・ニーニョの予測と季節内振動

(a) 周期

エル・ニーニョ現象の発生間隔の頻度分布を見ると，スペクトルピークは3.5年と5.3年付近にある(図2.4.2)．前者を準2年振動(quasi-biennial oscillation)型ENSO(QB-ENSO)，後者を長周期(low frequency)型ENSO(LF-ENSO)のように区別して呼ぶことが多い．またエル・ニーニョからラ・ニーニャへの遷移は比較的急激に起こるのに対し，その反対はゆっくりとしている(図2.4.3)．このように実際のエル・ニーニョ現象は複雑な様相を呈している．最近の研究では，海面水温偏差に対する大気の非線形的な応答が，エル・ニーニョとラ・ニーニャの非対称な遷移過程の中で重要な鍵を握っていることがわかりつつあるが，そのメカニズムは本書の域を越えるので，ここでは外部からの強制力として古くから注目されている季節内振動と，近年急速に理解が

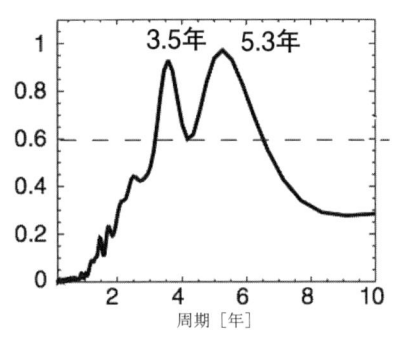

図2.4.2　正規化されたNiño3領域の海面水温のパワースペクトル
ハドレーセンター編纂の1900年から2000年のSSTデータに基づく(Guilyardi, 2006による).

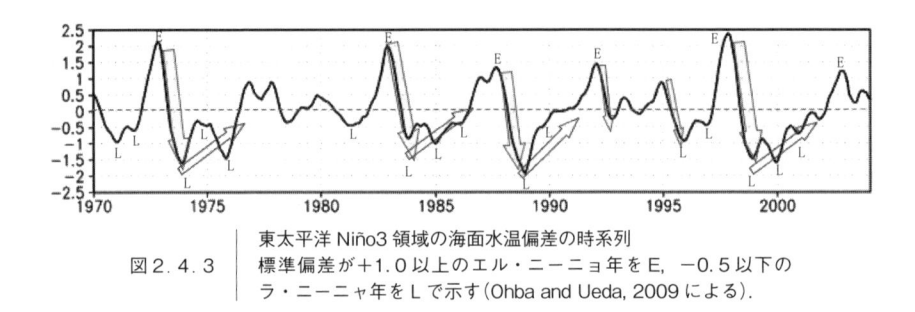

図2.4.3　東太平洋Niño3領域の海面水温偏差の時系列
標準偏差が+1.0以上のエル・ニーニョ年をE，-0.5以下のラ・ニーニャ年をLで示す(Ohba and Ueda, 2009による).

進みつつあるインド洋と太平洋の相互作用を取り上げる．

(b) 季節内変動

　夏季インドモンスーンの雨期は，日本の梅雨のように長期にわたり雨が降り続くのではなく，対流活動が活発な「アクティブ期」と，乾燥して気温が高くなる「ブレイク期」が約2週間前後で交互に訪れる「アクティブ・ブレイクサイクル」によって特徴付けられる(e.g., Murakami, 1976 ; Krishnamurti and Bhalme, 1976). 当時は人工衛星による雲画像の配信が始まったばかりで，熱帯気象学では全球的な雲活動の様相を明らかにしようとする熱意に満ちていた(安成，2002). 時を同じくしてMadden and Julian(1971 ; 1972)は熱帯赤道域を30～60日周期で東進する擾乱を発見した．この擾乱は，雲クラスターが数千kmスケールで組織化したもので，東西鉛直循環を伴っている(図2.4.4).

2.4.2 | forecast of El Niño / intraseasonal variation

図2.4.4

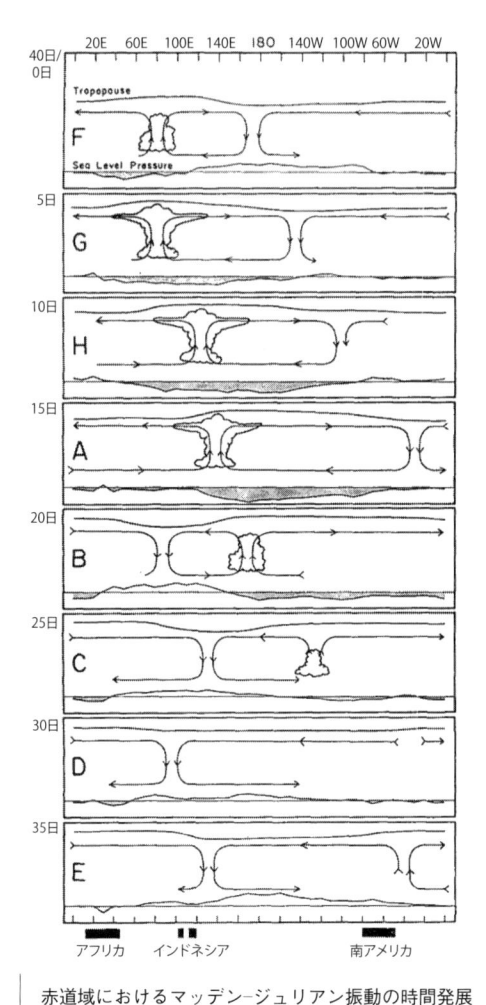

赤道域におけるマッデン-ジュリアン振動の時間発展
1970年代の初頭は全球の客観解析データがなかったが，カントン島（172°W，3°S）の地上気圧との相関関係から得られた東進擾乱について，様々な地点のゾンデデータと照合することによって，鉛直構造が初めて明らかにされた．各図の下に記載されている折れ線は地上気圧を示す．東半球は擾乱と鉛直循環が結合しているが，西半球は対流活動を伴っていない（Madden and Julian, 1972による）．（注）本書では40日周期で全球を一周すると仮定し，パネル間の時間差を約5日として図に加筆している．

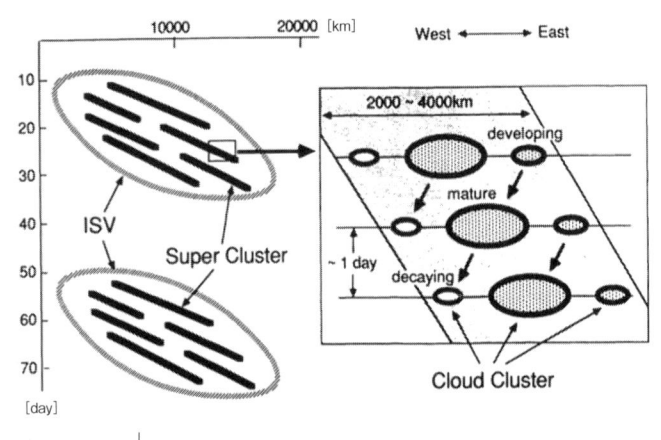

図2.4.5 　東進する季節内変動の階層構造(Nakazawa, 1988による)

　現在では，赤道上を東進する季節内変動(intraseasonal variation : ISV)のことを，発見者の名前を冠しマッデン-ジュリアン振動，またはその略語である(MJO)と呼んでいる．本書ではMJO/ISVと表記する．

　東進するMJO/ISVは，半球スケールの大規模な構造を持ち(図2.4.5)，この中に1,000 km程度のスーパークラスターと呼ばれる対流活発域が内在している．スーパークラスターはMJO/ISVと同じく東進するが，スーパークラスターの中に埋め込まれている雲クラスターは西進している．実際に最も顕著に検出される西太平洋の暖水域上では，対流圏の下層に偏東風が吹いており，この風によって赤道域の個々の積雲は西進していると考えられる．また西太平洋域では，東進速度が$5\,\mathrm{m\,s^{-1}}$程度であるのに対し，東太平洋では$10\,\mathrm{m\,s^{-1}}$以上の速度で伝播することが知られている．これはMJO/ISVと対流活動は西太平洋では強く結合しているが，東太平洋ではその度合いが弱くなることと関係している．

　MJOはエル・ニーニョの開始に先立つ春先にインド洋上で発生し，太平洋上では熱源のロスビー応答に伴う西風バーストを伴っている(Nitta, 1989)．この西風偏差は海洋の暖水ケルビン波を励起し，夏以降に発達するエル・ニーニョの引きがねとなっている(Seiki and Takayabu, 2007)．なお西風バーストは双子低気圧を伴うことが多く，力学的には赤道対称ロスビー波として解釈でき

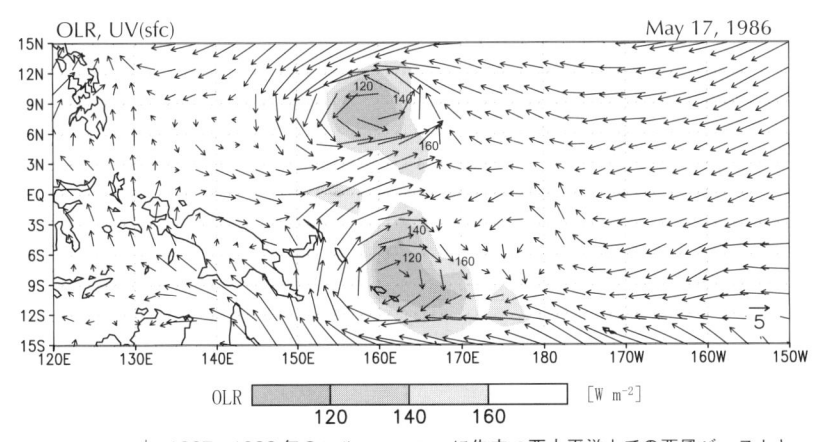

図2.4.6　1987〜1988年のエル・ニーニョに先立つ西太平洋上での西風バーストと双子低気圧
客観解析の地表風とOLRに基づく1986年5月17日の循環場.

る(図2.4.6). 近年では，MJOの熱源によるケルビン応答に伴う東風偏差が，海洋の冷水ケルビン波を引き起こし，エル・ニーニョの終息の一助を担った例も明らかにされている(Takayabu et al., 1999).

2.4.3　WESフィードバックとITCZの北偏

熱帯の海水温(SWT)の支配因子としてこれまで海洋波動に注目してきたが，海面水温(SST)の変動においては海面熱交換が重要である．本項では顕熱フラックス，潜熱フラックスを算出するバルク法と呼ばれる経験則を説明する．顕熱フラックスは，海面から大気に熱伝導によって運ばれる熱を指す．温度の高いところから低いところに空気が移流すると解釈することもでき，熱の移動が「顕わ」になっていることから顕熱と名付けられた歴史的経緯がある．これに対して潜熱フラックスは，海面での蒸発の際に気化熱の形で上方に熱が輸送される現象を指す．水から水蒸気への相変化に伴って，水の中に「潜んで」いた熱が大気に放出されるので，結果として海面付近の温度は低下する．顕熱フラックスQ_H, 潜熱フラックスQ_Eを算定する式は，海洋から大気の向きを正とすれば，

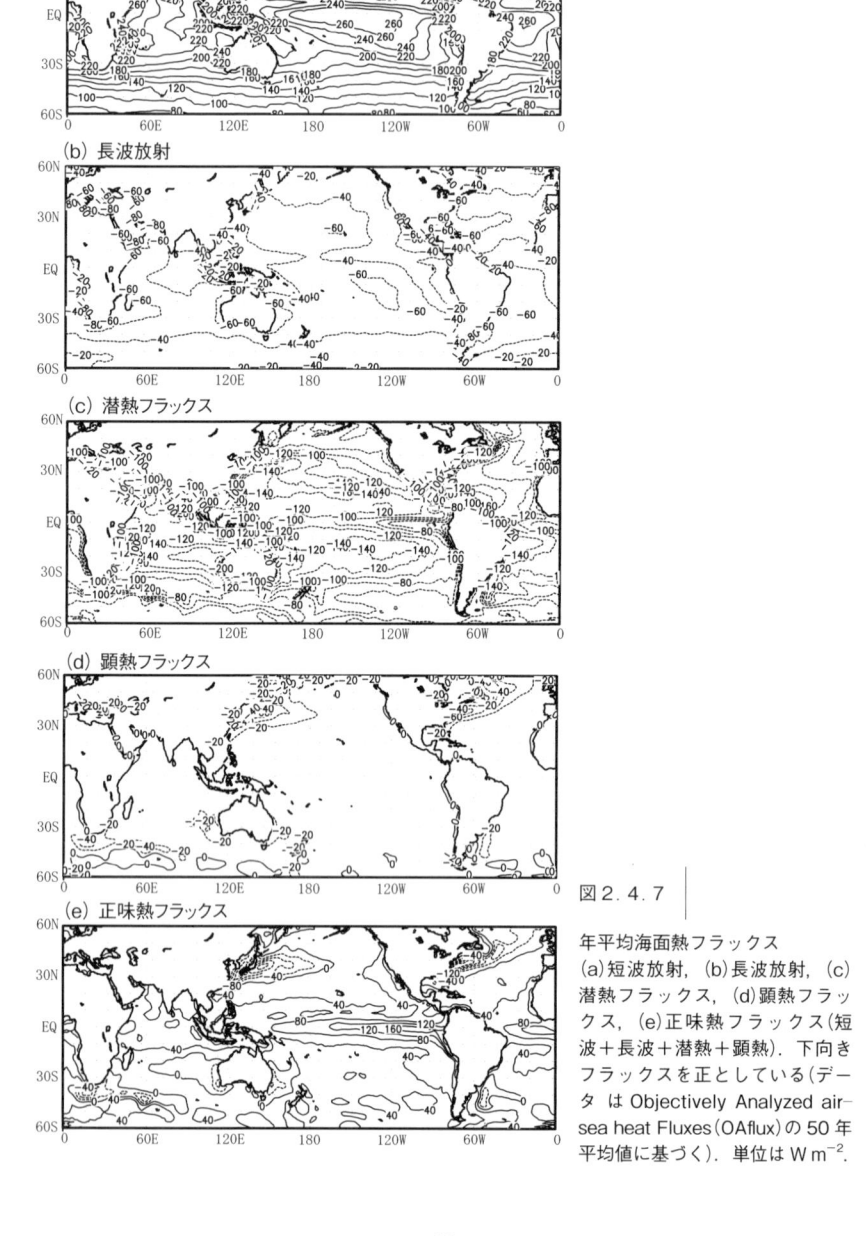

(a) 短波放射

(b) 長波放射

(c) 潜熱フラックス

(d) 顕熱フラックス

(e) 正味熱フラックス

図2.4.7

年平均海面熱フラックス (a)短波放射, (b)長波放射, (c)潜熱フラックス, (d)顕熱フラックス, (e)正味熱フラックス(短波＋長波＋潜熱＋顕熱). 下向きフラックスを正としている(データ は Objectively Analyzed air-sea heat Fluxes(OAflux)の50年平均値に基づく). 単位は $W\,m^{-2}$.

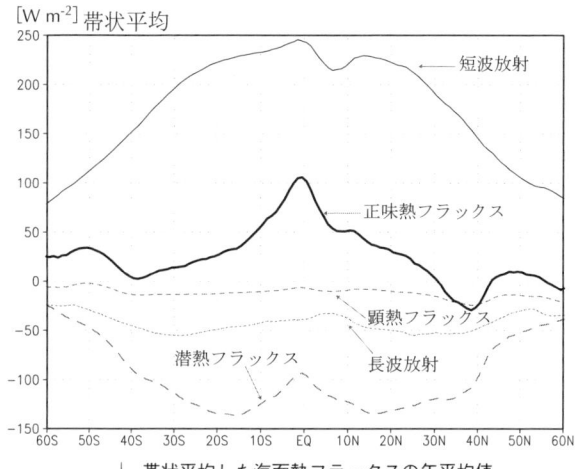

2.4.3 mystery of ITCZ

図2.4.8 　帯状平均した海面熱フラックスの年平均値　下向きを正としている(データはOAfluxに基づく).

$$Q_H = \rho c_p c_H |V_{atm}|(T_{sfc} - T_{atm}) \quad (2.4.1)$$

$$Q_E = \rho c_E |V_{atm}|(q_{sfc} - q_{atm}) \quad (2.4.2)$$

のように表される．ここでc_pは定圧比熱，c_Hとc_Eは顕熱と水蒸気のバルク輸送係数，T_{sfc}，q_{sfc}は海面での水温と平衡比湿を示す．T_{atm}とq_{atm}は大気の温度と比湿であり，通常は海面高度の10 mでの15分から1時間の平均値を使う．

図2.4.7に，年平均の短波放射，長波放射，潜熱，顕熱，正味の熱フラックスの空間分布を示す．フラックスの向きは，下向きを正としている．すなわち，正の値は海洋が熱を受け取っていることを意味し，反対に負の値は海洋から大気への熱の放出に相当する．各要素について帯状平均した熱フラックスは図2.4.8に示している．

短波放射はインド洋，太平洋，大西洋上の低緯度域で大きく(200 W m^{-2}以上)，高緯度に行くに従って値は小さくなる．帯状平均の図を見ると7°N-8°N付近で極小になっている．これは北太平洋上の熱帯内収束帯(ITCZ)に伴う雲活動によって海面に到達する短波放射が減少するためで，雲による太陽入射の遮蔽効果(cloud shielding effect)と呼ばれている．

長波放射は短波放射に比べて相対的に値が小さく，どの海域でもおよそ

海面水温, 外向き長波放射, 海上風　　　　　年平均

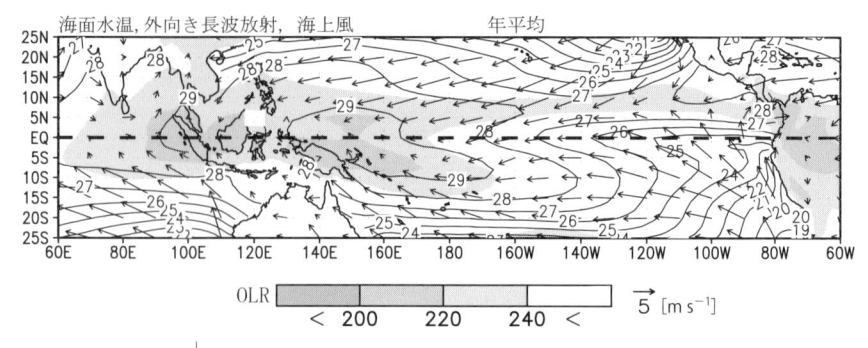

OLR　< 200　220　240 <　　5 [m s⁻¹]

図2.4.9　外向き長波放射量(OLR), 海面水温および海上風ベクトルの年平均値

$-40\ \mathrm{W\ m^{-2}}$ の放射冷却が生じている. 海洋から大気への熱放出の主役は潜熱フラックスであり, 低緯度から中緯度にかけて $-100 \sim -140\ \mathrm{W\ m^{-2}}$ の値を取り, 赤道で極小となっている. とりわけ大陸東岸を流れる黒潮やメキシコ湾流などの暖流域で値が大きい. 顕熱は潜熱の1割程度の大きさであるが, 空間構造は潜熱と類似している. 暖流域での負の値は, 冬季に大陸から吹き出した冷たく乾いた季節風による海面からの熱の放出が主要因である. 正味の熱フラックスの空間分布を見ると, 海洋が受け取る正味の熱フラックスは赤道東太平洋の湧昇域で極大になっている. 一方, 中高緯度の暖流域では海洋からの熱の放出が顕著である.

　潜熱フラックスを算出するバルク式((2.4.2)式)は, 海面付近と海洋上の比湿の差が正 ($\Delta q = q_{sfc} - q_{atm} > 0$) の状態で, 海上において風が吹くと, 海洋から大気へ潜熱フラックスという形で熱が放出され, 結果として海面水温が低下することを意味している. 同様に, 顕熱フラックスは2高度の温度差が正 ($\Delta T = T_{sfc} - T_{atm} > 0$) のときに, 風に比例して増減する((2.4.1)式参照). 一般に海面付近の湿度と温度は, 上層の大気よりも値が大きい ($\Delta q > 0$, $\Delta T > 0$) ので, 図2.4.8に見られるように, 海洋の大半の領域で両者のフラックスは海洋→大気の向きになっている. つまり, 海面水温は0次近似的には風速によって規定されていると言える.

　前述の風→蒸発→海面水温という連鎖は, 海面水温→風の関係が存在すれば, 正のフィードバックシステムになり得る. 図2.4.9に年平均の対流活動の

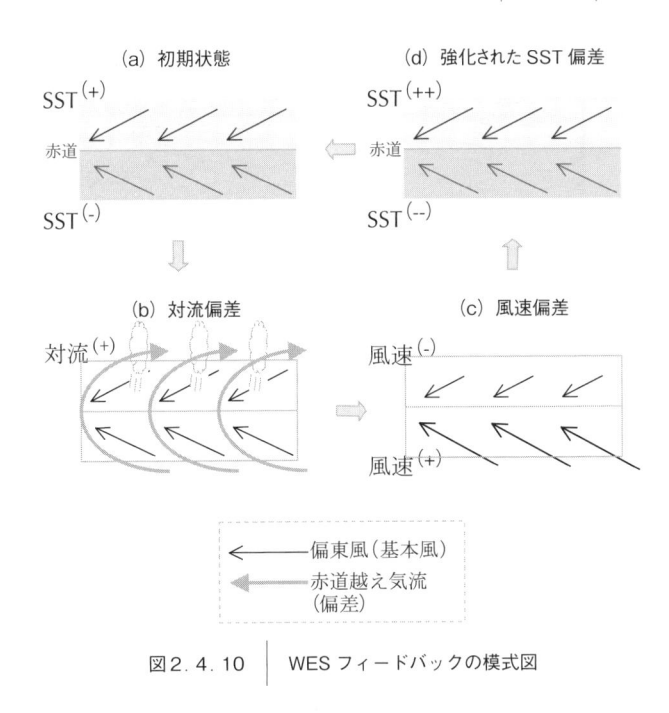

2.4.3 mystery of ITCZ

図2.4.10 WESフィードバックの模式図

活発域(陰影; OLR＜240 W m^{-2})と海上風ベクトルを示す．プロットされているのは年平均であるので，単純な太陽入射量の季節変化から考えると，赤道上に対流活動と海面水温のピークが現れるはずである．ところが赤道東太平洋でのITCZは赤道(太破線)から離れた5°N-10°N付近に偏在している．一方，海面水温の極大域も北半球側に見られ，熱帯東部太平洋におけるITCZの活発域では27〜28℃の暖水域が形成されている．

Xie and Philander(1994)は熱帯太平洋におけるITCZの北偏のメカニズムを，大気海洋相互作用の観点から明らかにした(図2.4.10)．(a)最初に何らかのきっかけで赤道以北の海面水温が高かった場合を考える．(b)北半球側の暖水プール上では対流活動が活発化するとともに下層大気は収束する．この風偏差の一部は南半球側から赤道を横切って吹き込む南風であるが，転向力が働くので南半球では南東気流偏差，北半球では南西気流偏差となる．気候平均の海上風ベクトルは(a)に示されているように北半球では北東風，南半球では南東風となっている．この気候値の風ベクトルに，前述の風偏差ベクトルを線形的

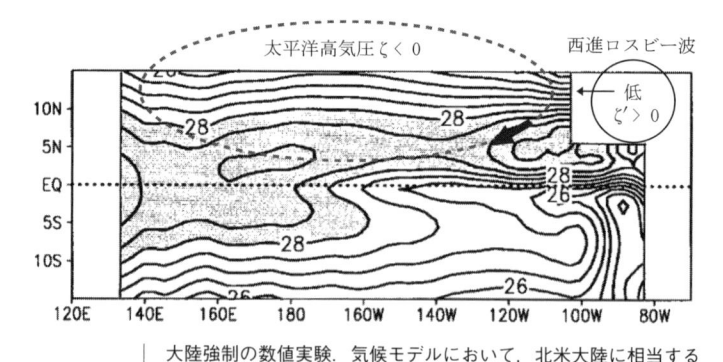

図2.4.11 大陸強制の数値実験．気候モデルにおいて，北米大陸に相当する南北非対称の陸地を与えて得られた海面水温の空間分布
北米大陸上での加熱に伴う低気圧性の循環($\zeta' > 0$)はロスビー波として東太平洋上に西進し，太平洋高気圧の負の渦度を減少させる．このため赤道以北の東部北太平洋上の偏東風が弱まり，結果として海面水温が高くなっている(Xie and Saito, 2001 による).

に重ね合わせると，(c)北半球側では風速が弱まり，南半球では風速の強化が生じる．このように，南北非対称の風応力場が形成されるため，(d)結果として海面水温は，赤道の北側が南側よりも相対的に高くなる．

北高南低の海面水温のパターンは初期状態と同じであるので一連のプロセスは正のフィードバックシステムと言える．この風(wind)→蒸発(evaporation)→海面水温(SST)のフィードバックは，それぞれの頭文字をとってWESフィードバックと呼ばれている．

上記の説明の初期状態とした「北半球側の暖かい海面水温偏差」の理由は大陸配置にある．図2.4.11は，簡略化した地形を気候モデル(大気大循環モデルと海洋混合層モデルを結合させているモデル)に与えて得られた海面水温の空間分布を示す．南北対称の大陸を与えた場合は，海面水温の分布も赤道対称になるが(図省略)，北米大陸を模して北半球側で陸地が西に張り出すようにすると，海面水温は北半球側で高くなる．これは，陸面での夏を中心とした加熱によって作られた低圧部がロスビー波として西進し，赤道以北の貿易風(東風)を弱化させることによって引き起こされたと解釈できる．

このように，気候値として普段我々が何気なく目にしている現象は，大気，海洋，陸面が相互に関係して作り出されたものであることがわかる．数値モデルの発展や人工衛星によって俯瞰的に地球を見ることができるようになった現

在，時間平均として静的に捉えていた気候現象を，物理過程の解明を通して動的に考察できるようになったとも言える．温暖化などの長期の気候変動に応答した気候システムの理解の深化において，このような基礎研究の積み重ねが，より一層重要性を増している．

2.5 インド洋での大気海洋相互作用

　インド洋での大気海洋結合系については，海面水温の偏差場において東西方向に符号の異なる二つの極を持つことから名付けられたインド洋ダイポールモード(Indian Ocean dipole mode : IOD)の発見を契機に，急速に理解が深まった(Saji et al., 1999 ; Webster et al., 1999)．IODはインド洋上でのエル・ニーニョ現象とも言われるが，そのライフサイクルはエル・ニーニョとは大きく異なる．インド洋と太平洋における気候システムの違いは，端的に言えば，モンスーンの介在の有無である．モンスーンについては本書の後半で詳しく触れるが，ここではダイポールモードに直接係わる赤道モンスーンの特徴を説明した上で，エル・ニーニョに伴う遠隔強制(ENSO強制)が，赤道モンスーンの変調を通して，どのようにIODやインド洋の全域昇温(basin-wide warming)を選択的に発生させているのかについて考察する．最後に，ENSOの影響が気候メモリとして一旦インド洋に蓄積され，時間差を伴って再びENSOを変調させる「インド洋のコンデンサー理論」を紹介する．

2.5.1 インド洋ダイポールモード

　熱帯インド洋における大気と海洋の年平均(章末注4参照)の特徴を図2.5.1に示す．子午面方向の海面水温の極大は熱帯太平洋と同じく赤道付近にあり，赤道から離れるに従って水温が低くなる．東西方向の海面水温の温度勾配は，熱帯太平洋では西高東低であるのに対し(図2.1.2参照)，インド洋では東高西低となっている．図2.5.1(a)の白抜きの矢印は，海上風によるエクマン輸送を模式的に示したものである．南インド洋では南東風が卓越しているため，海洋表層の暖かい海水は赤道東インド洋に運ばれる．同じように，北インド洋に

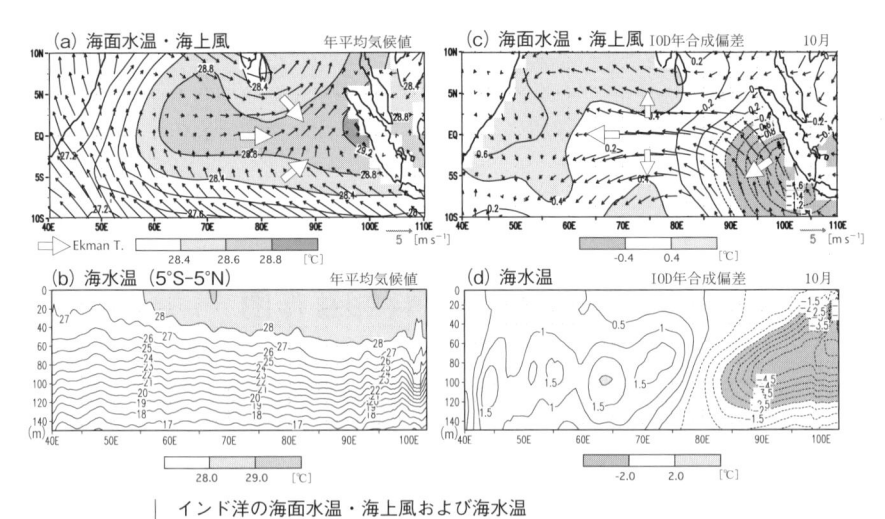

図2.5.1 インド洋の海面水温・海上風および海水温
左列は年平均の気候値，右列はダイポールモード発生年(1991, 1972, 1994, 1997, 2006年)の10月における合成偏差を示す．(a)海面水温と海上風，白抜きの矢印はエクマン輸送，(b)赤道域(5°S–5°N)における海水温，IOD発生年における10月の(c)海面水温と海上風偏差，(d)海水温偏差．(注1)図2.5.2のIODインデックスが−2℃以下の年をIOD発生年としている．(注2)海水温はSODA(simple ocean data assimilation)に基づく．

おける南西風は南東方向へのエクマン輸送を引き起こし，赤道東インド洋に暖水を集積させている．熱帯太平洋上では偏東風が卓越しているが，赤道インド洋上では弱いながらも西風となっている．この西風による吹き寄せ効果も，赤道東インド洋における暖水プールの形成要因の一つと考えられている．

赤道域での海水温の鉛直分布(図2.5.1(b))を見ると，温度躍層の深度は東インド洋の方が西インド洋よりも深い(東側に暖水が集積している)．このことは海面水温の東西構造とも整合的であることから，インド洋の海洋表層付近は大気の影響を強く受けていることがわかる．ダイポール発生年の海面水温の合成偏差を見ると(図2.5.1(c))，スマトラ島沖の東インド洋で低温偏差になっているのに対し，赤道から離れた中央インド洋や西インド洋で暖水偏差が出現している．海洋内部における明瞭な西高東低の海水温偏差の出現は(図2.5.1(d))，海面熱交換や海洋波動が，ダイポールモードを理解する上で重要であることを示唆している．

ダイポールモードとエル・ニーニョの関係について考察する．図2.5.2に

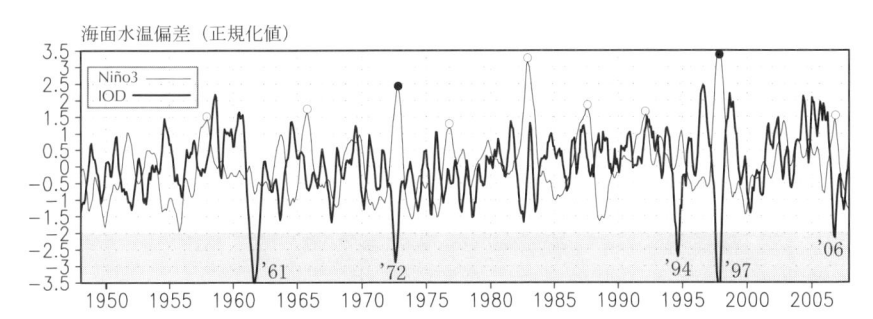

2.5.1 | dipole mode in the Indian Ocean

図2.5.2　正規化した海面水温偏差
細線はNiño3海域(150°W-90°W, 5°S-5°N)，太線はインド洋ダイポールモード(IOD)インデックスを示す．IODインデックスは，東インド洋(90°E-100°E, 5°S-5°N)のSSTから西インド洋(50°E-60°E, 10°S-EQ)のSSTを引いた値．Niño3のSST偏差が+1.5℃以上で，IODインデックスが−2℃以下となった年に●印，非同期年に○を付記している．

　1948年から2007年までの，熱帯東部太平洋における海面水温偏差とダイポールモードインデックスの時系列を示す．過去60年間で，顕著なエル・ニーニョ現象は10回発現している．一方，ダイポールモードは5回生じている．両者が同時に発生した年は1972年と1997年の2回のみとなっていることから，ENSOとIODは独立した関係にあるように思えるが，果たしてそれでよいのであろうか．IODはモンスーンの明瞭な季節変化の中で生じているので，ENSOによる外部強制と赤道モンスーンとの結合過程を考える必要がある．
　図2.5.3は1, 4, 7, 11月(章末注5参照)の海上風ベクトルと海面水温を示したものである．海面水温は，年変化の振幅を見やすくするために，年平均を差し引いた値をプロットしている．冬季(1月)はアジア大陸からの寒気の吹き出しに伴って北インド洋上では北東風が卓越し，蒸発による冷却作用(evaporative cooling)によって海面水温も低くなっている．4月は冬のモンスーンから夏のモンスーンへの遷移期間にあたり，海上風は全体に弱く，海面水温は年間で最も暖かい．この時期は赤道越え気流よりも赤道に沿った西風が顕著で，この風のことを発見者の名前を冠してヴィルティキジェット(Wyrtki jet)と呼ぶ．IODとインド洋の全域昇温を考える上では，ヴィルティキジェットの存在が重要になる．
　夏(7月)になるとアジア大陸に向かって南半球から赤道を横切る南風が強く

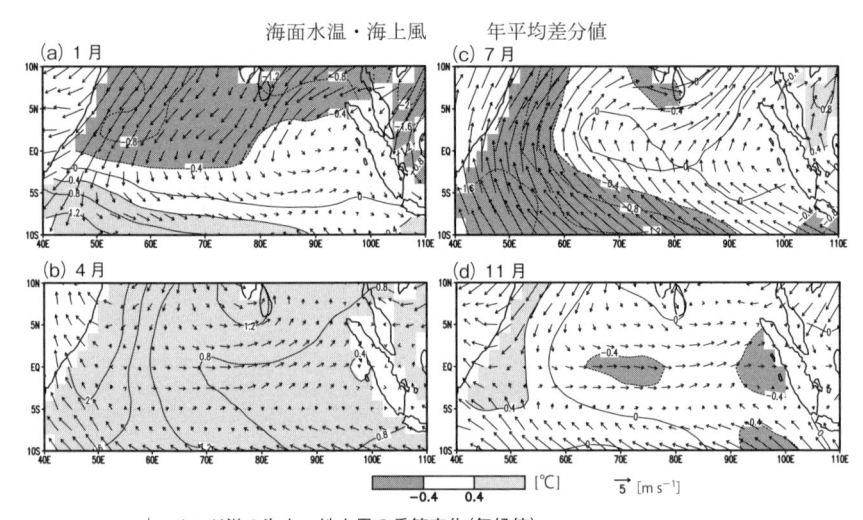

図 2.5.3 | インド洋の海上・地上風の季節変化(気候値)
(a)1月,(b)4月,(c)7月,(d)11月.海面水温は年平均からの差分量をプロットすることで季節変化を強調している.

吹き込み,アフリカ東岸では地形の影響と転向力の効果によってソマリジェット(Somali jet)と呼ばれる強風域が見られる.このため西インド洋の南北両半球で海面水温が極小となっている.秋(11月)は夏季モンスーンから冬季モンスーンへの遷移期間にあたるので,春と同様にインド洋全体で風が弱くヴィルティキジェットが明瞭に見られる.秋の海面水温の空間構造は春とは異なり,西インド洋で海面水温が高く,東インド洋では反対に負偏差となっている.秋はIODの振幅が最も大きくなる季節として知られるが,海面水温の年変化においても,西高東低の年偏差が出現していることは興味深い.

次に,赤道インド洋における東西の差異に注目しながら,季節変化の様子をもう少し詳しく見ていこう.

2.5.2 赤道モンスーンとENSOの結合

西インド洋と東インド洋での海上風と海面水温の季節変化を図2.5.4(a),(b)に示す.西インド洋では,夏に西風,冬に東風が極大となり,風速の増加に対して約2~3か月ほど遅れて海面水温の低下が見られる.一方,夏と冬の

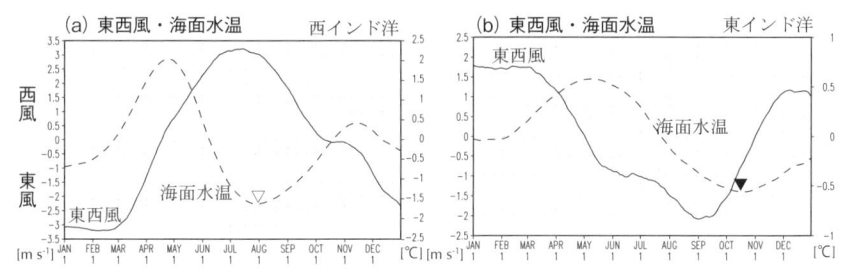

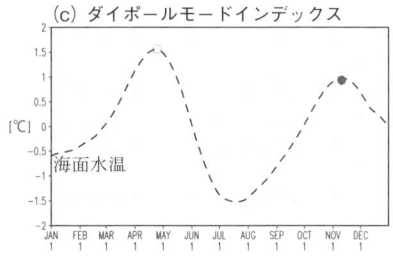

2.5.2 ENSO–monsoon interaction

図 2.5.4　赤道インド洋における海面水温と海上風の東西成分の年変化(海面水温は年平均を差し引いている)
実線は風,破線は海面水温を示す. (a)西インド洋(45°E–55°E, 2°S–2°N), (b)東インド洋(90°E–100°E, 5°S–EQ), (c)西インド洋の海面水温から東インド洋の海面水温を引いた値をダイポールモードインデックスとして定義している.

　モンスーンの遷移期間である春と秋には,海上風速が弱いため,海面水温の上昇が生じている.

　東インド洋でも風速と海面水温の間には,西インド洋のような位相差が見られるが,季節変化そのものは大きく異なっている.冬季(11月～2月)に卓越していた西風が3月から減衰することで,海面水温は5月まで上昇する.興味深いことに,夏季アジアモンスーン期には,西インド洋とは反対に東風が卓越し,風速のピークは9月に現れている.この風の季節変化に呼応する形で海面水温は6月から減少に転じ,10月に極小となっている.

　次にIODインデックスの計算と同じ方法で,海面水温の東西コントラストの季節変化を描くと(図2.5.4(c)),春と秋の2回,西インド洋が東インド洋よりも相対的に暖かい状態になっている.ここでもう一度,西インド洋と東インド洋の海面水温の時系列(図2.5.4(a), (b))に目を転じると,春には西インド洋と東インド洋の海面水温はともに年平均より高くなっている.つまり,西

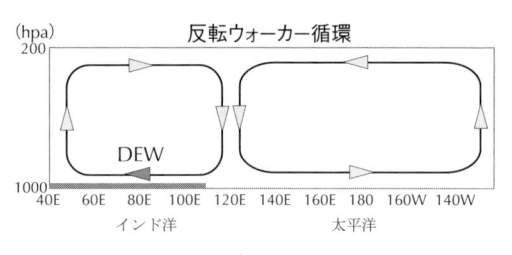

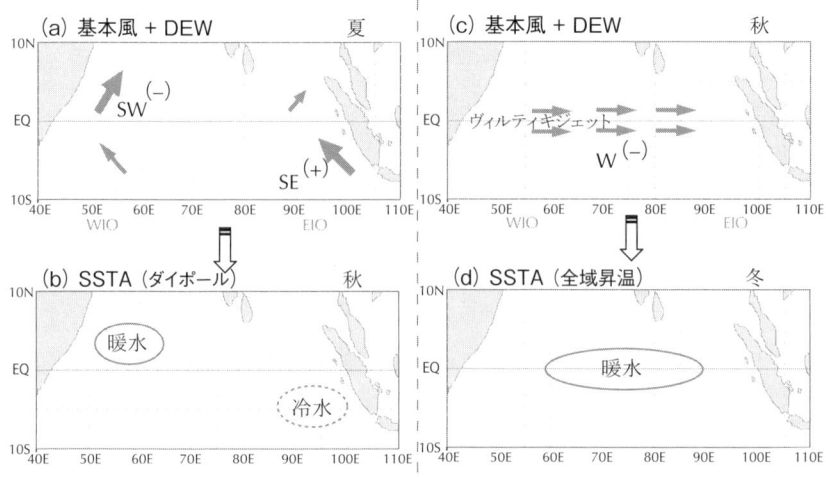

図2.5.5 エル・ニーニョに伴う反転ウォーカー循環が夏に出現した場合(左列)と秋に出現した場合(右列)の大気海洋間の熱交換

インド洋の顕著な昇温が「見かけ」の正のIODインデックスを生み出している．一方，秋(11月)には，西インド洋の昇温と東インド洋の極小が効果的に組み合わさった結果，正のIODインデックスとなっている点が興味深い．年々変動として議論されるIODの振幅は秋に極大となる．このIODの季節内での位相固定と赤道モンスーンの季節変化の間には，どのような関係があるのであろうか．次にENSOと赤道モンスーンの結合過程の季節による違いに着目して考えてみる．

図2.5.5の最上段の図は，エル・ニーニョ時の赤道域でのウォーカー循環の様子を，図2.1.4(b)を基に模式的に示したものである．インド洋の対流圏下層では，海洋大陸付近から吹き出す東風偏差が卓越している．本書では便宜上，この下層の発散風のことを divergent easterly wind (DEW)とし，インド洋上

2.5.2 ENSO-monsoon interaction

にDEWが夏に発現(左列)した場合と,秋から吹き始める(右列)場合を考える.

 北半球の夏には,ソマリア沖の北インド洋ではソマリジェットと呼ばれる強固な南西風が卓越し,スマトラ島の西方海上では南東風が顕著である.この基本風に,ENSOに伴うDEWが線形的に重なると,西部北インド洋の南西モンスーン気流は弱まるが,東部南インド洋の南東風は反対に強められる.インド洋では,風速と海面水温の間にはおおよそ2～3か月の位相差があるので(図2.5.4参照),蒸発冷却の西部北インド洋での抑制と東部南インド洋での強化が,東西非対称の海面熱交換を通して,引き続く秋の海面水温に西高東低の温度偏差(IODタイプ)を生み出すことが予想される.

 一方,秋から発現したDEWは,インド洋の赤道域で秋に卓越する西風(ヴィルティキジェット)を弱め,風速の絶対値(スカラー風速)の減少を介して海面水温の上昇を引き起こすと考えられる.このように,熱力学的な昇温プロセスは,インド洋の全域昇温の一端を担っているものと考えられ,ENSOの後に生じるという点からも,時間発展として整合的である.

 上記の仮説について,海洋混合層モデルで実験した結果を図2.5.6に示す.赤道インド洋上において夏にDEWが現れた場合(実験1),引き続く秋にはIODタイプの海面水温偏差が生み出されるが,秋にDEWが出現した場合(実験2)には,引き続く冬のインド洋では熱帯全域で海面水温偏差が正になっていることがわかる.

 この実験ではDEWをENSOに伴うウォーカー循環の応答として定義しているが,DEW自体はIODが始まれば,インド洋上でのビヤクネスフィードバックを通して維持・強化される.この正のフィードバックに加え,赤道太平洋のように大気と海洋が結合した海洋ケルビン波・ロスビー波がIODの強化と減衰過程において重要な役割を演じている.この様子を1997/98年のIODイベントを例にとって考察する.

 図2.5.7(a)はIODイベントの開始前から終焉後までの,西インド洋と東インド洋における海面水温偏差の時系列を示したものである.IODが夏から発達し始める点は,両方の海域における共通の特徴であるが,冷却と昇温のタイミングに着目すると,東インド洋の冷却が秋に生じているのに対し,西インド洋の昇温のピークは冬に見られる.この約2～3か月の位相差の原因は海洋波

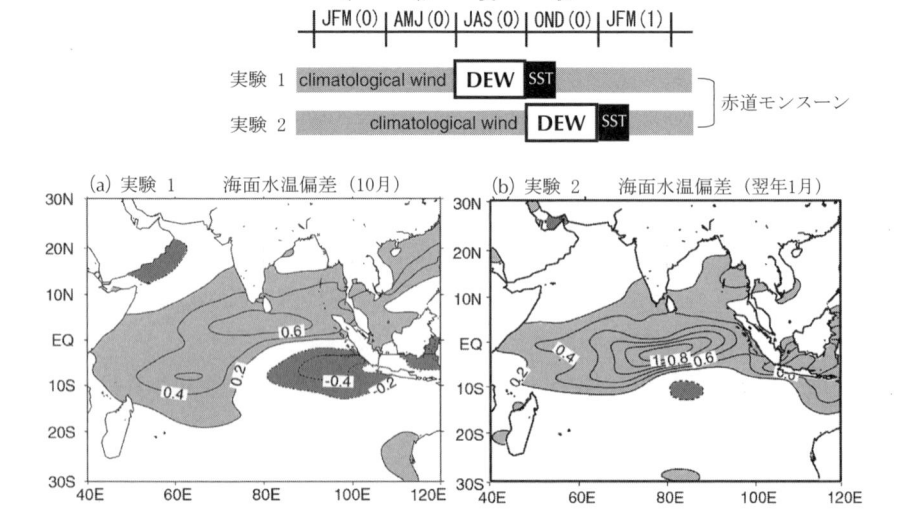

図2.5.6　ENSOに伴うインド洋上の発散風(DEW)と赤道モンスーンとの重ね合わせ実験. 実験1は基本風に夏のみDEWを与えた場合, 引き続く秋にシミュレートされた海面水温偏差. 実験2は1季節を後ろにずらした場合の海洋の応答. 海洋モデルは1.5層海洋逓減重力波モデル, 与えた風偏差はERA40による(Ohba and Ueda, 2005による).

動に求めることが可能である.

図2.5.7(c)は赤道ロスビー波の伝播経路である6°Sの海面高度と海上風の経度時間断面を示す. IODが始まる秋には, 海上風偏差は顕著な東風となり, この風に誘発されるように暖水偏差(正の海面高度偏差)がゆっくりと東インド洋から西インド洋に伝播し, 1997年12月から1998年1月頃にアフリカ東岸沖に到達している. 先に触れた西インド洋での正の海面水温偏差のピークは, この西進する暖水ロスビー波の到達時期と見事に一致している. 一方, IODイベントが収束する春から夏の期間には, 暖水ケルビン波が西インド洋から東インド洋にかけて東進しており(図2.5.7(b)), スマトラ島沿岸沖への到達のタイミングと, 東インド洋の海面水温の上昇時期もほぼ同じである. このように, IODのライフサイクルにおいて海洋波動が重要な役割を担っている点は, 太平洋での遅延振動子理論と似ているが, 全く同じ機構で振動しているとは考

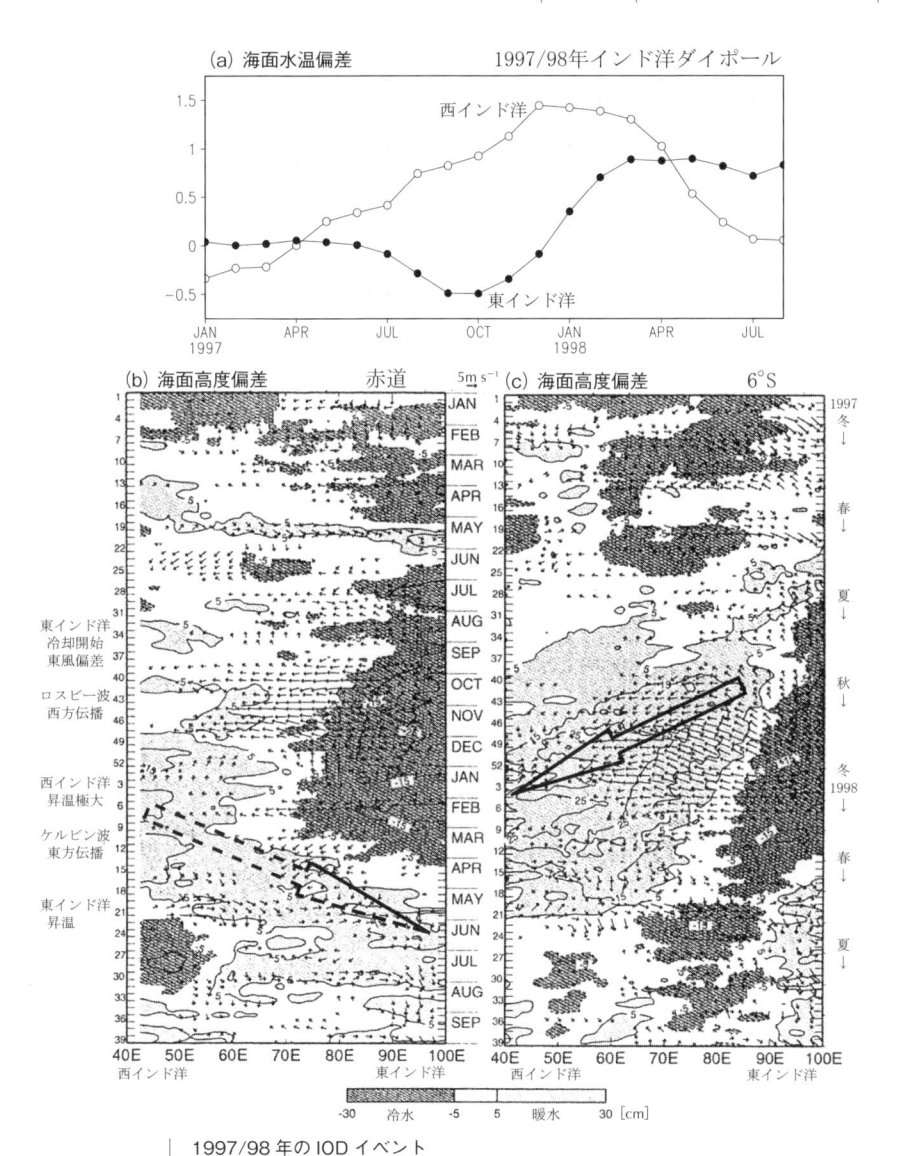

| 2.5.2 | ENSO–monsoon interaction

図2.5.7 1997/98年のIODイベント
上段の(a)図は海面水温偏差の時系列(白丸は西インド洋,黒丸は東インド洋).
下段は海面高度偏差と海上風偏差ベクトルの(b)赤道, (c)6°Sに沿った経度時間断面図(Ueda and Matsumoto, 2000による).

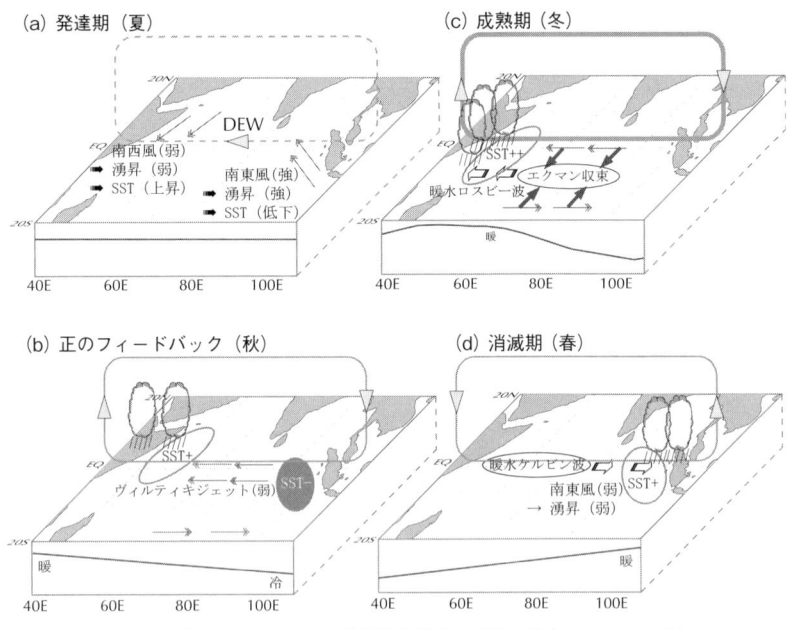

図2.5.8 | IODイベントの典型的な発生・成熟・終息のライフサイクル

えにくい．例えば，IODの構造はENSOのように半年以上にわたって継続せず，秋にピークを迎え，翌年の春には終息してしまう．このことは，モンスーンの季節性がIODのペースメーカーであることを示唆するもので，インド洋の大気海洋相互作用の重要な特徴の一つである．

最後にIODの発生から消滅にいたる大気海洋相互作用について，1997/98年のIODイベントを基に模式図(図2.5.8)を用いて説明する．夏にENSOに伴う東風偏差(DEW)がインド洋に現れると，西インド洋での西風成分が小さくなり，海面での蒸発冷却量の減少とソマリア沖の沿岸湧昇の弱化によって，結果として西インド洋における海面水温は上昇に転ずる．一方，東インド洋のスマトラ島沖合での夏の基本風は南東風であるので，DEWがこの気候値と重なることで，さらに風速が増大する．このため，スマトラ島の西方海域では，沿岸湧昇と蒸発冷却の強化を介して，海面水温の低下が始まる．

秋になるとIODの構造が確立する．西インド洋では，暖かい海面水温に起因した対流活発域に対流圏の下層で東風が吹き込み（気候学的な西風である

ヴィルティキジェットを打ち消すほど明瞭な東風偏差），その上層で発散するとともに，海洋大陸から東インド洋上で再び収束し，沈降流となって下層で発散域を形成する．この時期の東インド洋では，海面水温が極小となり，海洋内部も湧昇の強化に伴い温度躍層の深度は浅くなる．この結果，東インド洋上の対流活動は強く抑制され，下層の発散循環がさらに強められる．この発散風は東風となって西インド洋に吹き込むので，系全体として正のフィードバックシステムとなっている．

秋の後半から冬にかけては，赤道域での東風，20°S付近の西風によって引き起こされるエクマン輸送が10°S付近で収束し，この暖水塊が西進する暖水ロスビー波（downwelling Rossby wave）となって西インド洋に到達する時期にあたる．このため，西インド洋での海面水温の正偏差が極大になり，周辺の対流活動も活発化する．

IODが終息する時期に相当する春には，西インド洋に蓄積された暖水が，東風偏差の弱化とともに，今度は東向きの赤道ケルビン波となって東インド洋に伝播し，スマトラ島の西方海上での昇温をもたらす．この時期の東インド洋上では，湧昇を引き起こす南東風が卓越していないことも，海水温の上昇理由の一つである．このように，東西インド洋の海水温偏差のピーク時期の位相差を理解するためには，海洋力学の効果を加味する必要がある．

2.5.3 インド洋のコンデンサー効果

図2.5.6(b)や図2.5.7に見られるように，インド洋の全域昇温は，(1) ENSOによる赤道モンスーンの変調や，(2)IODの終息に伴って生じている．(1)に関しては海洋混合層モデルの感度実験，(2)に関しては1997/98年のIODイベントに基づいているので，インド洋のコンデンサー効果（capacitor effect）を説明する前に，長期間の観測データからENSOとインド洋の全域昇温との関係を検証しておく．図2.5.9はNiño3.4領域の12月の海面水温に対する熱帯インド洋の海面水温のラグ相関を示したものである．熱帯インド洋の海面水温（TIO-SST）の時系列は全体として，Niño3.4領域に対して2〜3か月遅れて変動している．このようにENSOのシグナルがインド洋に埋め込まれ，数か月後にインド洋で振幅が最大になるということは，ENSOの情報が形

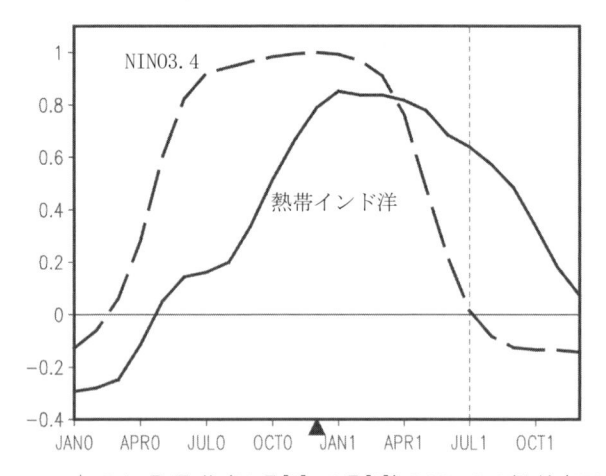

図2.5.9　3か月平均(11月[0]～1月[1])のNiño 3.4領域(170°W-120°W, 5°S-5°N)の海面水温と熱帯インド洋(40°E-100°E, 20°S-20°N)の海面水温の相関係数 [0], [1]はそれぞれエル・ニーニョの発達年, 消滅年を示す. 破線はNiño3.4領域の海面水温の自己相関, 黒塗りの三角形はエル・ニーニョの最盛期である12月[0]を示す(Xie et al., 2009による).

を変えてインド洋に蓄積されていることを示している.

次にインド洋の全域昇温の影響を考える. 図2.5.10は冬季インド洋の全域昇温に相当する海面水温偏差を数値モデルに与えた場合の, 大気と海洋の応答を実験的に調べたものである. 熱帯太平洋域では東風偏差が卓越し, この風偏差によって引き起こされた赤道湧昇によって, 160°E以東では負の海面水温偏差が生成されている. このような海洋と大気の応答は, 前述の遅延振動子のラ・ニーニャの状態に相当するので(図2.1.9(c)参照), 西太平洋上に見られる馬蹄形の正の海面水温偏差も, 東風偏差に伴う海洋の力学的応答として解釈が可能である.

西太平洋上の高気圧性循環は, ENSOと日本の冬季の天候を考える上で重要な要素の一つである. 気候学的には, 冬季モンスーンに伴う寒気の吹き出しは, 日本付近からフィリピンの北側を北東気流となって南下する. ところがエル・ニーニョ時には西太平洋上で高気圧性の偏差が卓越するので, 北東気流が

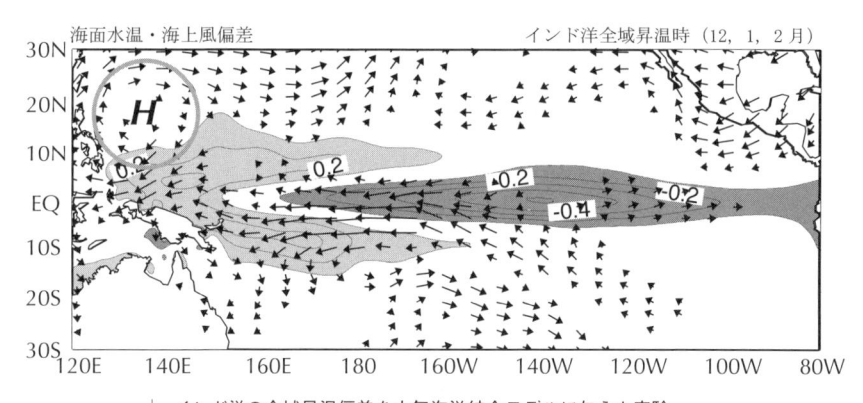

2.5.3 capacitor effect of the Indian Ocean

図2.5.10 インド洋の全域昇温偏差を大気海洋結合モデルに与えた実験 コントロール（基準）実験の値を差し引いた冬季における海面水温と海上風ベクトルの偏差（Ohba and Ueda, 2007 による）．

弱められ，結果として日本付近は暖冬となる場合が多い（図2.1.8(a)参照）．

エル・ニーニョ現象の影響は冬に最も顕著に現れるが，ENSOの終息後にも引き続きENSOの影響が日本に現れる傾向が見られる．この位相差の問題は季節予報の観点からも重要な課題であり，これまで様々な研究が行われてきた．大別すると，(1)インド洋から西太平洋への外部強制，(2)西太平洋での局所的な大気海洋相互作用，(3)ENSO-モンスーン論，という3種類の理論に集約できる．(3)に関しては次章で詳しく扱うので，本項では(1)と(2)を順に説明する．

図2.5.10を子細に見ると，フィリピン海付近には，ENSOによる直接応答以外に，インド洋の全域昇温によっても高気圧性循環が強化されている（図中のHの印）．インド洋の全域昇温は，ENSOに遅れて生じるので，必然的にフィリピン海周辺の高気圧性偏差も冬から翌年の春にかけて強化されることが予想される．つまりENSOが終息した後においても，西太平洋上での高気圧性循環が引き続き維持される理由として，インド洋からの外部強制を考慮すれば季節的な位相差を整合的に説明できる．

次に(2)に相当する局所的な大気海洋相互作用を考える．図2.5.11は，エル・ニーニョのピーク時の大気海洋相互作用の様子を模式的に示したものである．西太平洋上の赤道から離れた亜熱帯域では，負の海面水温偏差に起因し

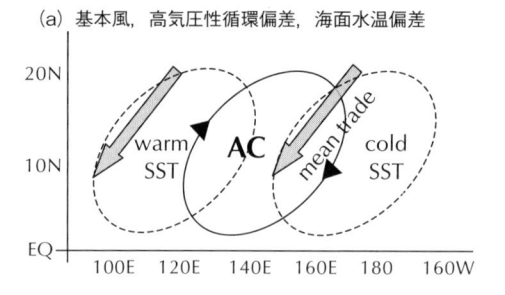

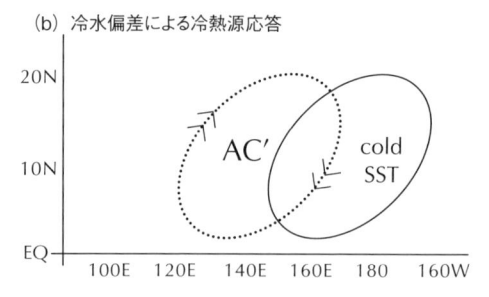

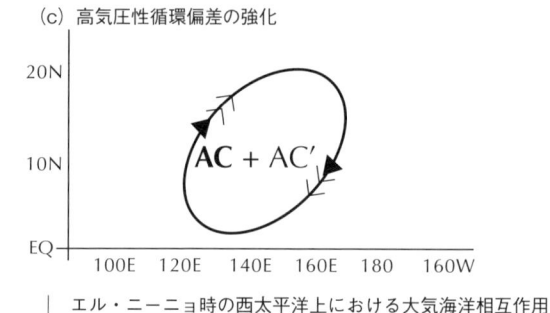

(a) 基本風，高気圧性循環偏差，海面水温偏差

(b) 冷水偏差による冷熱源応答

(c) 高気圧性循環偏差の強化

図2.5.11　エル・ニーニョ時の西太平洋上における大気海洋相互作用 (a)初期状態：冷たい海面水温に起因した大気の冷熱源応答をAC(高気圧性循環)と表記．ACの東(西)側では，基本風である北東貿易風(太矢印)との重ね合わせで風速が増大(減少)する．(b)蒸発冷却の強化に伴う冷水偏差の生成と冷熱源応答による高気圧性循環の偏差(AC′)，(c)高気圧性循環の強化．(a)は Wang et al.(2000)による．(b)，(c)は著者作成．

て，高気圧性循環の偏差が生成される(上段の AC)．冬季の西部北太平洋では北東貿易風が卓越しているので(ここでは基本風と呼ぶ)，高気圧性循環の東側では，基本風に北東風偏差が重なることでさらに風速が増大し，海面熱交換の強化を介して海面水温が低下する(上段の cold SST)．一方，循環の西側では

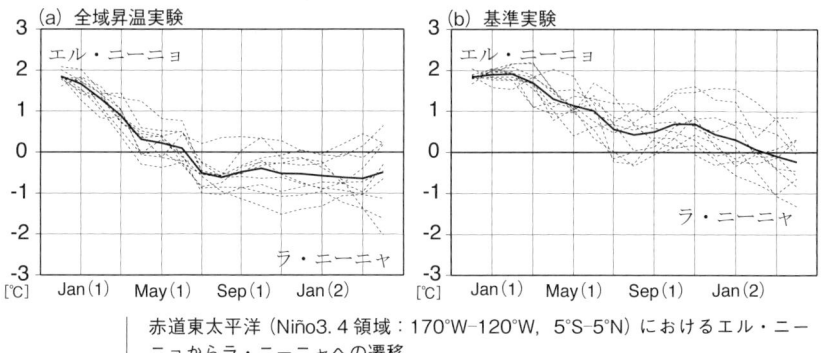

2.5.3　capacitor effect of the Indian Ocean

海面水温偏差(Niño3.4領域)

(a) 全域昇温実験　　　　　　(b) 基準実験

図2.5.12　赤道東太平洋(Niño3.4領域：170°W–120°W，5°S–5°N)におけるエル・ニーニョからラ・ニーニャへの遷移
(a)インド洋の全域昇温を気候モデルに与えた場合，(b)コントロール(基準)実験．太線は10メンバーのアンサンブル平均値(Ohba and Ueda, 2007による)．

西風成分の偏差が基本風と打ち消し合うことでスカラー風速が減少し，結果として海面水温は上昇に転ずる(上段の warm SST)．

新たに作られた冷水偏差の西側では，冷熱源応答によって高気圧性の循環が生まれるので(中段の AC′)，初期状態として存在していた高気圧性偏差がさらに強化される．このような高気圧性循環と海面水温との間に生じるフィードバックプロセスは，最初に存在していた高気圧性偏差の位置を変えずに，その強度を強めるように作用する(下段)．つまり初期状態として負の海面水温偏差が与えられれば，高気圧性偏差の局在化とその延命が合理的に説明される．

インド洋の全域昇温の影響がENSOの遷移に与える影響を考える．図2.5.12(a)はエル・ニーニョの状態でインド洋の全域昇温を気候モデルに与えた場合の，赤道東太平洋(Niño3.4領域)における海面水温偏差の季節遷移をプロットしたものである．正偏差から負偏差への移行は，(b)図の基準実験と比べると，半年以上も早くなっている．図2.5.10で見られたように，インド洋に正の海面水温偏差を与えると，太平洋からインド洋に吹き込む東風が強化されるので，中央太平洋から西太平洋にかけての赤道域では，赤道湧昇によって海水温が下がる．遅延振動子理論に従えば，この冷水塊はケルビン波となって東太平洋に伝播し，温度躍層の上昇，すなわち海水温の低下を引き起こす．このように，インド洋の全域昇温は，エル・ニーニョからラ・ニーニャへの遷移

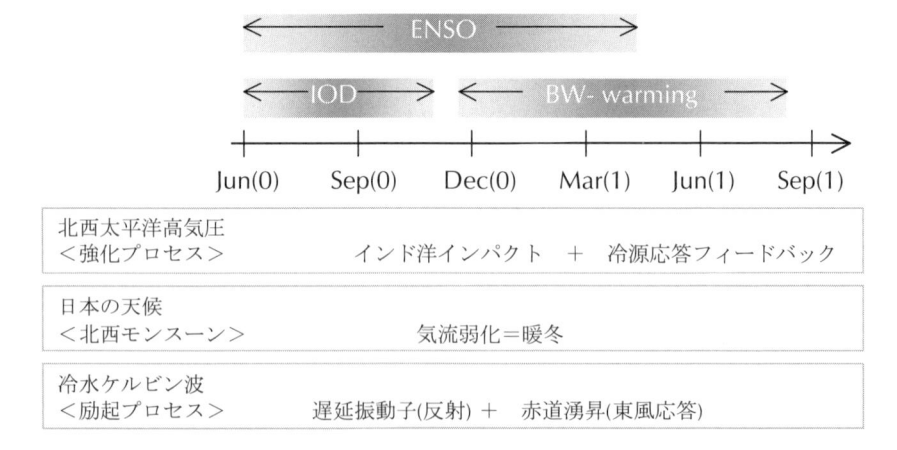

図2.5.13　インド洋のコンデンサー理論の概略図
上半分はモンスーンを介したENSO，IOD，インド洋の全域昇温の連鎖．下半分は北西太平洋上での高気圧循環偏差の強化およびENSOのスムーズな遷移における全域昇温の役割．BWはbasin-wideを表す．図はXie et al.(2009)による．

を加速させるように働く．

　最後にENSO，IODイベント，インド洋の全域昇温の関係を時間発展としてまとめておく(図2.5.13)．夏にENSOが発現すると，インドモンスーンや赤道モンスーンの変調を介して，秋にIODイベントが引き起こされ，IODが終息する冬から翌年の夏にかけては，インド洋での全域昇温が生じる．北西太平洋での高気圧性循環偏差は，ENSOの最盛期である冬に最も顕著に発現し，その強度が春頃まで維持されている．この理由は，インド洋での全域昇温による外部強制と，西太平洋での局所的な大気海洋相互作用に求めることができる．インド洋の全域昇温に伴う赤道太平洋上の東風偏差の強化は，遅延振動子理論における冷水ケルビン波の励起，さらには充填・放出振動子理論における赤道方向へのスヴェルドラップ輸送を増大させることで，エル・ニーニョからラ・ニーニャへのスムーズな遷移に寄与している．このように，ENSOの情報が一度インド洋に埋め込まれ，その影響が時間差を伴って発現することから，一連の流れをインド洋のコンデンサー理論と呼ぶようになった．

第 2 章 注

1：ある現象に対して特異な年を抽出して平均を求め，気候平均値を差し引いた値．コンポジット偏差(composite anomaly)とも呼ばれる．

2：暖水偏差域での対流活発化に伴う対流加熱は，松野-ギル型のロスビー応答を引き起こし，対流圏下層に低気圧性の循環を生み出す．一方，冷水偏差域では対流活動が抑制されるため，負の加熱偏差としてロスビー波を励起し，高気圧性の循環が冷源の北西側と南西側に生じる．

3：波はフーリエ展開によって三角関数で表される．一方，三角関数はオイラー公式を用いると指数表現が可能である．つまり波は指数表記できる．指数関数の微分は$(e^{i\theta})'=ie^{i\theta}$のように指数関数の係数倍になるので，微分した際に式の両辺に同じ指数関数があればそれらは消去でき，最終的に係数の関係が得られる．浅水方程式からは分散関係(dispersion relationship)と呼ばれる波数と振動数の関係が求まる．

4：海上風は年平均にもかかわらず，南インド洋では南東風，北インド洋では西風が卓越している．これは北半球側に大陸が集中していることに起因する．

5：赤道付近を中心に南北両半球にわたった議論を行うが，本書中での春夏秋冬は北半球の季節区分に基づく．

参考文献

Anderson, D. L. T. and J. P. McCreary, 1985 : Slowly propagating disturbances in a simple coupled ocean-atmosphere system. *J. Atmos. Sci.*, **42**, 615-629.

Chao, T. and S. G. H. Philander, 1993 : On the Structure of the Southern Oscillation. *J. Climate*, **6**, 450-469.

Guilyardi, E., 2006 : El Niño-mean state-seasonal cycle interactions in a multi-model ensemble. *Clim. Dyn.*, **26**, 329-348.

Halpert, M. S. and C. F. Ropelewski, 1992 : Surface temperature patterns associated with the Southern Oscillation. *J. Climate*, **5**, 577-593.

Horel, J. D. and J. M. Wallace, 1981 : Planetary-scale atmospheric phenomena associated with the Southern Oscillation. *Mon. Wea. Rev.*, **109**, 813-829.

Jin, F.-F., 1997 : An equatorial ocean recharge paradigm for ENSO. Part I : conceptual model. *J. Atmos. Sci.*, **54**, 811-829.

Krishnamurti, T. N. and H. N. Bhalme, 1976 : Oscillations of a monsoon system. Part I : Observational aspects. *J. Atmos. Sci.*, **33**, 1397-1954.

Madden, R. A. and P. R. Julian, 1971 : Detections of a 40-50 day oscillation in the zonal wind in the tropical Pacific. *J. Atmos. Sci.*, **28**, 702-708.

Madden, R. A. and P. R. Julian, 1972 : Description of global-scale circulation cells in the tropics with a 40-50 day period. *J. Atmos. Sci.*, **29**, 1109-1123.

Meinen, C. S. and M. J. McPhaden, 2000 : Observations of warm water volume changes in the equatorial Pacific and their relationship to El Niño and La Niña. *J. Climate*, **13**, 3551-3559.

Murakami, M., 1976 : Analysis of summer monsoon fluctuations over India. *J. meteor. Soc. Japan*, **54**, 15-31.

Nakazawa, T., 1988 : Tropical super clusters within intraseasonal variations over the western Pacific. *J. Meteor. Soc. Japan*, **66**, 823-839.

Nitta, T., 1989 : Development of a twin cyclone and westerly bursts during the initial phase of the 1986-87 El Niño. *J. Meteor. Soc. Japan*, **67**, 677-681.

Ohba, M. and H. Ueda, 2005 : Basin-wide warming in the equatorial Indian Ocean associated with El Niño. *SOLA*, **1**, 89-92.

Ohba, M. and H. Ueda, 2007 : An impact of SST anomalies in the Indian Ocean in acceleration of the El Niño to La Niña transition. *J. Meteor. Soc. Japan*, **85**, 335-348.

Ohba, M. and H. Ueda, 2009 : Role of nonlinear atmospheric response to SST on the asymmetric transition process of ENSO. *J. Climate*, **22**, 177-192.

Ropelewski, C. F. and M. S. Halpert, 1987 : Global and regional scale precipitation patterns associated with the El Niño/Southern Oscillation. *Mon. Wea. Rev.*, **115**, 1606-1626.

Saji, N. H., B. N. Goswami, P. N. Vinayachandran, and T. Yamagata, 1999 : A dipole mode in the tropical Indian Ocean. *Nature*, **401**, 360-363.

Schopf, P. S. and M. J. Suarez, 1988 : Vacillations in a coupled ocean-atmosphere model. *J. Atmos. Sci.*, **45**, 549-566.

Seiki, A. and Y. N. Takayabu, 2007 : Westerly wind bursts and their relationship with intraseasonal variations and ENSO. Part I : Statistics. *Mon. Wea. Rev.*, **135**, 3346-3361.

Stewart, R. H., 2005 : Introduction to Physical Oceanography : Open source textbook [web] http://oceanworld.tamu.edu/resources/ocng_textbook/chapter09/chapter09_02.htm

Takayabu, Y. N., T. Iguchi, M. Kachi, A. Shibata, and H. Kanzawa, 1999 : Abrupt termination of the 1997-98 El Niño in response to a Madden-Julian oscillation. *Nature*, **402**, 279-282.

Trenberth, K. E. and D. J. Shea, 1987 : On the evolution of the southern oscillation. *Mon. Wea. Rev.*, **115**, 3078-3096.

Ueda, H. and J. Matsumoto, 2000 : A possible triggering process of east-west asymmetric anomalies over the Indian Ocean in relation to 1997/98 El Niño. *J. Meteor. Soc. Japan*, **78**, 803-818.

Wang, B., R. Wu, and X. Fu, 2000 : Pacific-east Asian teleconnection: How does ENSO affect East Asian climate? *J. Climate*, **13**, 1517-1536.

Webster, P. J., A. M. Moore, J. P. Loschnigg, and R. R. Leben, 1999 : Coupled ocean-atmosphere dynamics in the Indian Ocean during 1997-98. *Nature*, **401**, 356-360.

Webster, P. J., V. O. Magana, T. N. Palmer, J. Shukla, R. A. Tomas, M. Yanai, and T. Yasunari, 1998 : Monsoons: Processes, predictability, and the prospects for prediction. *J. Geophys. Res.*, **103**, 14451-14510.

Weisberg, R. H. and C. Wang, 1997 : Slow variability in the equatorial west-central Pacific in relation to ENSO. *J. Climate*, **10**, 1998-2017.

Wyrtki, T., 1973 : An equatorial jet in the Indian Ocean. *Science*, **181**, 262-264.

Xie, S.-P. and K. Saito, 2001 : Formation and variability of a northerly ITCZ in a hybrid coupled AGCM : Continental forcing and ocean-atmospheric feedback. *J. Climate*, **14**, 1262-1276.

Xie, S.-P. and S. G. H. Philander, 1994 : A coupled ocean-atmosphere model of relevance to the ITCZ in the eastern Pacific. *Tellus*, **46A**, 340-350.

Xie, S.-P., K. Hu, J. Hafner, H. Tokinaga, Y. Du, G. Huang, and T. Sampe, 2009 : Indian Ocean capacitor effect on Indo-western Pacific climate during the summer following El Nino. *J. Climate*, **22**, 730-747.

安成哲三, 2002：地球科学とは何だろうか？ 筑波大学最終講義, 平成14年7月11日(筑波大学大学会館).

Zebiak, S. E. and M. A. Cane, 1987 : A model El Niño-Southern Oscillation. *Mon. Wea. Rev.*, **115**, 2262-2278.

3

モンスーン気候力学

3.1 古典的な概念と新たな解釈

3.1.1 巨大海陸風循環説

モンスーン(monsoon)は，大陸と海洋の地理的分布に起因する大規模な海陸風循環の一種である．陸地の比熱は海洋よりも小さいため，太陽入射に対して暖まりやすく，冷めやすい．このため，夏季のアジア大陸上の気温は，周辺の海洋よりも相対的に高くなり，海洋から大陸に向かって風が吹き込む．一方，冬季には大陸の冷却が顕著になるので，大陸から海洋に向かって寒気が吹き出す(図3.1.1)．このように，モンスーンは卓越風向の反転によって特徴付けられることから「季節風」とも呼ばれ，アラビア語で季節を意味するmausimがmonsoonの語源とされる．

最初に海陸風循環という概念を発表したのは，ハレー彗星の発見で有名なEdmond Halley(エドモント・ハレー)の1686年の貿易風に関する論文に遡る．この見方は，第一次近似としては正しいが，実際には地球の回転による転向力(Coriolis force)が働くので，低気圧性・高気圧性の循環が生じる(図3.1.1)．

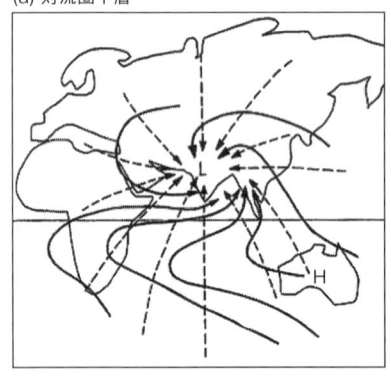

(a) 対流圏下層　　　　　　　(b) 対流圏上層

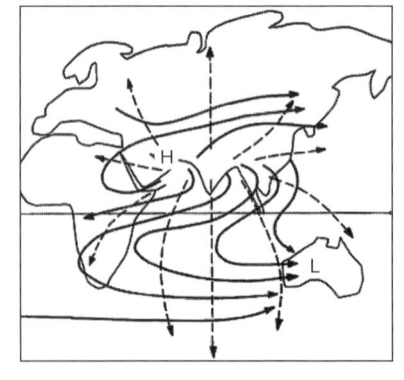

図3.1.1　夏季モンスーンの概念図
太陽放射による北半球側の大陸加熱が顕著であった場合の風の流れ．破線は地球が静止している状態，実線は地球の回転による転向力を加味した流線を示す．

3.1.1 gigantic land-sea breeze

アジア大陸上では太陽放射により陸面が加熱され，対流圏下層には低気圧性の循環が生じる．一方，対流圏の中・上層では，地上付近で収束した空気が上昇することで高気圧性の発散循環が形成される．次にプラネタリースケールでの風の流れを考える．大陸上の低圧場に向かって，遠く赤道以南の南インド洋から風が流入するが，転向力の効果により，南半球側では南東風，赤道以北では南西風に転ずる．

図3.1.2に観測に基づく夏季のアジアモンスーンと太平洋上の循環場の特徴を示す．120°E以西では，アジア大陸に向かって南インド洋から吹き込む下層のモンスーン気流が顕著である（上図）．この風は転向力の影響を受けて南半球では南東風，北半球では南西風に転じ，インド洋上で多くの水蒸気を得て，アラビア海からベンガル湾，南シナ海上にかけての活発な降水活動を引き起こす．この雨による潜熱解放（凝結熱加熱）によって大気はさらに暖められ，大陸・海洋間の温度差が増大することによって，モンスーンはいっそう強められる．

対流圏の上層は，チベット高原の南側（25°N–35°N）を中心としてチベット高気圧（Tibetan high）が発達し，インドの上空では冬の偏西風に匹敵する強度を持つ熱帯東風ジェット（tropical easterly jet）が卓越する．この高気圧の形成においては，古くから対流圏の中部に突出するチベット高原からの顕熱加熱が重要であるとされてきたが，後述するように，降水プロセスに伴う凝結熱加熱も合わせて考慮する必要がある．このように夏季のアジアモンスーンは，下層収束・上層発散という傾圧的な大気の鉛直構造と活発な対流活動によって特徴付けられる．

太平洋の中緯度帯に目を転じると，日付変更線の西側では，モンスーン循環とは反対の傾圧構造となっている．対流圏下層の高気圧性循環を太平洋高気圧（Pacific high），上層の低気圧性循環を中部北太平洋トラフ（Mid-Pacific trough）と呼ぶ．夏になると天気予報では「太平洋高気圧の張り出しが……」という言葉を耳にするが，日本の天候に密接に関係する高気圧は，小笠原諸島付近に中心を持つ順圧的な高気圧であり，太平洋高気圧の本体の変動とは切り離して考える必要がある．この点は，太平洋高気圧の形成要因と変動の視点から，3.3.2項で詳しく論じる．

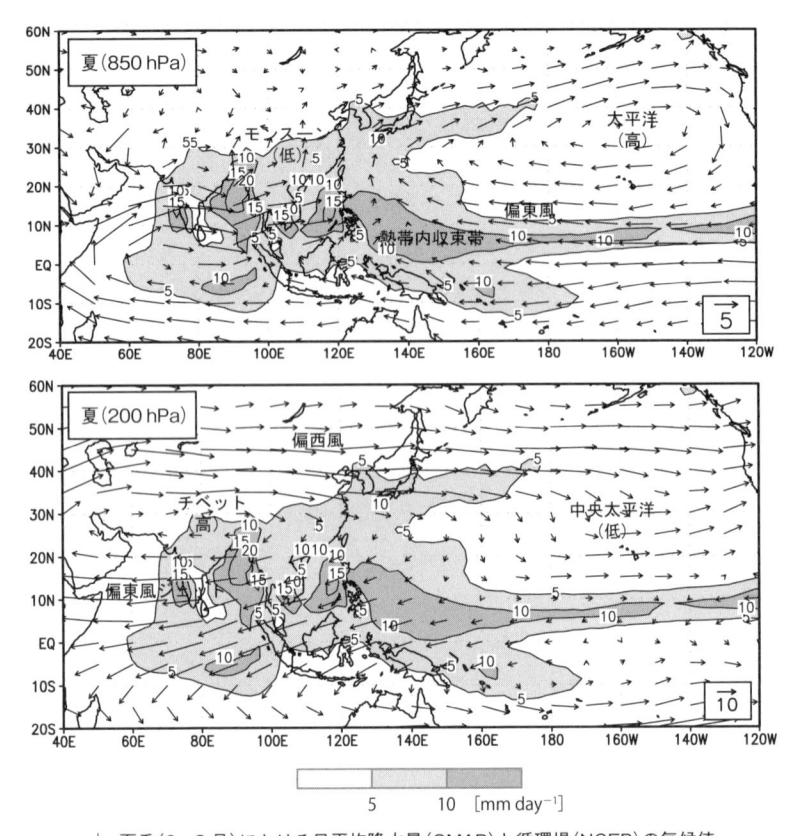

図 3.1.2　夏季(6〜8月)における日平均降水量(CMAP)と循環場(NCEP)の気候値
上段は対流圏下層(850 hPa), 下段は対流圏上層(200 hPa). 風ベクトルの単位はm s^{-1}.

　太平洋高気圧の南側に広範にわたって見られる偏東風(easterlies)は, フィリピン付近の西太平洋上でモンスーン西風気流と合流することで, 収束場の形成と水蒸気の蓄積をもたらす. 一方, 偏東風は海面付近の暖水を太平洋の西側に吹き寄せる(pile up効果)ことで, 西太平洋の暖水プールを生み出している. 収束域では, 西風と東風の重ね合わせによってスカラー風速(風速の絶対値)が小さくなるので, 海面での蒸発冷却や乱流混合の減少を介して, 海面水温はさらに高くなる. つまり, 西太平洋上の収束域と高海面水温は, モンスーン循環と太平洋高気圧の相互作用に強く支配されている. これら一連の大気海洋相互作用は, 気候平均場の形成のみならず, 季節変化や年々変動においても

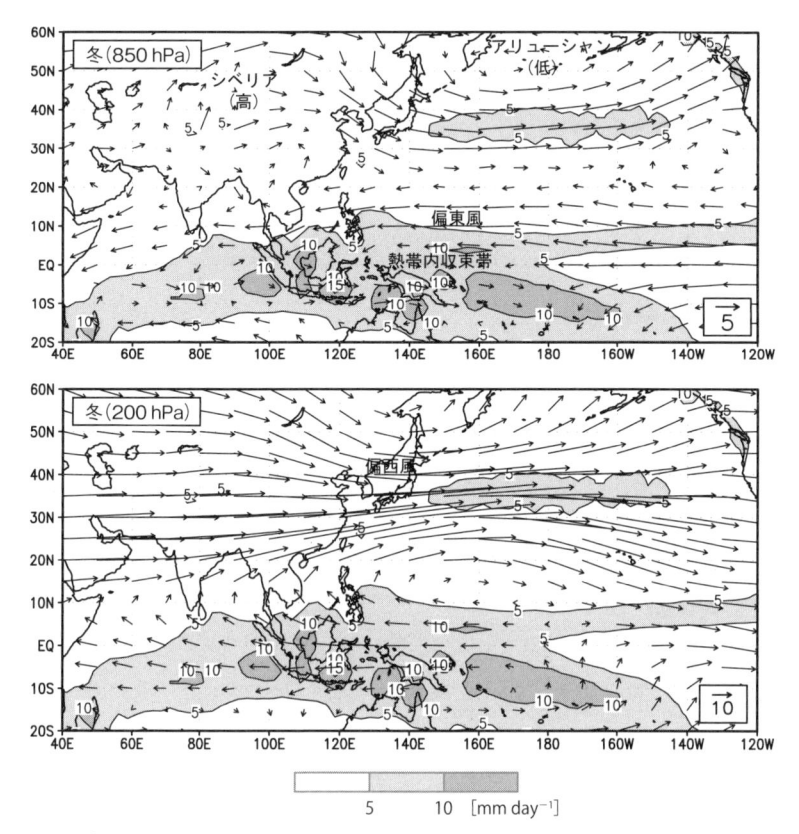

| 3.1.1 | gigantic land-sea breeze

図3.1.3　冬季(12〜2月)における日平均降水量(CMAP)と循環場(NCEP)の気候値
上段は対流圏下層(850 hPa)，下段は対流圏上層(200 hPa)．風ベクトルの単位はm s^{-1}．

同じような振る舞いを見せる(詳細は3.2, 3.3節を参照)．

　冬季には，降水帯の極大域が南半球側に移動する．とりわけ日付変更線付近では南太平洋収束帯(South Pacific convergence zone : SPCZ)や，海洋大陸からオーストラリアの北側に位置するアラフラ海(Arafura Sea)での降水量が最も多くなる(図3.1.3)．熱帯付近の下層循環に目を転じると，夏季に太平洋上のみに卓越していた偏東風は，冬にはインド洋まで達している．冬季の上層風は，強い偏西風によって特徴付けられる．特に日本付近は，チベット高原の南と北側を迂回した偏西風が収束し，最も風が強い地域となっている．

　冬季モンスーン気流は前述の夏季モンスーン気流(図3.1.1)の鏡像と仮定す

るならば，南インド洋での卓越風は北西気流になるはずであるが，実際にはシベリア高気圧(Siberian high)から吹き出した寒気のインド洋への流入量は少なく，むしろ北太平洋上のアリューシャン低気圧(Aleutian low)への吹き込みが顕著である．この理由は，夏半球に相当する南半球側には，アジア大陸に匹敵する陸地が無いことによる．このように，モンスーンの形成においては，大陸配置(land–sea configuration)が重要であることがわかる．

3.1.2 大気の熱源応答

Halley による巨大海陸風循環説が提出されたのが 1686 年，転向力の発見が 1835 年であるので，少なくとも 19 世紀の前半には，季節風としての基本的なモンスーンの概念が確立していたと言える．20 世紀の後半になると，Matsuno (1966)の赤道波の発見に端を発し，Gill(1980)による大気の非断熱加熱に対する応答が数値的に解かれるようになり，モンスーンを温度場以外の指標で捉えようとする研究が行われるようになった．それではモンスーン循環において，熱はどのような役割を演じているのであろうか．

図 3.1.4(a)はアジアモンスーン域における，降水プロセスを含まない夏の南北循環を模式的に表している．アジア大陸上では，日射によって地表付近が暖められることで上昇気流が発生し，上層は高気圧となる．一方，インド洋上の気温は低く重いので，下層の気圧はアジア大陸よりも高くなる．気圧差のため，下層では北向き，上層では南向きの流れが引き起こされ，赤道を越えた半時計回りの循環が生じる．この概念は地表面の加熱差異のみによって駆動されているので，循環の背は低い．

これに対し，山岳の効果や降水プロセスを考慮したのが，図 3.1.4(b)に示す湿潤・山岳モデルである．チベット高原の南麓では，湿ったモンスーン南西気流が収束し，山によって引き起こされた上昇気流との相乗効果で多量の雨が降る．湿った空気塊は，周辺の大気よりも気温減率が小さいので(約 0.5 K/100 m)，周辺の空気よりも暖かく，浮力を得てさらに上昇する．モンスーン気流に含まれている潜熱は，降水プロセスにおいて大気中に解放される．この過程は凝結熱加熱(condensation heating)と呼ばれるもので，子午面循環の運動エネルギーに変換されることで，モンスーン循環を強化する．

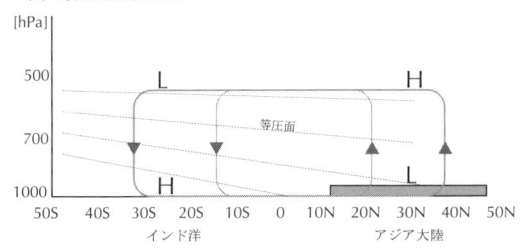

3.1.2 | heat-induced response to atmosphere

(a) 海陸風循環モデル

(b) 湿潤・山岳モデル

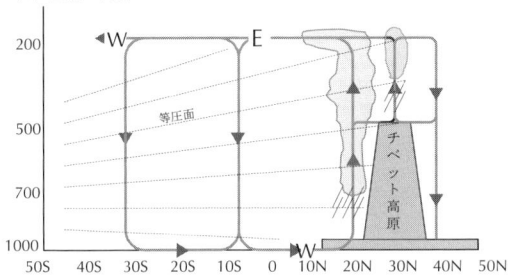

図3.1.4　90°Eに沿う7月の南北鉛直循環
(a) Halleyの巨大海陸風循環モデル，(b) 湿潤・山岳モンスーンモデル．矢印の長さと太さは循環の強さに比例する．Lは低気圧，Hは高気圧，Eは東風，Wは西風領域．細点線は等圧面を示す（村上，1993による）．

　チベット高原の北側では，ヒマラヤ山脈による水蒸気の塞き止め効果に加え，下降気流によって降水活動が抑制されることで，タクラマカン砂漠などの乾燥地が形成される．このように，モンスーン循環においては，降水に伴う熱エネルギーが重要な役割を演じている．

mini COLUMN

気候形成における山岳の役割

　大規模な山岳は，気候の形成において重要な役割を担っている．中でもチベット高原は，大気や水蒸気の流れを遮る障害物として働く力学的効果

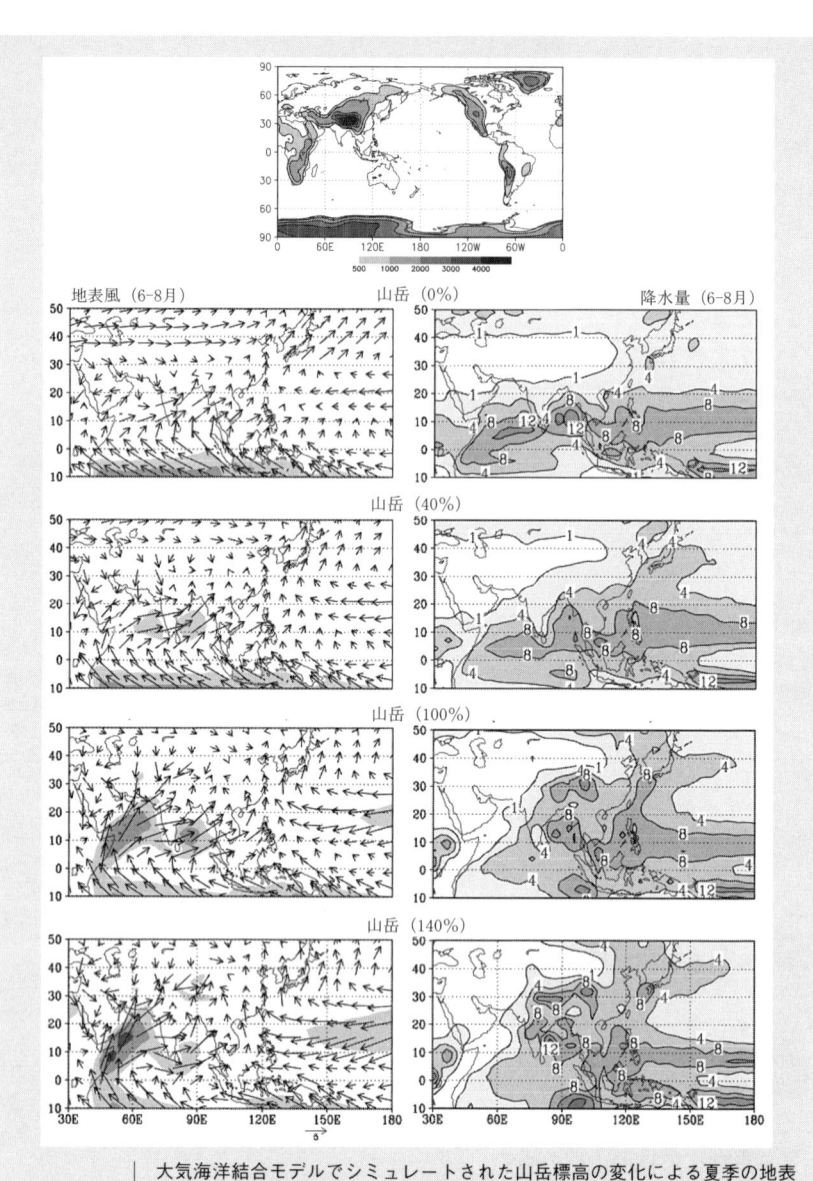

補足図3.1　大気海洋結合モデルでシミュレートされた山岳標高の変化による夏季の地表風 [m s^{-1}] と降水量 [mm day^{-1}] の変化（鬼頭, 2005 による, ⓒ日本地質学会）最上段は基準実験で用いた地形（単位は m）で，この標高を 0%（山無し），40%，100%（基準実験），140% としたときの実験結果を示している．陰影は風速 6 m s^{-1} 以上，降水量 1 mm day^{-1} 以上を表す．

と，強制上昇流によって引き起こされる降水に伴う潜熱解放や，対流圏中層に突出した地表からの顕熱輸送などの熱力学的効果を通してモンスーンの形成と変動に関与している．ヒマラヤ山脈・チベット高原の生成は，インド亜大陸が新生代中頃(概ね3,000万年前)にユーラシア大陸と衝突したことに端を発し，約1,000万年前から高原の隆起が活発化したと主張する研究者が多い．

山岳の段階的な変化による大気循環の変化について，全球の大気海洋結合モデルで再現した結果を補足図3.1に示す．山が無い場合(0%)においても陸面の加熱によって，アラビア海からインドを経て東南アジアに至るモンスーン西風気流が見られる．山岳が上昇するにつれて，アラビア海でのソマリジェットやベンガル湾の西風が強化されていく．興味深いことに，ソマリジェットは標高が高くなるほど強まるが，ベンガル湾の地表風速は，山岳標高を現在の100%や140%とした実験ではむしろ弱くなっている．この理由は西太平洋上に吹く偏東風の変動に求めることができる．太平洋高気圧は山岳の上昇とともに強化されるので，高気圧から吹き出す偏東風も強くなる．つまり偏東風の卓越領域が，フィリピン東方海上からインド洋に向かって西方に拡大することで，結果としてベンガル湾でのモンスーン西風気流が弱化する．

降水量の変化に目を転じると，山が無い場合は，日本付近の梅雨に相当する降水帯は見られず，降水域が20°N以南に帯状に分布している．山岳が基準実験の高さに近づくにつれて，東アジアから東南アジア域での降水量は増加し，内陸乾燥地への降水帯の北進が生じている．アラビア海の西部では，風速の強化に伴う海面水温の低下によって，降水量は減少するが，西太平洋では太平洋高気圧の強化によって，降水域は西側にシフトしている．このように，大規模山岳はモンスーンや太平洋高気圧の強弱のみならず，海面水温の変動を介して海洋上の降水量分布にも影響を与える．気候形成における陸面・大気・海洋相互作用の好例と言えよう．

湿潤・山岳モンスーンモデルでは,「温度 T」と「熱 Q」という異なる物理量が同時に議論されているが,両者は時間に対し以下の関係にある.

$$\frac{\partial T}{\partial t}=Q \quad \Leftrightarrow \quad \int Q dt = T$$

　この式は,温度の時間微分量が熱であり,反対に熱の時間積分が温度になることを意味している.つまり,T と Q を同じ土俵で考察するには,Q を時間方向に積分すればよい.この熱の時間積分を「大気の熱源応答」と呼んでいる.浅水方程式に,周期的な連続熱源を与えて解析的に解を求めた Matsuno (1966)と,孤立熱源を与えて数値的に解いた Gill(1980)の名前を冠し,上記の熱源応答の空間パターンを松野‒ギルパターンと称することも多い.

　最初に松野の示した赤道付近に捕捉された波(trapped wave)を説明する.2.3.1項で取り扱ったケルビン波の導出の際には,浅水方程式((2.3.1)～(2.3.3)式)において $v=0$ としていたが,今回は回転成分も議論するため,v 成分は残したまま偏微分方程式の解を求める.実際には,エルミート多項式を用いて展開するが,本書の範囲外になるので,代表的な解の構造を図3.1.5に示す.

　一つ目の解は,北半球側では低気圧のまわりに半時計回りの循環,南半球側の低気圧のまわりに時計回りの循環となっており,気圧場と風の場は地衡風の関係を満たしている.循環は渦度を一定に保つために,ロスビー波となって西

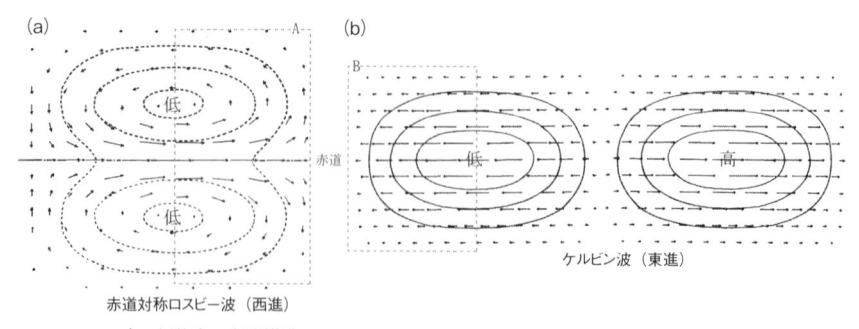

図3.1.5　**赤道波の空間構造**
等値線は気圧を示す.(a)赤道対称ロスビー波,(b)ケルビン波(Matsuno, 1966 による;原著ではケルビン波の構造が高気圧の場合のみ示されていたが,本書では熱源応答との関連を見るために低気圧性循環の場合も付記している).

進する．この応答パターンは，赤道を挟んで南北両半球側に見られることから，赤道対称ロスビー波とも呼ばれる．

二つ目の解は，赤道に中心を持つ低気圧，あるいは高気圧の分布で，低気圧内では東風，高気圧内では西風となっている．風の南北成分が全く無いのが特徴的で，気圧分布に対しては，風の東西成分のみ地衡風の関係を満たしている．すなわちケルビン波の構造を保ったまま東進する．

Gill は浅水方程式に外力として加熱量 Q を与えることで，熱源応答を調べた．つまり，浅水方程式 ((2.2.3)～(2.2.5)式) は，

$$\frac{\partial u}{\partial t} - fv = -\frac{1}{\rho}\frac{\partial p}{\partial x} \tag{3.1.1}$$

$$\frac{\partial v}{\partial t} + fu = -\frac{1}{\rho}\frac{\partial p}{\partial y} \tag{3.1.2}$$

$$\frac{\partial p}{\partial t} + \frac{\partial u}{\partial x} + \frac{\partial v}{\partial y} = -Q \tag{3.1.3}$$

のように表せる．ここでは定常応答解を求めるので，レーリー摩擦とニュートン冷却を含んだ減衰項 ε を導入し，熱帯域での代表的な運動のスケール(章末注1参照)で規格化する．定常($\partial/\partial t = 0$)を仮定すれば，

$$\varepsilon u - \frac{1}{2}yv = -\frac{1}{\rho}\frac{\partial p}{\partial x} \tag{3.1.1a}$$

$$\varepsilon v + \frac{1}{2}yu = -\frac{1}{\rho}\frac{\partial p}{\partial y} \tag{3.1.2a}$$

$$\varepsilon p + \frac{\partial u}{\partial x} + \frac{\partial v}{\partial y} = -Q \tag{3.1.3a}$$

のように変形できる．u, v, p の変数に対して，赤道に対称な加熱を与えて解を求めたのが図3.1.6である．熱源を置いた場所を中心に上昇流が発生し，弱いながら補償下降流が熱源の北西と南西側に見られる．気圧場では，熱源の北西と南西に位置する低気圧性の循環が顕著で，熱源の西側では西風が吹き込み，反対に東側では東風となっている．この西風は，熱源応答で生成された低気圧性の渦に伴うもので，前述の赤道対称ロスビー応答に相当する．一方，東風領域では，風の南北成分がなく，ケルビン波の構造を呈している．

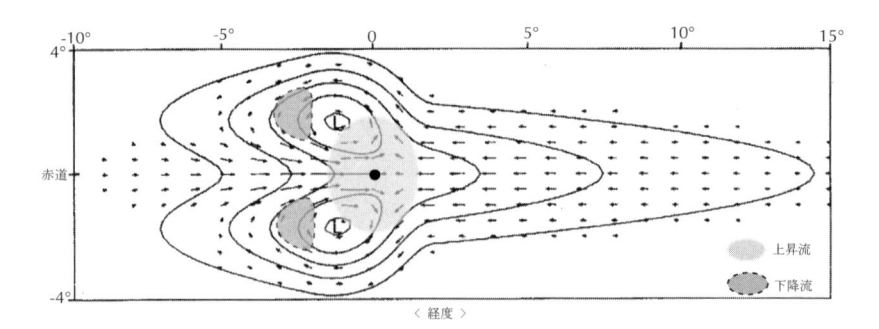

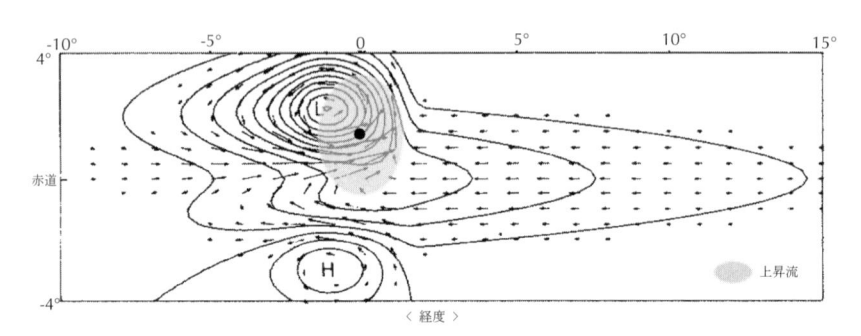

図 3.1.6　赤道上の原点(黒丸)に熱源を与えたときに線形モデルから得られた大気下層の気圧(等値線)と風のパターン
陰影は鉛直流を示す．実際の熱源は経度方向に±2度の範囲で与え，中心から $\varepsilon=0.1$ を与えて振幅を減衰させている(Gill, 1980 による)．

図 3.1.7　図 3.1.6 と同じ，ただし赤道上から離れた北半球側に熱源を与えた場合の大気下層の応答(Gill, 1980 による)．

　ロスビー波は西に進み，ケルビン波は東に伝播するので，図 3.1.6 の空間構造は時間とともに，より平板な(東西方向に拡張した)分布になる．東西方向に非対称な構造になっているのは，ケルビン波の位相速度がロスビー波の約 3 倍であることによる．このように，赤道域であっても転向力の影響が顕著に現れるのが熱源応答の特徴である．また松野の赤道波の図 3.1.5 において，赤道対称ロスビー波の東側半分(破線 A)とケルビン波の西側半分(破線 B)を統合したのが図 3.1.6 の松野-ギルパターンとも言える．

　既出の図 2.4.9 もしくは図 3.1.2 の対流活動の空間分布に見られるように，降水量の極大は赤道上から離れた北半球側に位置している．この様子を再現す

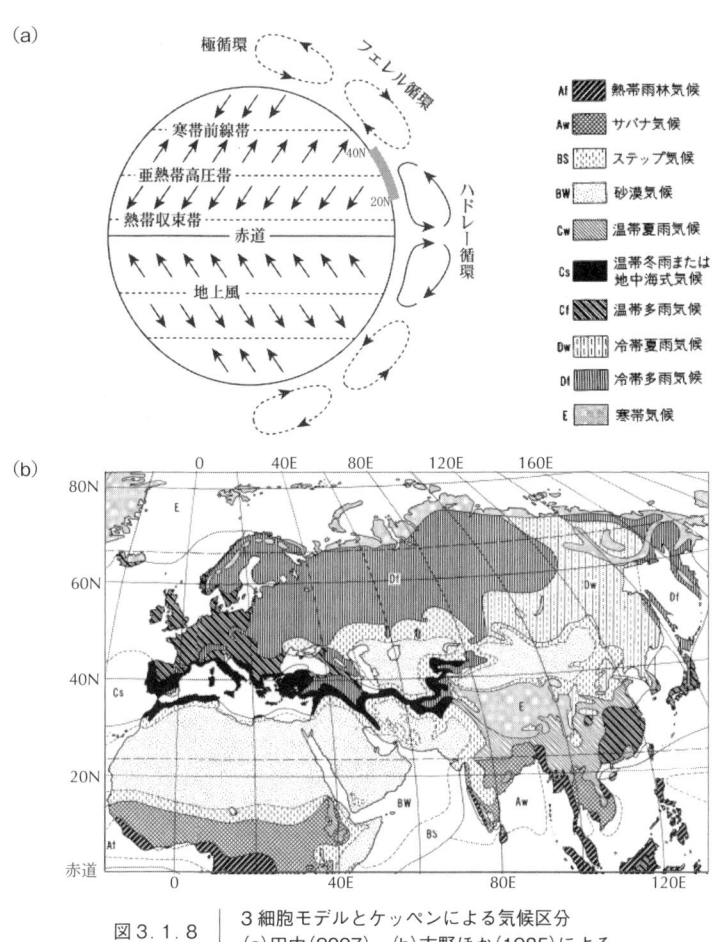

3.1.2 | heat–induced response to atmosphere

図3.1.8　3細胞モデルとケッペンによる気候区分
(a)田中(2007), (b)吉野ほか(1985)による.

るために，熱源を赤道から離れた場所に置いて大気の応答を調べた結果が図3.1.7である．

熱源の北西側では，ロスビー応答によって顕著な低気圧性の循環が生成されている．この低圧部に向かって赤道を横切る南風と強い西風が吹き込み，熱源の東側ではケルビン応答に伴う東風が見られる．これらの構造は，観測されたモンスーントラフや南西モンスーン気流，太平洋上の偏東風などとよく一致している．Gillの結果は対流圏下層の循環であり，理想化した実験であるが，客

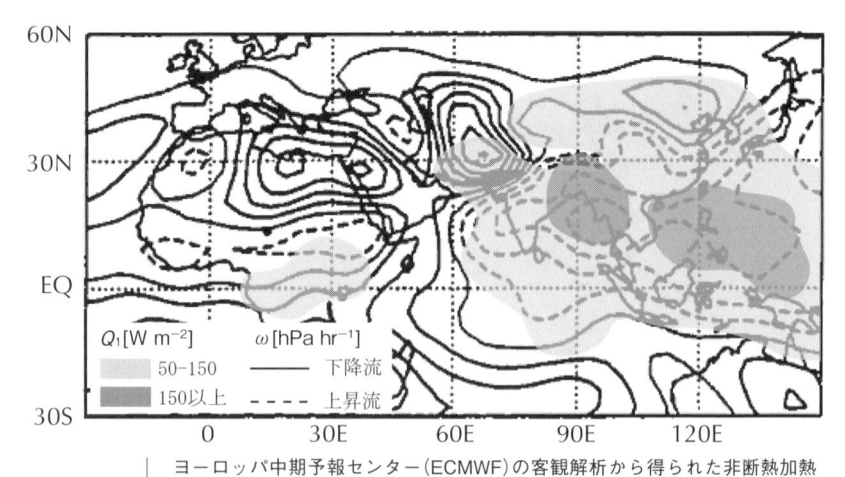

図3.1.9　ヨーロッパ中期予報センター（ECMWF）の客観解析から得られた非断熱加熱（陰影）を，プリミティブ方程式に与えて11日間積分した結果．薄い陰影は50～150 W m^{-2}，濃い陰影は150 W m^{-2}以上の加熱域を示す．477 hPaでの鉛直流ωは0.5 hPa hr^{-1}の等値線間隔で表されている．実線は正のω（下降流），破線は負のω（上昇流）．（Rodwell and Hoskins, 1996に加筆）

観解析から得られた熱源を気候モデルに与えた場合でも，モンスーンが極めてよく再現されることが確認されている．このように熱帯から亜熱帯の循環場はモンスーンに伴う熱源によって大きく支配されている．

地球の南北循環を説明する際に用いられる3細胞モデル（図3.1.8上段）では，ハドレー循環に伴う下降流が中緯度高気圧帯の成因とされている．この考え方は，マクロな地球の循環を捉えるには適しているが，地理学的な差異を説明する際には注意が必要である．図3.1.8下段に示すケッペンの気候区分図において，20°N-40°Nの緯度帯に注目すると，南アジアから東アジアにかけては湿潤多雨気候であるのに対し，南西アジアから北アフリカにかけては乾燥気候となっている．先の3細胞モデルにおいてハドレー循環の下降流域に相当するこれらの2地域間において，東西方向に乾湿の非対称性が存在する理由は何か．この素朴な疑問に対してRodwellとHoskinsは松野-ギルの考え方を応用することで，乾燥・半乾燥地域の気候形成プロセスに新たな見方を提示した．

図3.1.9に，プリミティブ方程式に客観解析から求めた非断熱加熱を与えて積分した結果を示す．南アジアや赤道付近のアフリカ大陸では，加熱域と上昇

流が概ね一致している．反対に下降流は，サウジアラビアなどを含む南西アジアやサハラに顕著に見られる．熱源の北西に選択的に下降流が卓越しているのは，ロスビー応答によるもので，この関係は既出の図3.1.6の下降流域とも整合的である．このように，北アフリカから南西アジアにかけての乾燥気候は周辺域の非断熱加熱，とりわけアジアモンスーンの降水に伴う凝結熱加熱が効いていると言える．雨が作り出す乾燥気候という意味から，モンスーン・砂漠メカニズム（monsoon-desert mechanism）と呼んでいる（章末注2参照）．

mini COLUMN

温暖化に伴う降水量の増減

モンスーン・砂漠メカニズムは，温暖化時の降水量分布の解釈にも応用できる．補足図3.2に複数の気候モデルによって予測された温暖化時の降水量偏差を示す．モンスーンアジア域に注目すると，インド洋から南アジア，東南アジア，東アジアにかけての広範な地域で降水量の増大が見られるが，中央アジアから西アジア，さらに北アフリカから地中海を含む南欧にかけての

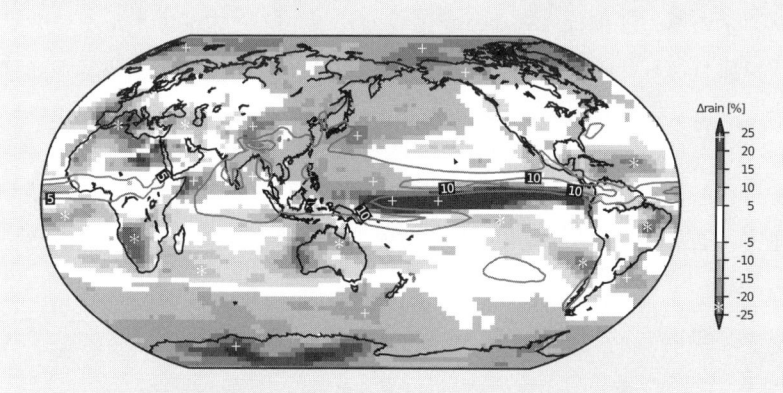

補足図3.2　複数の気候モデル（24のCMIP5モデル出力）に基づく北半球夏期（6, 7, 8月）の降水量変動予測
現在（1971～2000年）に対する将来（2071～2100年）の変化率．二酸化炭素濃度は代表濃度経路シナリオ4.5（RCP4.5）に基づく．（カラー図版は口絵B(a)参照）（Ogata et al. 2014による）

乾燥域では，反対に降水量が減少している．3.4.1項で後述するように，モンスーンアジアの降水量は，温暖化時には増加することが複数の研究から指摘されている．換言すれば，モンスーン・砂漠メカニズムによって，既存の乾湿コントラストがより顕在化することになる．現在の乾燥気候域での小雨傾向の加速は，文明の存続にも関わる重要な問題であるので，このような力学的な裏付けも含めて，気候力学の知見を一般に還元していく必要がある．

3.1.3 熱源の特定 〜$Q_1 \cdot Q_2$法〜

(a) 熱力学方程式と水蒸気保存則

モンスーン循環を規定する大気中の冷熱源は，熱力学方程式や水蒸気保存の法則から算出できる．例えば，客観解析データや面的に展開されたゾンデ観測から温度 T，比湿 q，水平風 (u, v) の三次元分布とその時間変化がわかれば，後述する見かけの熱源 Q_1 と見かけの水蒸気減少量 Q_2 を残差として推定できる．本書では最初に，熱力学第一法則と状態方程式から冷熱源の算出方法を導出した上で，柳井らの鉛直渦熱輸送論を説明する．

熱力学の第一法則は，熱量の変化 Q が仕事 ΔW と内部エネルギーの変化 ΔU に使われるという関係である．それらは気圧 p，比容 α（密度 ρ の逆数：$1/\rho$），定積比熱 c_v を用いて，

$$Q = \Delta W + \Delta U = p d\alpha + c_v dT \tag{3.1.4}$$

のように表せる．一方，気体の状態方程式は気体定数を R として，次式で与えられる．

$$p\alpha = RT \tag{3.1.5}$$

上式の両辺を微分すると，

$$pd\alpha + \alpha dp = RdT \tag{3.1.5a}$$

が得られるので，(3.1.4)式と(3.1.5a)式から，$pd\alpha$ を消去し，定圧比熱 c_p を

用いると，

$$Q = (c_v + R)dT - \alpha dp = c_p dT - \alpha dp \tag{3.1.6}$$

となる．さらに，上式を時間 t で微分すれば，

$$\frac{dQ}{dt}(=\Delta Q) = c_p \frac{dT}{dt} - \alpha \frac{dp}{dt} \tag{3.1.7}$$

となる．ここで $c_p = c_v + R$ である．上式は全微分形式なので，気圧座標系での鉛直速度 ω（章末注3参照）を用いて，オイラー表記に書き表せば，

$$c_p \left(\frac{\partial T}{\partial t} + \vec{v} \cdot \nabla T + \omega \frac{\partial T}{\partial p} \right) - \alpha \frac{dp}{dt} = \Delta Q \tag{3.1.7a}$$

となる．$\omega = \partial p / \partial t$ なので，上式をさらに整理すると，

$$\frac{\partial T}{\partial t} + \vec{v} \cdot \nabla T + \omega \left(\frac{\partial T}{\partial p} - \frac{\alpha}{c_p} \right) = \frac{\Delta Q}{c_p} \tag{3.1.8}$$

となる．(3.1.5)式から得られる $\alpha = RT/p$ を上式に代入し，$\Delta Q = Q_1$ とおけば，

$$\boxed{\frac{\partial T}{\partial t} = -\vec{v} \cdot \nabla T + \omega \left(\frac{RT}{c_p p} - \frac{\partial T}{\partial p} \right) + \frac{Q_1}{c_p}} \tag{3.1.9}$$

のように，温度 T の局所変化（時間変化）と熱量の関係を表す熱力学方程式（thermodynamic equation）が得られる．右辺第1項と第3項は，風による温度の水平移流，鉛直移流をそれぞれ示す．右辺第2項は，断熱加熱(adiabatic heating)と呼ばれるもので，上昇流($\omega < 0$)の場合は断熱冷却となる（下降流では断熱加熱）．移流は外部との熱のやりとりのない断熱過程に分類される．したがって，右辺第1項，第2項，第3項は全て断熱過程である．これに対して，Q_1/c_p は大気放射，潜熱加熱，顕熱加熱などの断熱以外の過程を含んでいるので，非断熱加熱(diabatic heating)と呼んでいる（章末注4参照）．

次に水蒸気の保存について考える．ある気塊に含まれる水蒸気量は，凝結が起これば水蒸気が水に相変化するので減少する．一方，凝結がなければ保存される．この関係は，比湿 q，凝結熱 L_c (0℃で 2.5×10^6 J kg^{-1}) および凝結熱加熱 Q_2 を用いて，

$$L_c \frac{dq}{dt} + Q_2 = 0 \tag{3.1.10}$$

のように表せる．上式をオイラー形式で書くと，

$$L_c \frac{dq}{dt} + Q_2 = L_c \left(\frac{\partial q}{\partial t} + \vec{v} \cdot \nabla q + \omega \frac{\partial q}{\partial p} \right) + Q_2 = 0 \qquad (3.1.10\text{a})$$

となる．さらに両辺を L_c で除し，比湿の局所変化項の時間変化に対する，水蒸気の水平移流と鉛直移流，凝結熱加熱(condensation heating)との関係に書き改めると，

$$\boxed{\frac{\partial q}{\partial t} = -\vec{v} \cdot \nabla q - \omega \frac{\partial q}{\partial p} - \frac{Q_2}{L_c}} \qquad (3.1.11)$$

となる．(3.1.9)式の Q_1 とは異なり，$-Q_2$ となっていることに注意して欲しい．これは水蒸気の減少($\partial q/\partial t<0$)が，大規模循環による見かけの凝結熱加熱($Q_2>0$)を示していることによる．

図3.1.10 に熱帯西部太平洋の ITCZ 領域における Q_1, Q_2 の鉛直分布を示す．放射による冷却は，$-1 \sim -2$ K day^{-1} 程度であるが，Q_1, Q_2 の最大値はともに 6 K day^{-1} 近くに達し，気柱全体では正味の加熱となっている．ITCZ 内では積雲対流活動が活発であるので，降水に伴う凝結熱放出と水蒸気の減少

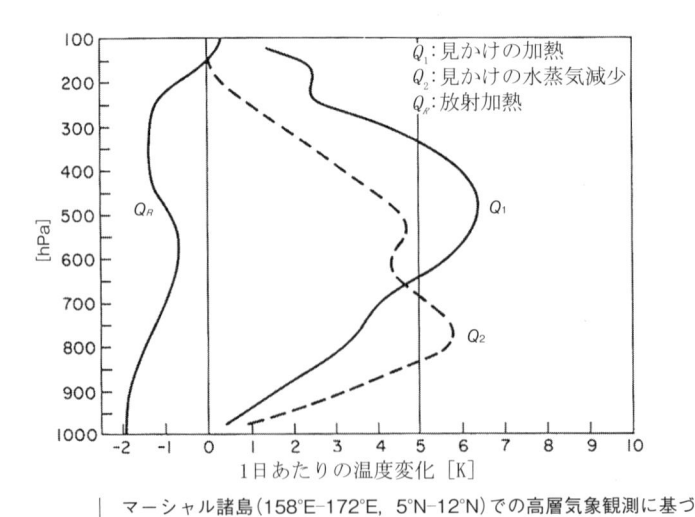

図3.1.10　マーシャル諸島(158°E-172°E, 5°N-12°N)での高層気象観測に基づく Q_1, Q_2 の鉛直プロファイル
加熱率の単位は K day^{-1}．放射加熱量は Dopplick による熱帯地域の平均的な値(Yanai et al., 1973 による)．

が起こり，大きな加熱が生じている．Q_1，Q_2 の極大高度は，それぞれ 400〜500 hPa と 700〜850 hPa 付近に見られる．この分布の違いは，積雲対流に伴う凝結熱と水蒸気の鉛直輸送によるものである．見方を変えれば，積雲対流活動が弱い場合には，Q_1，Q_2 の極大高度の差が小さくなる．なお，鉛直方向の熱と水蒸気輸送については，次項で改めて触れる．

補足 3.1

移流

熱力学方程式(3.1.9)では，温度変化に対して，水平移流は $-\vec{v}\cdot\nabla T = -(u\partial T/\partial x + v\partial T/\partial y)$ のように表される．下図のような温度分布を仮定し，北西風が吹いた場合を考える．$\partial T/\partial x$ は正，$\partial T/\partial y$ は負であり，北西風は $u>0$，$v<0$ なので，$u\partial T/\partial x$ および $v\partial T/\partial y$ はともに正になる．$\vec{v}\cdot\nabla T$ の前にはマイナスが掛かるので，最終的には移流項は負となる．このような温度の減少($\partial T/\partial t<0$)をもたらす移流のことを寒気移流(cold air advection)と呼ぶ．冬季の日本付近はシベリア大陸よりも相対的に暖かく，シベリア高気圧からは北西風が吹き出しているので，寒気移流となる．なお，$\partial T/\partial t>0$ となるような移流を暖気移流(warm air advection)と呼ぶ．

次に，(3.1.9)式の右辺第3項で表される鉛直方向の運動を考える．上層ほど

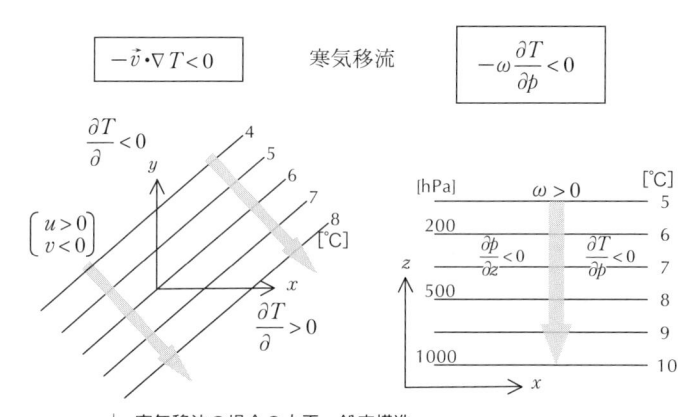

補足図 3.3 寒気移流の場合の水平・鉛直構造
実線は温度の等値線，太矢印は北西気流(左図)，下降流(右図)を表す．

温度が低い成層($\partial T/\partial z<0$)を仮定し，下降流($\omega>0$)が卓越している場合を考える．鉛直上向きを正とする直交座標系では，上層ほど気圧が低くなる($\partial p/\partial z<0$)ので，$-\omega\partial T/\partial p$の符号は，$-(\omega:$正$)\times(\partial T/\partial z:$負$)\times(\partial z/\partial p:$負$)=$負，すなわち寒気移流となる．ただし前述のように断熱加熱項($\omega RT/c_p p$)は正である．

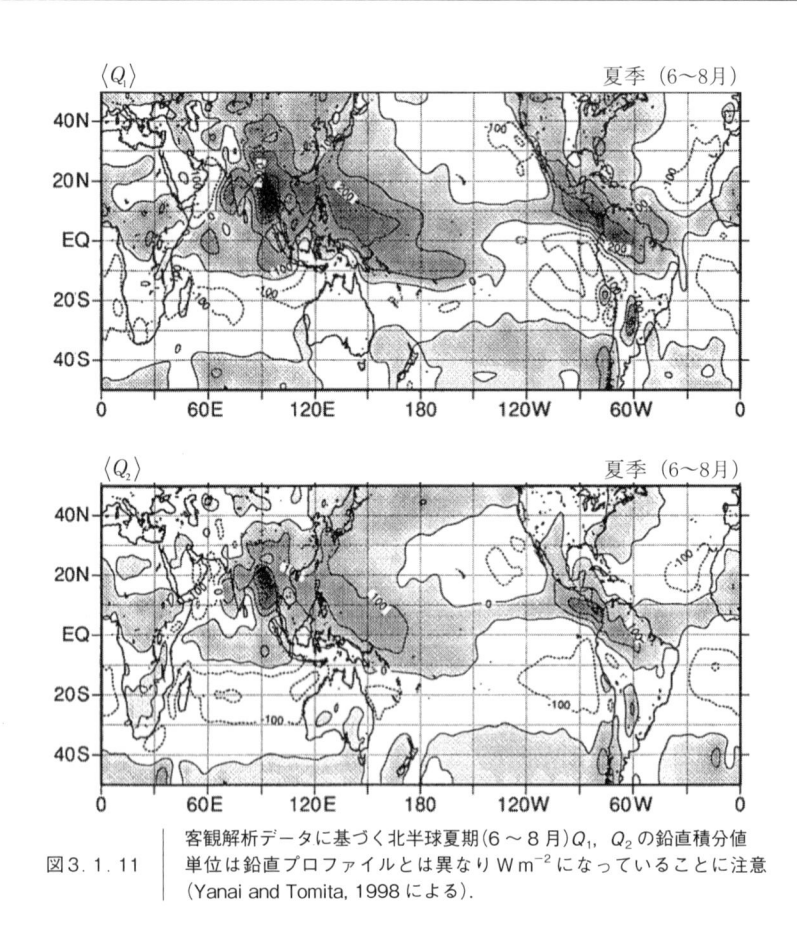

図3.1.11　客観解析データに基づく北半球夏期(6～8月)Q_1, Q_2の鉛直積分値　単位は鉛直プロファイルとは異なりW m^{-2}になっていることに注意(Yanai and Tomita, 1998による)．

地表から対流圏界面までを鉛直方向に積分したQ_1, Q_2を$\langle Q_1\rangle$, $\langle Q_2\rangle$と表記する．北半球夏の$\langle Q_1\rangle$, $\langle Q_2\rangle$の気候平均値を見ると(図3.1.11)，加熱域は赤道以北の熱帯から亜熱帯にかけて顕著である．とりわけベンガル湾では300

W m^{-2} 以上の加熱が見られ，西太平洋上に広がる加熱域は SPCZ に続いている．モンスーンが地球のヒートエンジンと呼ばれる理由は，このように大きな非断熱加熱がアジア・西部北太平洋モンスーン域に分布していることによる．なお中央アメリカでも 200 W m^{-2} 前後の加熱が見られるが，隣接する東部太平洋や西部大西洋での加熱量は総じて小さく，加熱の中心が陸上にあることがアジア・西部北太平洋モンスーンとは異なっている．

Q_2 の鉛直積分値$\langle Q_2 \rangle$の空間分布は，$\langle Q_1 \rangle$ や OLR の空間構造（図 1.3.10）とよく似ている．このことは，積雲対流に伴う凝結熱加熱が，$\langle Q_1 \rangle$ の主要因であることを示している．一方，チベット高原や北米大陸では，$\langle Q_1 \rangle$ の値が $\langle Q_2 \rangle$ を大きく上回っている．詳しくは後述するが，$\langle Q_1 \rangle$ から $\langle Q_2 \rangle$ を差し引いた残差項は地表面からの顕熱加熱や蒸発に起因している．

補足 3.2

Q_2 の符号

負の Q_2，すなわち水蒸気量が増加する場合を考える．大規模凝結が起こっていない状態であるので，日本の盛夏期のように，南からの湿った風が日本列島に吹き込み，穏やかな上昇気流が発生している大規模場を想定する．下図に示すように，水蒸気の水平移流項$(-\vec{v}\cdot\nabla q)$と鉛直移流項$(-\omega\partial q/\partial p)$はともに正となる．

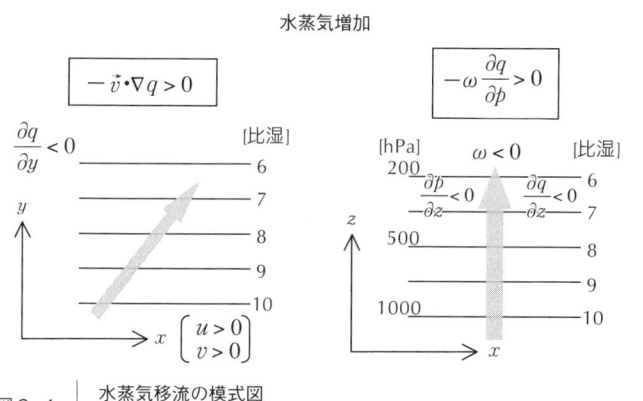

補足図 3.4 水蒸気移流の模式図
実線は比湿の等値線，太矢印は南西気流（左図），上昇流（右図）を表す．

すなわち(3.1.11)式に当てはめると，気塊の水蒸気量が増加することがわかる．この式は大気の方程式であるので，気塊に対する海面や陸面からの水蒸気の輸送は直接計算できないが，後述するように Q_2 には地球表面からの蒸発が含まれている．とりわけ風が弱い熱帯地域では，水平移流が無視できるほど小さいので，負の Q_2 は蒸発による水蒸気の増加を表している場合が多い．

(b) 積雲対流による鉛直渦熱輸送

モンスーン循環には，様々なタイプの対流活動が混在している．とくに積雲対流に伴って大気中に放出される潜熱，顕熱・水蒸気などの鉛直輸送によって，周囲の温度場や水蒸気場が変化する．これらの現象は，客観解析データなどでは解像できない．しかしながら，積雲対流に伴う鉛直方向の渦熱輸送(乱流による熱輸送)を考慮することで，大規模循環に対する影響を，熱・水収支から間接的に推定することができる．ここでは，温度・水蒸気場に対する積雲対流の影響を論じた鉛直渦熱輸送論(Yanai et al., 1973)を紹介する．

大規模循環に積雲対流が内在している場合を考える．水平方向に数十 km から数百 km スケールの広領域で平均した場合，連続の式，熱力学方程式は，

$$\overline{\nabla \cdot \vec{v}} + \frac{\partial \bar{\omega}}{\partial p} = 0 \qquad (3.1.12)$$

$$\frac{ds}{dt} = \frac{\partial \bar{s}}{\partial t} + \overline{\nabla \cdot s\vec{v}} + \frac{\partial \overline{s\omega}}{\partial p} = Q_R + L_c(\bar{c} - \bar{e}) \qquad (3.1.13)$$

で表される．上式において，各項の上線(overbar)は水平方向の平均を表し，s は乾燥静的エネルギー($s \equiv c_p T + gz$)，Q_R は放射加熱率，e は雲水からの蒸発率，c は凝結率を示す．

一方見かけの冷熱源である Q_1 は，個々の変数の空間平均値 ($\bar{s}, \vec{\bar{v}}, \bar{\omega}$) を用いて，

$$Q_1 \equiv \frac{\partial \bar{s}}{\partial t} + \vec{\bar{v}} \cdot \nabla \bar{s} + \bar{\omega} \frac{\partial \bar{s}}{\partial p} \qquad (3.1.14)$$

のように表される．

(3.1.13)式は，広域での空間平均に関する方程式であるので，対象としてい

る渦熱輸送は解像されていない．乱流を表現する方法としては，空間平均$\overline{(\ )}$と，それからの偏差$(\ )'$を仮定するのが一般的である．算術的には，スカラー量fとベクトル$\vec{A}$の積に関しては，

$$\overline{f\vec{A}} = \overline{f}\cdot\overline{\vec{A}} + \overline{f'\vec{A'}} \tag{3.1.15}$$

$$\nabla\cdot f\vec{A} = \vec{A}\cdot\nabla f + f\nabla\cdot\vec{A} \tag{3.1.16}$$

の関係が成り立つ．(3.1.15)式を用いて，(3.1.13)式の中辺を変形すると，

$$\frac{d\bar{s}}{dt} = \frac{\partial \bar{s}}{\partial t} + \nabla\cdot(\bar{s}\cdot\bar{\vec{v}} + \overline{s'\vec{v}'}) + \frac{\partial}{\partial p}(\bar{s}\cdot\bar{\omega} + \overline{s'\omega'}) \tag{3.1.13a}$$

が得られる．上式の右辺第2項に(3.1.16)式を適用すると，

$$\frac{ds}{dt} = \frac{\partial \bar{s}}{\partial t} + \boxed{\bar{\vec{v}}\cdot\nabla\bar{s} + \bar{s}\nabla\cdot\bar{\vec{v}}} + \nabla\cdot\overline{s'\vec{v}'} + \frac{\partial}{\partial p}(\bar{s}\cdot\bar{\omega} + \overline{s'\omega'}) \tag{3.1.13b}$$

となる．同じく(3.1.13a)の右辺第3項に(3.1.15)式を適用すれば，

$$\frac{ds}{dt} = \frac{\partial \bar{s}}{\partial t} + \bar{\vec{v}}\cdot\nabla\bar{s} + \bar{s}\nabla\cdot\bar{\vec{v}} + \nabla\cdot\overline{s'\vec{v}'} + \boxed{\bar{\omega}\frac{\partial \bar{s}}{\partial p} + \bar{s}\frac{\partial \bar{\omega}}{\partial p}} + \frac{\partial}{\partial p}\overline{s'\omega'} \tag{3.1.13c}$$

のように変形できる．ここで，連続の式(3.1.12)を用いると，上式の右辺第3項は鉛直流ωを用いて，

$$\frac{ds}{dt} = \frac{\partial \bar{s}}{\partial t} + \bar{\vec{v}}\cdot\nabla\bar{s} - \bar{s}\frac{\partial \bar{\omega}}{\partial p} + \nabla\cdot\overline{s'\vec{v}'} + \bar{\omega}\frac{\partial \bar{s}}{\partial p} + \bar{s}\frac{\partial \bar{\omega}}{\partial p} + \frac{\partial}{\partial p}\overline{s'\omega'} \tag{3.1.13d}$$

のように置き換えられる．上式の右辺第3項と，第6項は打ち消し合うので，最終的に，

$$\frac{ds}{dt} = \frac{\partial \bar{s}}{\partial t} + \bar{\vec{v}}\cdot\nabla\bar{s} + \bar{\omega}\frac{\partial \bar{s}}{\partial p} + \nabla\cdot\overline{s'\vec{v}'} + \frac{\partial}{\partial p}\overline{s'\omega'} \tag{3.1.13e}$$

の関係が得られる．(3.1.13e)式の右辺第1項，2項，3項の和は(3.1.14)式で表されるQ_1に相当するので，これまでの式をまとめると，

$$\begin{aligned}\frac{ds}{dt} &= Q_1 + \nabla\cdot\overline{s'\vec{v}'} + \frac{\partial}{\partial p}\overline{s'\omega'} = Q_R + L_c(\bar{c}-\bar{e}) \\ \Leftrightarrow \quad Q_1 &= Q_R + L_c(\bar{c}-\bar{e}) - \nabla\cdot\overline{s'\vec{v}'} - \frac{\partial}{\partial p}\overline{s'\omega'}\end{aligned} \tag{3.1.17}$$

と表せる．このように Q_1 は放射加熱，凝結熱加熱のほかに，大規模運動に埋め込まれた渦熱輸送を含んでいる．

一方，水蒸気の保存則は，

$$\frac{\partial \bar{q}}{\partial t} + \overline{\nabla \cdot q\vec{v}} + \frac{\partial \overline{q\omega}}{\partial p} = L_c(\bar{e}-\bar{c}) \tag{3.1.18}$$

と書ける．前半で導出した(3.1.10a)式は，個々の変数の空間平均値 $(\bar{q}, \bar{\vec{v}}, \bar{\omega})$ を用いて，

$$L_c \frac{d\bar{q}}{dt} + Q_2 = L_c \left(\frac{\partial \bar{q}}{\partial t} + \bar{\vec{v}} \cdot \nabla \bar{q} + \bar{\omega}\frac{\partial \bar{q}}{\partial p} \right) + Q_2 = 0 \tag{3.1.19}$$

と書けるので，(3.1.18)式も，熱力学方程式と同様に展開すると，

$$Q_2 = L_c(\bar{c}-\bar{e}) - L_c \nabla \overline{q'\vec{v}'} + L_c \frac{\partial}{\partial p} \overline{q'\omega'} \tag{3.1.20}$$

のように表される．積雲対流を考える際には，水平方向の輸送項 $-\nabla \overline{s'\vec{v}'}$ および $-\nabla \overline{q'\vec{v}'}$ は無視できることが知られているので，(3.1.17)式と(3.1.20)式は，

$$\boxed{Q_1 = Q_R + L_c(\bar{c}-\bar{e}) - \frac{\partial}{\partial p} \overline{s'\omega'}} \tag{3.1.17a}$$

$$\boxed{Q_2 = L_c(\bar{c}-\bar{e}) + L_c \frac{\partial}{\partial p} \overline{q'\omega'}} \tag{3.1.20a}$$

のように簡略化できる．

ここで湿潤静的エネルギー $h(\equiv s + L_c q)$ を定義し，(3.1.17a)式から(3.1.20a)式を差し引くと，

$$\boxed{Q_1 - Q_2 - Q_R = -\frac{\partial}{\partial p} \overline{h'\omega'}} \tag{3.1.21}$$

が得られる．この式は鉛直方向の渦熱輸送を示すもので，積雲対流の活動度を表す指標として用いられている．

図3.1.12に ITCZ 付近における，その高度から対流圏界面まで鉛直積分した鉛直渦熱フラックスを示す．極大値は 700 hPa 付近に見られる．対流圏の中下層は，Q_1, Q_2 の極大高度の間(400～850 hPa)に相当するので，活発な積雲対流活動の存在とも整合的である．

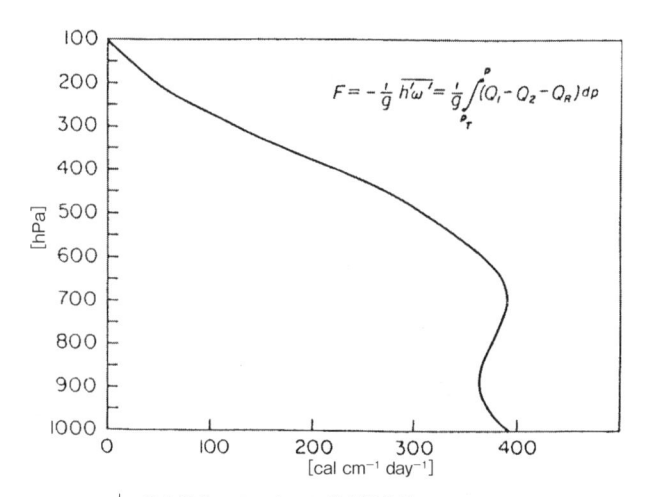

図3.1.12　鉛直渦熱フラックスの鉛直積分値
解析対象地域は図3.1.10に同じ(Yanai et al., 1973による).

次に Q_1, Q_2 を地表から対流圏界面まで鉛直積分する．(3.1.17a)式の右辺第2項 $L_c(\bar{c}-\bar{e})$ は，降水量 P を用いて L_cP と近似できる．また右辺第3項 $-\partial(\overline{s'\omega'})/\partial p$ は鉛直流による顕熱輸送を表しているので，顕熱フラックスを S と定義すれば，気柱全体のエネルギーバランスを表す，

$$\langle Q_1 \rangle = \langle Q_R \rangle + L_c P + S \tag{3.1.22}$$

が得られる．ここで〈　〉は鉛直積分を表す．

同様に，(3.1.20a)式の右辺第2項 $L_c\partial(\overline{q'\omega'})/\partial p$ は水蒸気の鉛直輸送を示しているので，蒸発量 E を用いて，

$$\langle Q_2 \rangle = L_c(P-E) \tag{3.1.23}$$

のように気柱全体の水蒸気保存則が導かれる．降水による水蒸気の消費が，蒸発による水蒸気の供給を下回った場合 ($P<E$)，$\langle Q_2 \rangle$ は負(水蒸気増加)になる．一方，水蒸気量の供給以上の降水が生じれば，気柱は加熱されるので，$\langle Q_2 \rangle$ は正になる．(3.1.22)式と(3.1.23)式を用いると，

$$\langle Q_1 \rangle - \langle Q_2 \rangle = \langle Q_R \rangle + S + L_c E \qquad (3.1.24)$$

が得られる．上式において S や $L_c E$ の寄与が大きいということは，$\langle Q_1 \rangle$ が $\langle Q_2 \rangle$ を伴っていないことを意味する．$\langle Q_1 \rangle$ と $\langle Q_2 \rangle$ の水平分布のところで触れたように，$\langle Q_1 \rangle$ の値が $\langle Q_2 \rangle$ よりも著しく大きい場合には，積雲対流による凝結熱加熱以外に，顕熱輸送や蒸発による見かけの加熱に着目する必要がある．

ここで Q_1，Q_2 法を用いた解析例を示す．図 3.1.13 は Nitta(1983) によって示されたチベット高原域での高層観測に基づく大気の熱・水収支の算定結果である．チベット高原南東部 (S 領域) では，400～500 hPa 付近で最大 4 K day^{-1} の加熱が見られる．見かけの水蒸気の減少 (正の Q_2) は，Q_1 のピーク高度の下にあり，その大きさは Q_1 とほぼ同じである．Q_1 と Q_2 の極大高度に差があること，また Q_1 が Q_2 を伴っていることなどから，S 領域では対流性の雲による凝結熱加熱が主要な大気加熱プロセスであると考えられる．実際にチベット高原の南東部では，夏に多量の雨が降っていることが衛星観測などからもわかっており，高層観測から得られた結果とも整合的である．

一方 C 領域ではチベット高原があるため，Q_1 のピーク高度は S 領域よりもやや高い 300～400 hPa に現れている．Q_1 の値は 4 K day^{-1} と S 領域とほぼ同じであるが，Q_2 の値は Q_1 の半分以下になっている．また Q_2 の極大高度は，Q_1 とほぼ同じである．S 領域とは異なり，Q_1 が Q_2 を伴わず，またそれぞれのピーク高度にも大きな違いが見られないことから，C 領域では積雲対流以外の加熱プロセスを考える必要がある．

次に，定量的な比較を行うために，鉛直積分した Q_1，Q_2 と降水量を用いて，残差として顕熱 S と蒸発量 $L_c E$ を推定した結果を表 3.1.1 に示す．領域によらず Q_R は常に負であり，大気は冷却されているが，潜熱解放 $L_c P$ や地表からの顕熱加熱 S によって加熱されるので，$\langle Q_1 \rangle$ は正となっている．

S 地域での $\langle Q_1 \rangle$ の値 (195 W m^{-2}) は，$\langle Q_2 \rangle$ (205 W m^{-2}) とほぼ同じである．このことは，積雲対流に伴う凝結熱加熱が主要な加熱源であることを示唆している．実際に凝結熱加熱 $L_c P$(250 W m^{-2}) は，顕熱加熱 S(45 W m^{-2}) の約 5 倍に達している．一方，C 領域での $\langle Q_1 \rangle$ の値 (120 W m^{-2}) は $\langle Q_2 \rangle$ (25 W m^{-2}) よりもはるかに大きい．鉛直プロファイルのところでも触れたように，C 領域で

3.1.3 Q_1, Q_2 method

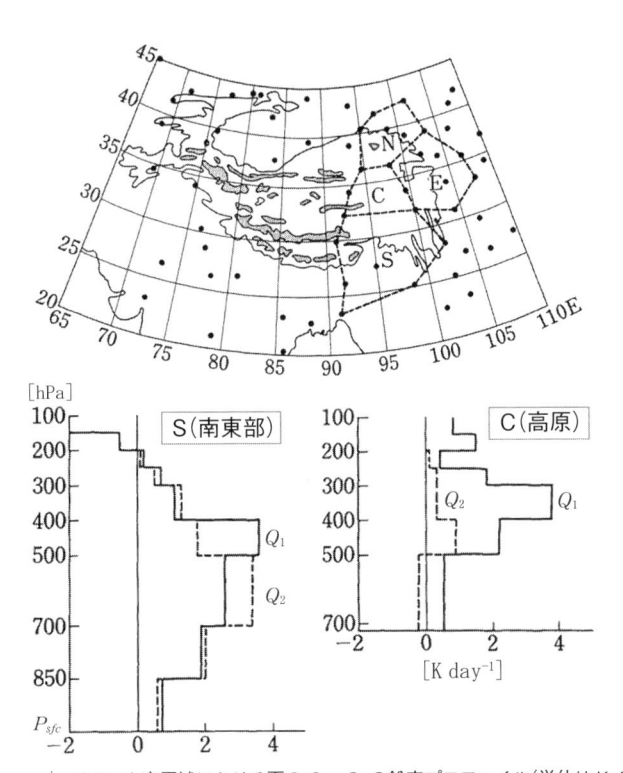

図3.1.13　チベット高原域における夏の Q_1, Q_2 の鉛直プロファイル(単位はK day^{-1}) 破線で区切られた4領域で計算した結果のうち高原南東部Sと中央部Cのみを示す．上段の黒丸はゾンデ観測地点，実線は標高3,000 mの等高線，陰影は標高6,000 m以上を表す(Nitta, 1983による).

表3.1.1　チベット高原域の全熱・水収支

領域	熱収支				水蒸気収支		
	$\langle Q_1 \rangle$	$\langle Q_R \rangle$	$L_c P$	S	$\langle Q_2 \rangle$	$L_c P$	$L_c E$
南東部 S	195	-100	250	45	205	250	45
中央部 C	120	-75	90	105	25	90	65

単位はW m^{-2} (Nitta, 1983による).

は降水による大気加熱の他に顕熱加熱が重要な加熱因子であり，熱収支の結果においても，$L_c P$ (90 W m^{-2}) と S (105 W m^{-2}) がほぼ釣り合っている．

C領域の水蒸気収支を見ると，$\langle Q_2 \rangle$ の値は25 W m^{-2} と非常に小さいが，蒸発量はS領域(45 W m^{-2})よりも大きくなっている．見かけの$\langle Q_2 \rangle$は主に水蒸気の水平輸送に支配されているので，小さな$\langle Q_2 \rangle$は水蒸気の水平収束が小さいことと等価である．C領域の$L_c P$ が90 W m^{-2} と，$L_c E$ の65 W m^{-2} とほぼ同じであることから，この領域では降水と蒸発がバランスしていることが示唆される(章末注5参照)．

本節の最後に，同じ積雲対流でも大規模場によって，Q_1, Q_2 の鉛直プロファイルが大きく異なる例を図3.1.14に示す．大西洋の貿易風帯では平均的に下降流が卓越しており($\omega > 0$)，逆転層が800 hPa付近に発達している．積雲対流活動は逆転層よりも下に抑えられているため，800 hPaより上ではほとんど積雲対流による影響が無いことが特徴的である．Q_1, Q_2 のプロファイルは，

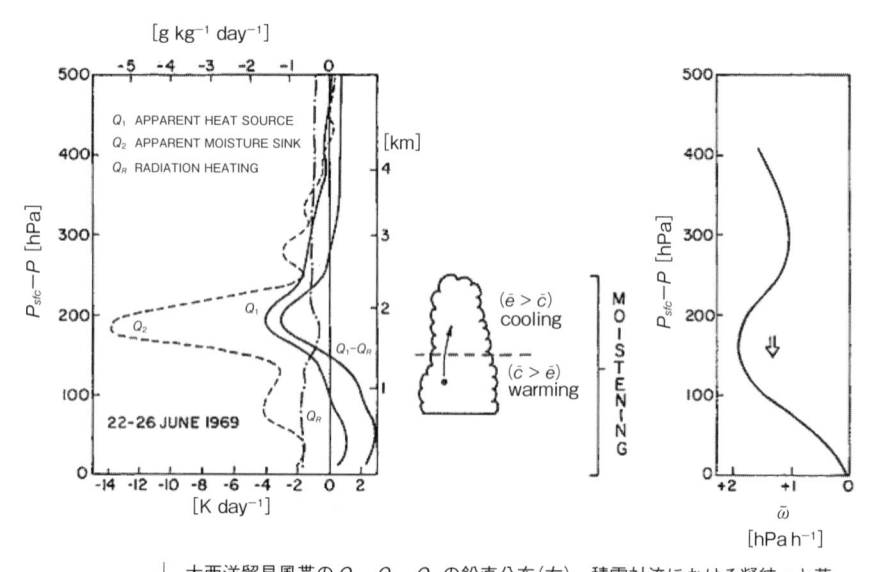

図3.1.14　大西洋貿易風帯の Q_1, Q_2, Q_R の鉛直分布(左)，積雲対流における凝結 c と蒸発 e のバランス(中央)，大規模場の鉛直 p 速度 ω (右)．
Nitta and Esbensen(1974)に Johnson and Lin(1997)が加筆．縦軸は $P_{sfc} - P$ の値になっている(図中の200 hPa は800 hPa の気圧面に相当)．

これまで見てきたものとは全く異なり、逆転層以下の高度で Q_1 と Q_2 がともに負になっている。積雲の発達は逆転層で止められてしまうため、対流活動の上部では、雲粒からの蒸発量が水蒸気の凝結量を上回ることにより、結果として Q_2 は負になる。同時に雲からの湿った空気が周囲の空気と混合することで、大気は冷やされるので Q_1 も負となる。このように、同じ積雲対流でも大規模場の状況によって大気加熱に与える影響は大きく異なる。

まとめ

3.1.3項では最初に、熱力学方程式と水蒸気保存則から、見かけの冷熱源 Q_1 と見かけの水蒸気増減量 Q_2 を各高度で算定した。Q_1 と Q_2 のピーク高度が異なる場合には、「活発な対流活動」の存在が示唆されるので、まず Q_1, Q_2 の鉛直プロファイルを比較することが、最初のステップになる。前半(a)では、この「活発な対流活動」の詳細には触れなかったが、後半(b)を読み進むと、積雲対流による鉛直方向の渦熱輸送が重要な役割を演じていることが理解できるようになっている。数式の展開はやや煩雑であるが、必要に応じて読み直して欲しい。

前半では各高度で求めた Q_1, Q_2 を鉛直積分することによって、図3.1.11に示したように $\langle Q_1 \rangle$ と $\langle Q_2 \rangle$ の空間分布を得た。後半では、大規模運動に埋め込まれた渦熱輸送の視点から、$\langle Q_1 \rangle$ は放射加熱 $\langle Q_R \rangle$、凝結熱加熱 $L_c P$、顕熱フラックス S の和になること、$\langle Q_2 \rangle$ は降水 P と蒸発 E による水蒸気収支と釣り合うことを示した。このように、どちらの方法でも $\langle Q_1 \rangle$, $\langle Q_2 \rangle$ を求めることができるが、実際には、高層観測から得られる T, u, v, q から $\langle Q_1 \rangle$, $\langle Q_2 \rangle$ を求め、さらに観測による P と標準的な放射加熱 $\langle Q_R \rangle$ を用いて、S や E を残差として推定するのが一般的である。つまり実際に観測することが難しい積雲対流活動、顕熱加熱量、蒸発量などを、比較的観測が容易な気象要素から診断できるという点で Q_1, Q_2 法は優れていると言える(章末注6参照)。

3.2 季節変化

3.2.1 地域特性の差異

3.1節で述べたように，モンスーンは風向の季節的な反転によって特徴付けられる．この点に着目してモンスーンの定義付けを行ったChromov(1957)やRamage(1971)は，モンスーンの地域区分の草分け的研究として知られる．図3.2.1の薄い陰影は夏と冬の卓越風の頻度が60%以上の領域を示したものである．アラビア海(図には描かれていないが，アフリカの一部も含む)から南アジア，東南アジア，さらには日本を内包する東アジアまでの広範な地域がモンスーンに区分されている．この卓越風向による定義では，アメリカ大陸はモンスーンに分類されていないので，全球的に見ればモンスーン気候を抽出したとも言えるが，熱帯，温帯，海洋上，陸域などの多様なモンスーンの分類には適していない．

一方，ケッペンの気候区分では，短い乾季を持つ熱帯多雨気候のことをモンスーンと定義している．このような雨季と乾季の交替に着目したMurakami and Matsumoto(1994)は，降水量の年変化の顕著な地域を抽出することによっ

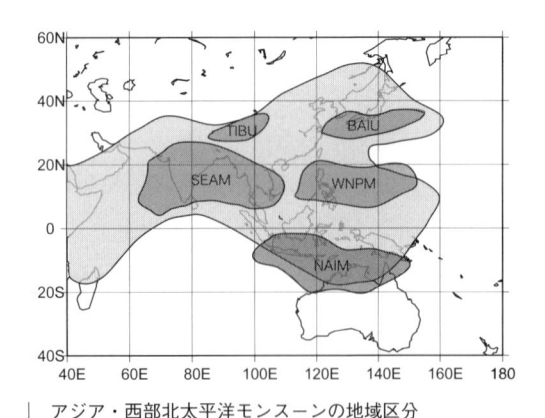

図3.2.1　アジア・西部北太平洋モンスーンの地域区分
薄い陰影は卓越風向の季節的反転によって定義されたモンスーン地域，濃い陰影はOLRの年較差が$40\,\mathrm{W\,m^{-2}}$以上の領域を示す(Murakami and Matsumoto, 1994による)．

て，アジア・西部北太平洋モンスーンの地域区分を行った．図3.2.1に濃い陰影で示すように，OLRの年較差が40 W m^{-2}以上の領域をプロットすると，五つの独立した領域が現れる．本節では，大気・海洋・陸面結合系の視点から，大陸性モンスーン(東南アジアモンスーン：SEAM)と，海洋性モンスーン(西部北太平洋モンスーン：WNPM)に焦点を絞って，日本の季節推移，とりわけ梅雨(BAIU)と関連付けながら詳しく説明する．

図3.2.2はSEAM(東南アジアモンスーン)，BAIU(梅雨)，WNPM(西部北太平洋モンスーン)における降水量の季節変化を示したものである．夏のモンスーンが始まる5月から，盛夏期である7，8月までの期間に注目すると，降水の開始，極大，終了のタイミングは，同じモンスーン地域でありながら，場所によって大きく異なっている．モンスーンの開始(onset)に関する定義は様々提案されているが，ここでは領域平均の雨量が5 mm day^{-1}を超えた日をオンセット日とする．

SEAM領域では5月中旬に夏のモンスーンが始まり，6月上旬まで降水量の増加が顕著である．その後，6月の後半に一旦雨が弱まるが(休止期：break period)，年最大値は7月の中旬に出現している．一方，日降水量は極大期から4か月をかけて徐々に減少し，11月下旬になってようやく5 mm day^{-1}を下回る．このようにSEAMの季節サイクルは，夏のモンスーンの明瞭な立ち上がりと，緩やかな後退(retreat)によって特徴付けられる．日本を含むBAIU領域は，年サイクルの中でも梅雨による降水が顕著であり，ピーク時の6月中旬には，領域平均した雨量がSEAMの極大値と同程度である．

日本の南東海上での降水量の季節変化は，上述のSEAMやBAIUとは大きく異なる．6月はSEAMやBAIU地域でモンスーンが活発化する時期であるが，この時期のWNPMでの対流活動は強く抑制されている．興味深いことに，7月の後半になると急激に雨の量が増大している．この7月後半の急激なモンスーンの開始は，対流ジャンプ現象(convection jump：CJ)と呼ばれるもので，7月後半の梅雨の終了と同じタイミングで生じている．WNPMとSEAMの共通点は，ゆっくりとしたモンスーンの後退にあるが，海洋上の方が雨季の終焉がやや早く，10月の後半には5 mm day^{-1}を下回っている．

モンスーンの季節進行を三次元(水平構造と時間発展)的に調べるには，緯度

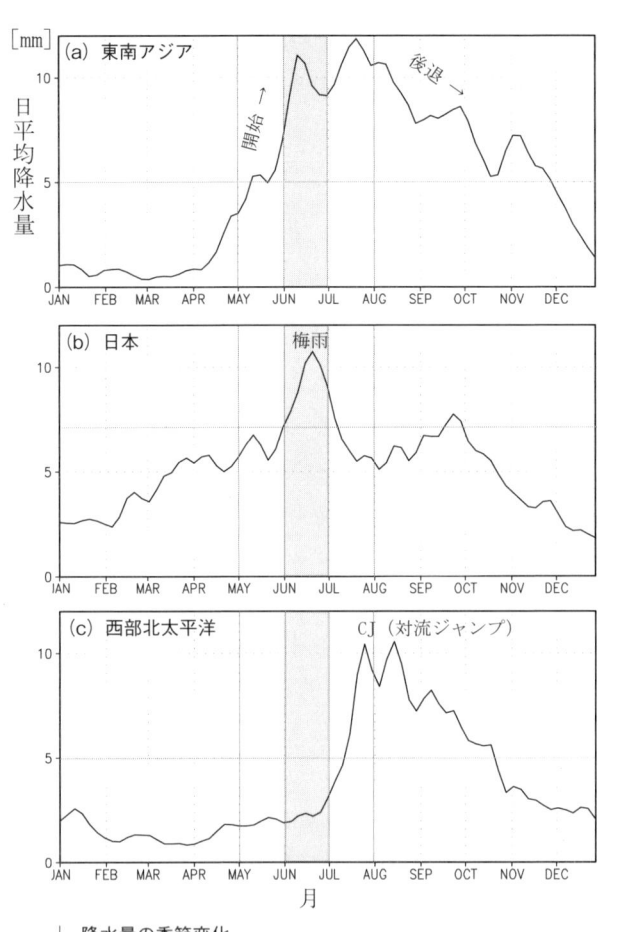

図 3.2.2　降水量の季節変化
データは CMAP の半旬(5日平均)気候平均値に基づく. (a) SEAM (80°E–90°E, 10°N–20°N), (b) BAIU (130°E–140°E, 30°N–35°N), (c) WNPM (150°E–160°E, 15°N–25°N).

もしくは経度のどちらかを固定した時間断面図において，顕著な変化がある時期を選び出し，その前後の違いについて水平布図から考察することが効果的である．SEAM と WNPM における降水量の時間発展の差異は，10°N–20°N で平均した経度時間断面図に明瞭に見て取れる(図3.2.3左図)．断面図では経度方向には雨量は平均されないので，日降水量が 8 mm day^{-1} (領域平均は 5 mm day^{-1})以上になった日をオンセットと再定義する．

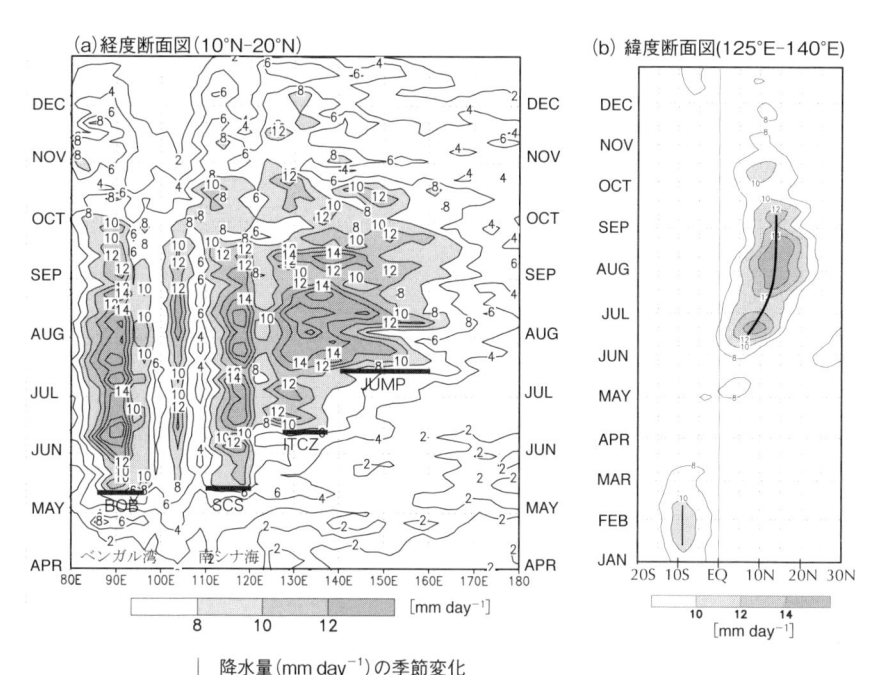

| 3.2.1 | stepwise seasonal evolution |

図 3.2.3　降水量(mm day^{-1})の季節変化
(a)10°N-20°N における経度時間断面図．太実線は 8 mm day^{-1} 以上になった時期(Ueda et al., 2009 による)．(b)125°E-140°E の緯度時間断面図．データは CMAP の半旬(5 日平均)気候平均値に基づく．

　夏のモンスーンは，ベンガル湾(Bay of Bengal : BoB)と南シナ海(South China Sea : SCS)において 5 月の中旬に始まる．the first transition と呼ばれるこの現象は，対流圏中上層における南北の気温勾配の逆転と，それに伴うモンスーン西風気流の東方への拡大と同じタイミングで起きている．

　6 月の中旬になると，フィリピン東方海上，125°E-140°E 付近で，急激に対流活動の活発化が生じる．この経度帯での緯度時間断面を見ると(図 3.2.3 右図)，10°S 付近に 3 月中旬まで停滞していた熱帯内収束帯(ITCZ)が，5 月中旬から約 1 か月程度の休止期を経て，6 月中旬に 10°N 付近で急激に活発化している．つまり，西部北太平洋モンスーンの実態は，ITCZ の連続的な南北移動では説明できない．

　図 3.2.2(c)の WNPM 領域に相当する 140°E-160°E 付近の対流活動は，7 月の前半まで強く抑制されており，その後に見られる急速な対流活発化とのコン

トラストが顕著である．このように，アジア・太平洋域での，降水量の季節変化は，5月中旬，6月中旬，7月中旬の3回の段階的な季節進行によって特徴付けられ，10°N–20°N の緯度帯では，東に行くほど雨季の開始が遅い．

図3.2.4は，1か月間隔で生じる循環場の変化を，降水量と対流圏下層の風ベクトルの時間差分量によって示したものである．西風の強化が起こった場合でも，東風が弱化した場合でも，西風偏差として表現されるが，風速は両者で異なり，西風だった場合は加速，東風だった場合は減速となることに注意が必要である．とりわけ南シナ海からフィリピン周辺は，モンスーンに伴う西風と，太平洋高気圧から吹き出す東風が拮抗する領域であるので，風速変動に敏感な海面水温を議論する上では，基本風が西風か東風なのかが重要になる（後述の図3.2.8参照）．

5月中旬の the first transition では（(a)図），アラビア海，ベンガル湾，南シナ海における降水量の増大が顕著である．対流圏下層(850 hPa)の西風偏差は，5°N–20°N の緯度帯において，ソマリア半島の東方海上（～60°E）からフィリピン諸島周辺までの広範囲に見られる．この風の変化は 6,000～8,000 km の水平規模を持つことから，惑星規模モンスーン(planetary-scale monsoon)と呼ばれ，後述する陸と海の温度コントラストの季節的な逆転現象と密接に関係している．

6月の中旬になると（(b)図），3か所で対流活動が活発化する．(1)フィリピン東方海上，10°N を中心とし，120°E–150°E の経度帯で見られる降水量の増大は，図3.2.3の断面図において確認した ITCZ の出現に相当する．ITCZ 内での西風偏差は，偏東風の後退を引き起こし，南北方向の風の水平シアーが生まれる．この流れは力学的に順圧不安定となり，偏東風波動と呼ばれる擾乱が多数発生し，その一部は台風へと成長する．(2)中緯度に目を転じると，日本付近では梅雨前線に伴う雨の増大が顕著である．この梅雨前線と前述のフィリピン東方海上の対流活発域との間には，高気圧性の偏差循環が見られ，そこでの降水量は減少している．このように，西部北太平洋域では，熱帯から中緯度にかけて，低気圧・高気圧・低気圧というトライポール型(三極子)の偏差パターンが見られる．梅雨前線への水蒸気供給という観点では，太平洋高気圧の西縁を回り込むように吹く南西モンスーン気流の存在が重要である．この高気圧

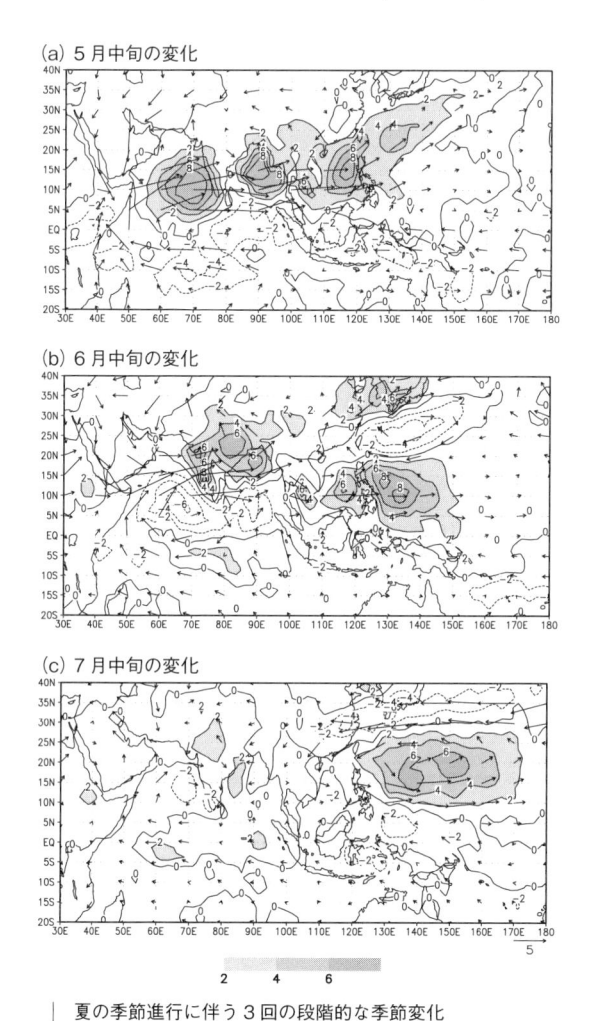

3.2.1 stepwise seasonal evolution

(a) 5月中旬の変化

(b) 6月中旬の変化

(c) 7月中旬の変化

図3.2.4　夏の季節進行に伴う3回の段階的な季節変化
降水量[mm day^{-1}]と850 hPaの風ベクトル[m s^{-1}]について，変化後の6半旬平均から変化前の6半旬平均を差し引いた空間分布．陰影は降水量の増加を示す(Ueda et al., 2009による)．

性の循環偏差は，ITCZの降水に伴う大気の定常ロスビー応答と考えられている．つまり，熱帯の対流活動は，その北側での太平洋高気圧の強化に伴う水蒸気輸送を介して，梅雨前線の維持に寄与している．(3)ベンガル湾からインド大陸を含む経度帯(70°E–90°E)では，10°N–15°N付近を境に，北側で降水量の

増大，南側で減少という南北コントラストが明瞭である．これは，5月中旬のthe first transition に伴う降水活動の北進に相当し，2.4.2項(b)で述べたアクティブ・ブレイクサイクルが，季節に対して位相を固定していることを示している．

7月中旬のアジア大陸では明瞭な変化は見られず，CJ に相当する対流活発化と低気圧性の偏差が，西部北太平洋上130°E–170°E, 10°N–25°N で生じている．つまり，この時期の特徴は，陸から遠く離れた西太平洋の亜熱帯域に熱源の中心が移動することにある．

以上をまとめると，モンスーン地域は，大陸性のモンスーン(continental monsoon)と海洋性のモンスーン(ocean monsoon)，さらには中緯度の前線性のモンスーン(frontal monsoon)に大別される．同じ緯度帯であれば，太陽入射量が等しいので，各々の季節変化の位相差は僅かであると考えられるが，実際には上述のように，降水の極大期に大きな違いが見られる．この理由について，本書では季節を遡りながら大気・海洋・陸面相互作用の視点から説明を加える．敢えて逆方向の時間進展にした意図は，現象の発生要因について，「何故」という問いに基づき創造的に思考する力を鍛えることにある．

3.2.2 大気海洋相互作用

(a) 7月中旬の対流ジャンプと海面水温

対流ジャンプ(convection jump：以下 CJ と略す)前後の変化について，時間差分量ではなく実際の降水量と下層の循環場を図3.2.5に示す．CJ 前は太平洋高気圧に伴う偏東風が120°E 付近まで吹き込み，フィリピンの北側でインド洋からのモンスーン西風気流と合流し，南西モンスーン気流となって日本付近に吹き込んでいる．降水の極大域は，南シナ海(110°E–120°E)とフィリピンの東方海上に見られ，偏東風とモンスーン気流の収束域とも一致している．日本の本州付近から韓国にかけては，梅雨前線(Baiu front)と韓国のチャンマ(Changma)に相当する降水量の多い領域が東西に延びている．

CJ 前に見られたフィリピン東方海上の対流活発域は，7月の後半になると急激に北東方向(160°E, 25°N)へ拡大する．CJ に伴う下層収束は，西風の東方への進入を促進させ，CJ 前には弱風域であったフィリピンの東方海上から

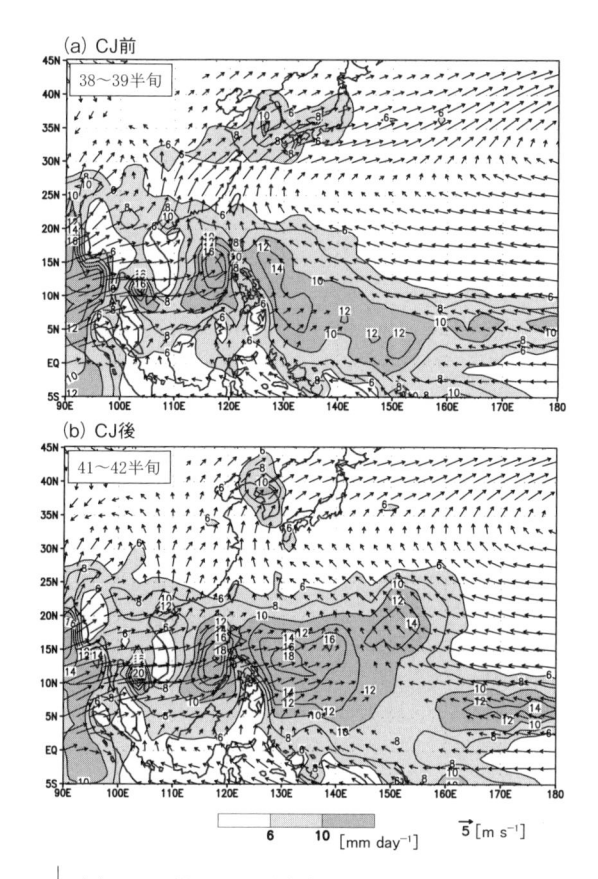

| 3.2.2 | air–sea coupled process

図3.2.5　(a)CJ前の第38～39半旬(7月5～14日)および(b)CJ後の第41～42半旬(7月20～29日)における降水量(陰影, [mm day^{-1}])と850 hPaの風ベクトル[m s^{-1}]の気候値

140°E付近まで西風となっている．一方，偏東風の後退に伴って生じたCJ領域での，東風の南北シアーの強化は，順圧不安定という観点においても対流活発化と整合的である．なお，西風と東風の境界付近は，風速が極めて小さい．この静穏な状態は，後述する海面水温の昇温とも関係し，西太平洋の大気海洋相互作用を考える上で重要な点である．

mini COLUMN

対流ジャンプ（convection jump）の発見

　補足図3.5は，筆者の修士論文で取り扱った対流ジャンプ（CJ）現象を専門誌に発表した原図である．筆者は修士課程1年の秋から冬にかけて，国際プロジェクト研究「TOGA-COARE（熱帯海洋大気観測計画）」に参加し，パプア・ニューギニアのマヌス島でレーダー観測に従事していた（表紙写真参照）．実はこの観測の後半では，抗マラリア剤の副作用により，高熱と全身の発疹に見舞われてしまい，多くの方々に心配と迷惑をかけることになってしまった．観測ローテーションから外された私は，ひとり観測サイトのある浜辺から日本の方（北側）をぼんやりと眺めていた．当時使用していた気象レーダーの観測範囲は50km程度であったので，それより先に何があるのか純粋に知りたかったこともあり，帰国後にニューギニアと日本の間に発現する対流システムの解明を目指すことになる．今になって思うと，この動機付けがあったからこそ，CJ現象に出会えたのかもしれない．

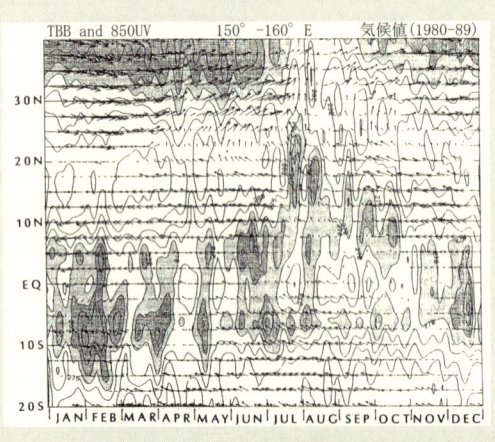

補足図3.5　150°E–160°Eにおける相当黒体放射輝度温度（T_{BB}）と850 hPaの風ベクトルの緯度時間断面図
薄い陰影はT_{BB}が270 K以下，濃い陰影は265 K以下．1980年から1989年の半旬気候値に基づく（Ueda et al., 1995による）．

3.2.2 air–sea coupled process

　ニューギニアから帰国してからは，防災科学技術研究所に勤務されていた川村隆一博士(現富山大学教授)の下で，磁気テープに記録されている人工衛星ひまわりの相当黒体放射輝度温度(T_{BB})を，朝から晩まで大型計算機室で処理していた．初期の人工衛星データには様々なノイズや欠測値が含まれているので，統計的に処理した後に，断面図や空間分布を描いて視覚的にチェックすることが必須である．そのような目視での確認の際に，ふと目にとまった一枚が，この断面図である．当初は，誤った欠測処理をしているのではないかという指摘が多く，駆け出しの院生であった筆者は自信をなくしていた．

　意気消沈していたところに転機が訪れる．当時，筑波大学に長期滞在されていたハワイ大学の村上多喜雄名誉教授は，フィリピンの東方海上におけるITCZの季節変化の様子から，西太平洋上には独自のモンスーンが存在していることを見出されていた．CJ現象は村上先生の着目されていたITCZとは異なる経度帯で発生する現象であるが，類似の海洋上の対流活動に興味を持っていた先達から，最適な時期に叱咤激励をいただけたことは，偶然とはいえ運命的なものを感じる．

　現在は，このような断面図は，インターネットで入手した全球降水データ(CMAP)やOLRの気候値を用いて簡単に描画することが可能である．1992年当時は，この一枚を描くのに，実に半年の月日を費やしていた．逆説的ではあるが，それだけ手間ひまをかけて描いた図であったからこそ，じっくりと図を見ることによってCJ現象の発見に至ったのかもしれない．現象の発見には，伏線となる動機付けや，研究者との出逢い，さらに忍耐などの要素が密接に関係していると言われるが，自分自身がそれらを経験できたことは幸運であった．

　海洋上で生じるCJ現象の理解には，海面水温の季節変化が鍵となる．図3.2.6は，5月から7月までの海面水温と海上風の気候値を示したものである．図中の陰影は，海面水温の変化率(次月から前月を引いた値)を表している．西太平洋における海面水温の極大を議論するために，29℃の等値線を太

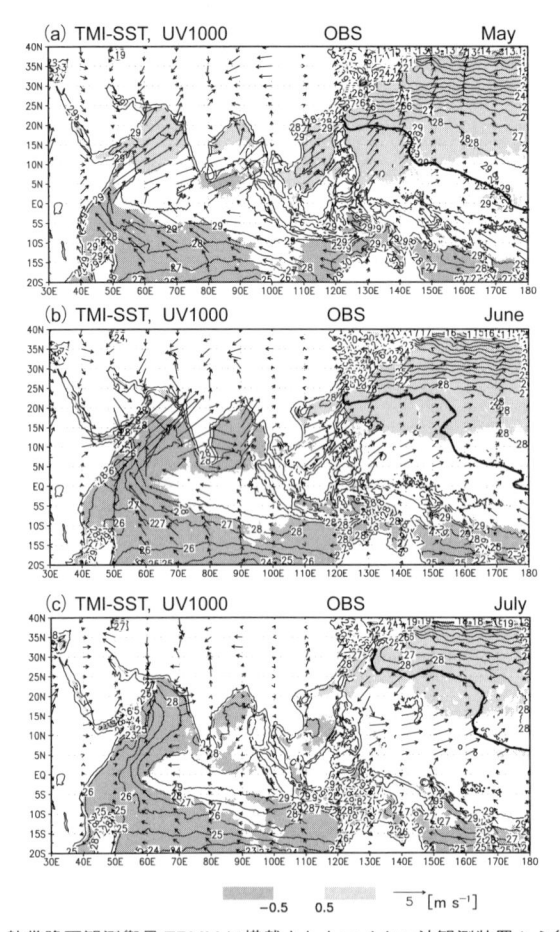

図3.2.6 熱帯降雨観測衛星 TRMM に搭載されたマイクロ波観測装置から得られた海面水温,および客観解析データに基づく海上風(1,000 hPa)の季節変化
陰影は海面水温の時間変化(例:5月の場合は6月から4月を差し引いた差分値).太実線は西部北太平洋における29℃の等値線(Ueda et al., 2009による).

線で強調している.

　5月はインド洋から西部北太平洋の赤道域で最も海面水温が高く,10°N以北の亜熱帯域では,東西方向にほぼ一様に昇温傾向となっている.一方,6月以降は,インド洋ではモンスーンの開始と強化に伴って海上風が強まり,蒸発冷却と海洋表層の乱流混合により広域で海面水温が低下している.15°N以北

に着目すると，インド洋では水温低下が見られるのに対し，西部北太平洋では5月に引き続いて水温が上昇している．幾何学的な太陽入射量は，同一の緯度であれば，どちらの海域でも同じであるが，西部北太平洋と北インド洋の東西非対称性が生じている点が興味深い．

対流活動が活発化する29℃の等値線(太線)に着目すると，西部北太平洋では季節進行に伴って，舌状の暖水域が北東方向に拡大しているのが見て取れる．この暖水域は7月中下旬のCJ現象の発現域とほぼ一致していることから，局所的な海面水温の上昇がCJ現象を引き起こす必要条件の一つであることが示唆される．

(b) 海面水温を変化させる要因

インド洋と西部北太平洋での異なる海面水温の季節変化は，アジアモンスーンの東方への拡大，見方を変えれば，太平洋高気圧の東方への後退と深く結びついている．この様子を10°Nにおける海面水温と海上風の経度時間断面図を用いて説明する(図3.2.7)．5月中旬のthe first transitionを境に，西風領域は東方へ拡大するので，偏東風と拮抗する静穏な領域(太実線の内側に相当)も同じように東方へと移動している．海面水温については，インド洋(80°E–105°E)でのピークが5月中旬に現れるのに対し，西部北太平洋では約1か月遅れの6月の中旬に最も高くなっている．大気と海洋の位相差に着目すると，風速が最も弱くなった後に海面水温の極大が出現していることがわかる．海面水温の変動は，対流活動の強弱を介して大気循環を変化させることが知られている．これを海洋フィードバック(ocean feedback)と呼んでいるが，モンスーン域では，季節変化という時間スケールに限ってみると，海面水温は大気に対して受動的に変化しているように見える．

図3.2.8は，5月中旬のthe first transitionによって引き起こされる，インド洋と西部北太平洋間(10°N付近)における東西非対称の大気海洋相互作用を模式的に示したものである．5月の上旬の下層の風は，インド洋では西風，太平洋では東風となっている．本書では，この季節的に見られる気候学的な風を基本風と呼ぶ．5月中旬の広域モンスーンの開始に伴って，西風偏差はフィリピンの東方海上にまで達する．このため，スカラー風速で見ると，基本風が西

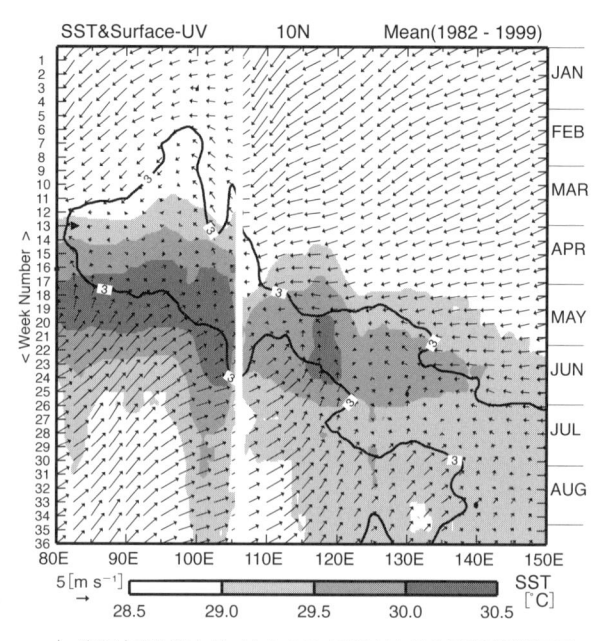

図 3.2.7　海面水温と海上風ベクトルの 10°N における経度時間断面図. 太実線は風速 3 m s^{-1} の等値線. 29℃以上の暖水領域を陰影で示す (Ueda, 2005 による).

風の領域では風速が強まるが,基本風が東風のところでは静穏な状態になる.海上風速の変動は,蒸発冷却や海洋表層での乱流混合などの変化を介して,インド洋での海面水温の低下と,西部北太平洋での上昇を引き起こす.このような東西非対称の海面熱交換によって,6月の海面水温の極大が西部北太平洋に現れる.西部北太平洋における局所的な暖水に加え,西低東高の温度勾配によってもフィリピン東方海上での下層収束が強化され,結果として6月中旬のITCZ の局在化を助長させていることがモデルによる実験で確かめられている.

　西風の貫入に起因して生じる太平洋の海面水温の上昇は,後述する年々変動の議論の際にも重要な役割を果たす.westerly-induced Western Pacific warming(WWW メカニズム)と呼ばれるこの過程は,南北非対称の大気海洋相互作用を指す WES フィードバックと並んで,大気海洋結合系を考える上で重要である.

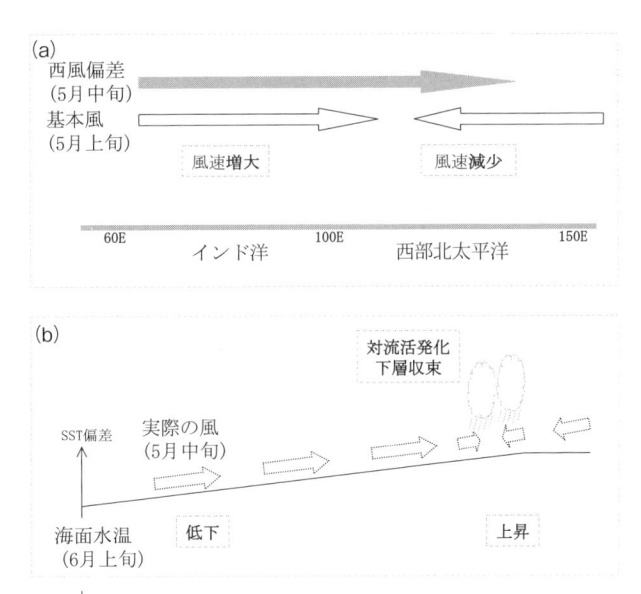

3.2.2　air–sea coupled process

図3.2.8　インド洋と西部北太平洋間の東西非対称に関する大気海洋の相互作用

(c) 広域モンスーンの開始

　図3.2.4(a)で見られた5月中旬に生じる最初のモンスーンの開始について，温度コントラストの観点から考える．一般に，北半球に高温域があった場合，その左側では，高度とともに地衡風が強くなる「温度風の関係」が知られている．とりわけ冬季には，極域の気圧(気温に置き換えてもよい)が赤道付近よりも低くなるため，中緯度では強い偏西風ジェットが卓越する．一方で，図3.2.9(a)に示すように，夏の対流圏中上層の気温は，赤道付近よりもユーラシア大陸上の方が相対的に暖かい．水平方向の温度勾配は，25°Nと南半球の間では北向きに正であり，5°N–25°Nの間で最も勾配が大きくなっている．この南低北高の温度勾配が，前述したインド上空の偏東風ジェット気流(図3.1.2参照)の成因である．

　対流圏中上層における温度勾配の反転は，図3.2.9(b)の陰影で示すように，5月の中旬にインドシナ半島が位置する100°E付近で最初に生じる．その後，7月から8月にかけて80°E–100°E域で極大を迎え，10月には再び大陸上の気温が熱帯域よりも低くなる．全球的に見ても，ユーラシア大陸，とくにチベッ

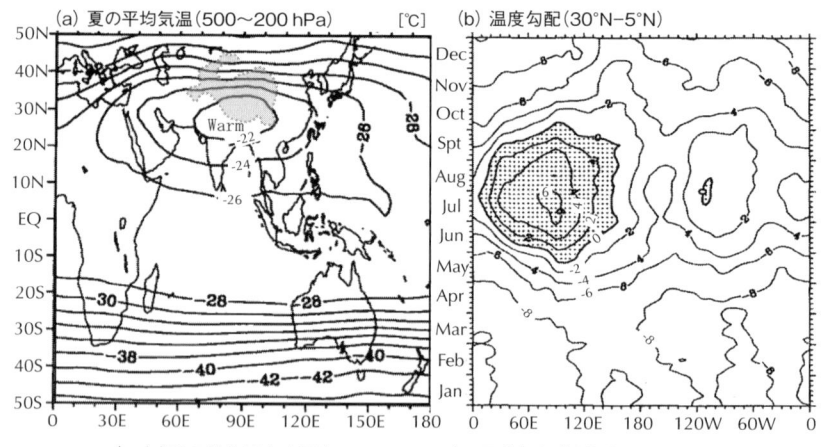

図 3.2.9　(a) 夏の対流圏中上層 (500〜200 hPa) の平均気温 (等値線間隔は 2℃，全て負の値になっていることに注意)．点線に囲まれた灰色の陰影は，標高 2,000 m 以上のチベット高原を示す．(b) 同じ高度における 30°N から 5°N の気温を差し引いた温度勾配．陰影は正の温度傾度 (30°N>5°N) を表す (Li and Yanai, 1996 による)．

ト高原が位置する経度帯での逆転が顕著である．なお 100°W を中心として盛夏期に見られる反転は，北米大陸上の大気加熱に起因したもので，これをアメリカンモンスーンと称する場合もあるが，その駆動力となる温度勾配はアジアモンスーンの半分以下である．

対流圏中上層の温度勾配の反転と，命題である図 3.2.4(a) に見られる対流圏下層の西風加速は，どのように関係しているのであろうか．再び本章の最初で触れたモンスーンの概念モデル (図 3.1.1 実線) を思い出して欲しい．このモデルからは，下層で収束した風が上層で発散するという，下層から上層への連鎖がイメージされるが，実際には上層で発散した風を補うために下層で収束が強まり，結果として西風気流の加速が引き起こされているとも解釈できる．一般に，地表からの顕熱加熱や対流圏中層での凝結熱加熱などの非断熱加熱は，周囲の大気を暖めるので，空気塊はさらに上昇し，全体として鉛直対流が強まる．この連鎖は積雲対流に内在する正のフィードバックとして知られている．アジアモンスーンが熱帯循環と同程度の強度を持つ理由は，後述する地形効果に起因した積雲対流活動が，対流システムに内在する正のフィードバックを介して鉛直方向の発散循環を強めていることによる．

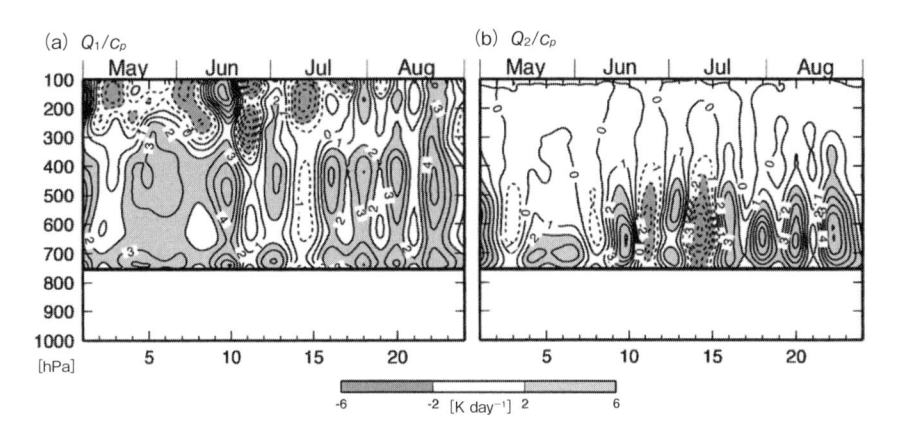

3.2.2　air-sea coupled process

	熱収支				水蒸気収支		
	$\langle Q_1 \rangle$	$\langle Q_R \rangle$	$L_c P$	S	$\langle Q_2 \rangle$	$L_c P$	$L_c E$
GAME	103	−40	81	62	60	81	21
Y92	129				18		

図3.2.10　GAME再解析データを用いた西チベットにおける(a) Q_1, (b) Q_2 の鉛直時間断面
鉛直積分した5月の熱収支と水蒸気収支(下段,単位はW m^{-2})(Ueda et al., 2003による). Y92はYanai et al.(1992)の結果を示す.

　図3.2.9(a)で見られた気温の極大が高原の直上ではなく,その南に位置している理由も含めて,チベット高原の熱力学的な役割の理解の進展を紹介する.古来より高原上の大気加熱においては,対流圏中層に突出した乾燥した陸面から供給される顕熱加熱が主要な因子であるとされてきた.これに加えて,1998年に行われた集中観測(GAMEプロジェクト)に基づく三次元同化データを解析したところ,高原周辺の山岳域で引き起こされた強制上昇流に伴う降水によって大気が暖められていることが明らかになった.図3.2.10に高原西部での熱水収支解析の結果を示す.モンスーンの開始前から Q_1 の値はすでに大きく,その極大高度は地表付近と400～500 hPa付近に見られる.前者は顕熱加熱,後者は積雲対流に伴う凝結熱加熱の存在を示唆するもので, Q_2 の断面図においても,プレモンスーン期に降水活動に伴う水蒸気の減少($Q_2>0$)が確認できる.凝結熱加熱($L_c P$)と顕熱加熱 S を鉛直積分した値は,それぞれ81 W m^{-2} と62 W m^{-2} となっていることからも,大気加熱における降水の寄

与が大きいことがわかる．ここでは割愛するが，高原南部のヒマラヤ山脈でも，同様の現象が起きているため，結果として気温のピークが高原上から離れたところに現れる．なお，プレモンスーン期の西チベットで降る雨は，偏西風によって地中海や黒海から運ばれた水蒸気が山岳にぶつかることで引き起こされると考えられている．一方，下流域のチベット東部では，補償下降流のため対流活動が抑制されるため，顕熱加熱が凝結熱加熱を上回っている．

広域モンスーンの開始によって，南シナ海付近ではモンスーン西風気流と偏

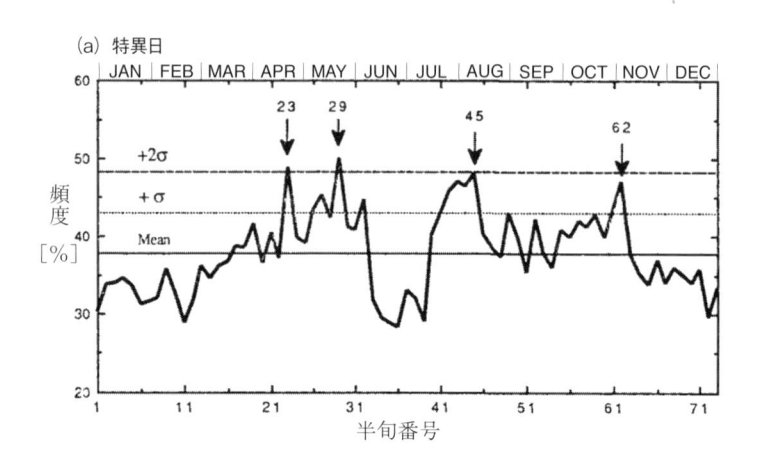

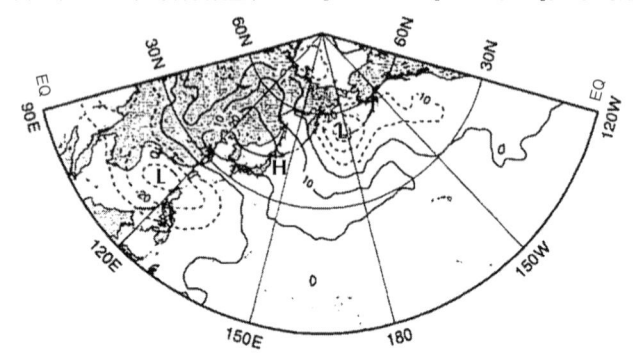

図3.2.11　(a) 18年間の日本全国気象官署データに基づく「晴」の頻度，(b) 5月中下旬の晴れの特異日前後の850 hPaジオポテンシャル高度の季節変化量 (a)は川村・田(1992)，(b)はUeda and Yasunari(1998)による．

東風が収束し，対流活動が活発化する．式の説明は後述するが，大気の熱源応答により低気圧性の渦度が南シナ海付近(厳密には南シナ海からやや離れた北西域)に生成されることにより，定常ロスビー波が励起され，波列となって北東方向に伝播する．図3.2.11に示すように，波源の下流域に位置する日本付近は，高気圧性の偏差に覆われるため，移動性の高気圧の出現頻度の増加が生じ，結果として晴天の出現確率が高くなる．このことが，統計解析にも有意とされる5月の中下旬の「晴」の特異日(singularity)の理由と考えられる．

補足 3.3

層厚(thickness)

単位質量の物体を地上から高さ z まで持ち上げると，重力ポテンシャルエネルギー Φ が増加する．

$$\Phi = \int_0^z g\,dz$$

g は高さによらず一定であるので，$\Phi = gz$ と表すことができるが，場所によって異なるので，Φ を標準重力加速度 g_0 で割った値をジオポテンシャル高度 Z (geopotential height)と定義する．ここでは大気の層，すなわち2高度間のジオポテンシャル高度の差分量 ΔZ に着目する．静力学平衡の式は $dp = -\rho g_0 dz$ で表されるので，気体の状態方程式 $p = \rho RT$ を用いて ρ を消去すると，

$$dz = \frac{dp}{\rho g_0} = -\frac{RT}{g_0}\frac{dp}{p} = -\frac{RT}{g_0}d\ln p \tag{3.2.1}$$

の関係が得られる．(3.2.1)式を鉛直方向に積分するということは，次の(3.2.2)式に示すように T に $(\ln p)$ の重みを付けて鉛直方向に積分することに等しい．

$$\Delta Z = Z_2 - Z_1 = -\frac{R}{g_0}\int_{p_1}^{p_2}T\,d\ln p = \frac{R}{g_0}\int_{p_2}^{p_1}T\,d\ln p \tag{3.2.2}$$

ここで層厚温度 $\langle T \rangle$ を，p_1 と p_2 間の気層の「重み付き温度」の鉛直平均値として定義する．

$$\langle T \rangle = \int_{p_2}^{p_1}T\,d\ln p \Big/ \int_{p_2}^{p_1}d\ln p \tag{3.2.3}$$

(3.2.2)式は(3.2.3)式を用いて，

$$\Delta dz = \frac{R\langle T \rangle}{g_0} \int_{p_2}^{p_1} d\ln p = \frac{R\langle T \rangle}{g_0} \ln\left(\frac{p_1}{p_2}\right) \tag{3.2.4}$$

となる．(3.2.4)式を$\langle T \rangle$について変形すると，

$$\langle T \rangle = \frac{g_0 \Delta z}{R} \bigg/ \ln\left(\frac{p_1}{p_2}\right) \tag{3.2.4a}$$

が得られる．客観解析データでは，ある高さでのジオポテンシャル高度を利用できる．例として 500 hPa と 200 hPa 間のジオポテンシャル高度を $z_{500} = 5,500$ (m)，$z_{200} = 12,200$ (m) とした場合，$p_1 = 500$，$p_2 = 200$ を (3.2.4a) 式に代入すれば，$g_0 = 9.81$ (m s^{-1})，$R = 287$ (J K^{-1} kg^{-1} [J = kg m^2 s^{-2}]) なので，$\langle T \rangle = 250$ K と求まる．この値は図 3.2.9 の 20°N 付近に見られる -23℃ とほぼ等価である．

(d) 大気海洋陸面結合系としての季節進行

(a)〜(c)においては，季節変化の主要プロセスについて，季節を遡りながら見てきたが，本節では春から夏にかけての季節進行を，時間発展とともに説明する．

冬季モンスーンの後退期にあたるプレモンスーン期には，冬に発達するイラン高気圧の影響が，アラビア海からインド亜大陸上にかけて見られる(図3.2.12(a))．一方，太平洋高気圧から吹き出す偏東風は，フィリピン諸島を越えて南シナ海まで吹き込んでいる．赤道以北のアラビア海とベンガル湾上では風が弱いため，海面での蒸発冷却の抑制を介して海面水温の上昇が引き起こされる．このことがインド洋に出現するベルト状の高海面水温の形成要因の一つで，西太平洋に先行して上昇している点が重要である(図3.2.12(b))．なお，プレモンスーン期は対流活動が不活発なので，この時期にピークとなる太陽入射量は，雲によって遮蔽されずに直接に海面に到達することも，海面水温が上昇する理由である．

5月の中旬になると，インド亜大陸北部からチベット高原の南方を中心に対流圏上層の気温が上昇し，アジア大陸と赤道付近との子午面方向の温度勾配 (meridional temperature gradient : MTG) の季節的な逆転が生じる(図3.2.12(c))．温度勾配の反転に伴って，下層の西風加速が引き起こされ，the first transition と呼ばれる広域モンスーンが開始する．アラビア海やベンガル湾上

3.2.2　air–sea coupled process

で生じる対流活発化は，プレモンスーン期に形成された高海面水温と関係しているが，南シナ海上での降水量の増大は，太平洋から吹き込む偏東風とモンスーン西風気流の収束に伴う水蒸気の蓄積が重要である．南シナ海における低気圧性の循環は，北東方向に伝播する定常ロスビー波の励起源として作用する．ジオポテンシャル高度の偏差を見ると，南シナ海の北西域での低気圧性循環，日本付近の高気圧性循環，アリューシャン列島東方海上での低気圧性循環という定常波の波列パターンが確認できる．とりわけ日本列島の5月中旬の「晴れの特異日」と日本付近に卓越する高気圧性偏差が，同じタイミングで出現している点が興味深い．つまり「五月晴れ」は，この時期に卓越する移動性の高気圧が，広域モンスーンの開始によって強化された結果とも解釈できる．

　5月下旬になると，赤道から15°Nにかけてのインド洋では，海面水温の低下が見られるが，西太平洋では反対に水温が上昇する(図3.2.12(d))．この東西方向に非対称な水温変化は，インド洋から西太平洋にかけての西風貫入と密接に関係している．インド洋では5月中旬の対流活発化と西風加速によって蒸発冷却が強化されることで海面水温が低下するが，西太平洋では西風成分の強化，換言すれば偏東風の弱化を介して，結果として季節的な昇温が維持される(WWWメカニズム)．なお，5月中旬にモンスーンの活発化が見られないインド洋の15°N以北では，引き続き海面水温が上昇している．この暖水ベルトの北へのシフトは，対流活動の北進モード(アクティブ・ブレイクサイクル)とも整合的である(図3.2.12(e))．

　6月の上旬にフィリピン東方海上で卓越する偏東風は，南北方向の強い水平シアーを持ち，図3.2.12(e)のハッチで示される領域で順圧的に不安定な状況を生み出す．この不安定な流れは，偏東風波動(easterly wave)と呼ばれる短周期擾乱を生成し，さらに波動に伴う水平収束によって次第に積雲対流活動が組織化される．積雲対流は暖かい海面から豊富な水蒸気を得て，6月中旬に最も活発化する(図3.2.12(f))．この現象は熱帯内収束帯の最盛期(mature stage of ITCZ)と呼ばれるもので，定常ロスビー波を介して日本の南方海上での高気圧性循環の強化を引き起こす．

　日本付近に目を転じると，湿った南西モンスーン気流が，強化された太平洋高気圧の西端を回り込むよう収斂しながら吹き込んでいる．梅雨前線の維持・

(a) 4月下旬

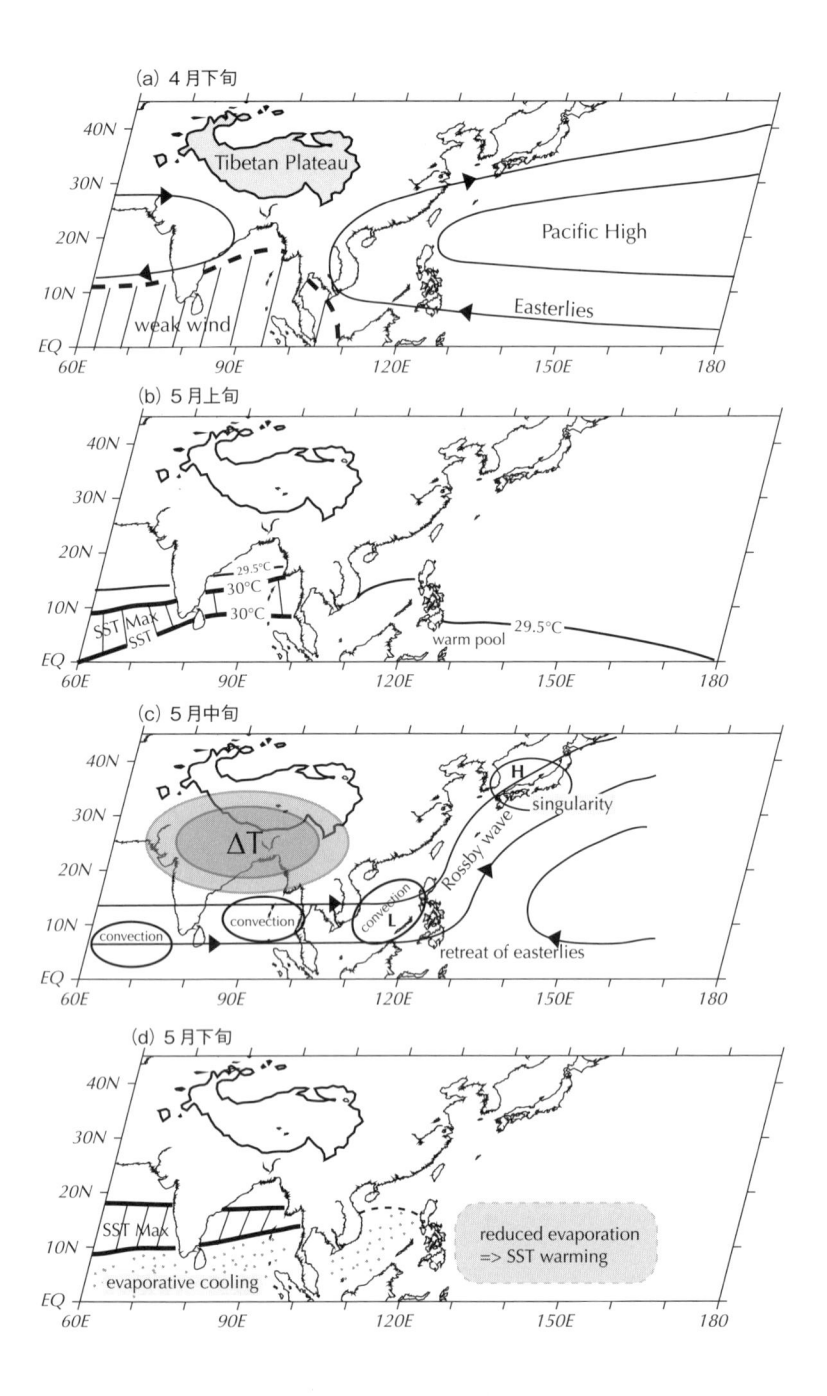

Tibetan Plateau
Pacific High
Easterlies
weak wind

(b) 5月上旬

29.5°C
30°C
30°C
SST Max
SST
warm pool 29.5°C

(c) 5月中旬

H
singularity
ΔT
Rossby wave
convection
convection
convection
L
retreat of easterlies

(d) 5月下旬

SST Max
reduced evaporation
=> SST warming
evaporative cooling

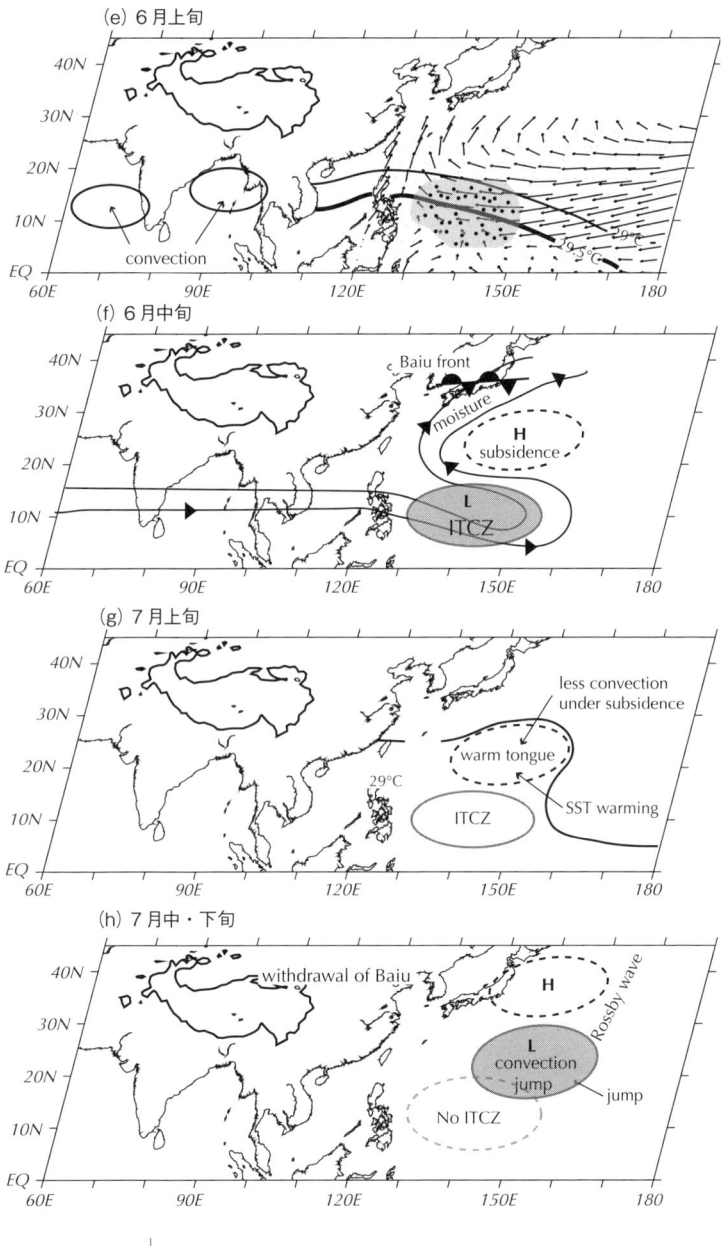

3.2.2 air–sea coupled process

図3.2.12　プレモンスーン期から盛夏に至るアジアモンスーンの季節進行

強化においては，南北の温度や水蒸気の勾配，さらには偏西風の位置や蛇行など様々な解釈があるが，環境場としては，南からの水蒸気フラックスの流入が重要である．

対流活動が一時的に不活発になる7月の上旬になると(図3.2.12(g))，フィリピン東方海上から対流ジャンプ(CJ)領域にかけて舌状の暖水域が現れる．CJ域での海面水温の上昇は，6月の中旬以降に卓越する高気圧内で生じている．この高気圧は，前述のようにフィリピン東方海上のITCZに起因するもので，静穏で雲量が少ないことが，海面水温の上昇を引き起こす原因である．暖かい海面から蒸発した水蒸気は，高気圧に伴う沈降流によって大気境界層内に閉じ込められ，CJ域では大気の不安定度が次第に強まっていく．

CJ現象は7月中・下旬に発現する．この領域の海面水温は，6月の下旬から29℃以上になっているにもかかわらず，7月の後半まで対流活発化が抑制されている．この理由は，高気圧による対流抑制の強化および解除と関係している．図3.2.12(f)のフィリピン東方海上でのITCZは，7月の中旬になると弱体化するので，熱源応答に伴うCJ域の高気圧も弱くなる．つまり，暖かい海面上で豊富な水蒸気を含んだ大気は，CJを抑制している下降流が消滅すると，不安定を解消しようと急激に対流活発化(対流ジャンプ)する．

このように，西部北太平洋モンスーンは，CJ現象やITCZの成熟が時間差を伴って異なる場所で発現するという特徴を持ち，対象としている現象の外部からの強制(インド洋からの西風の貫入，下降流による対流抑制など)が関与している点が興味深い．

3.3 年々変動

3.3.1 ENSO-モンスーン論の進展

気候の年々変動は，平年値(一般には過去30年の平均値を用いる)からの偏差として示される．今年の夏は暑い，寒い，などという気候の偏りは，季節変化の「ゆらぎ」に相当する．3.2節で述べたように，季節変化は単純な太陽入

3.3.1 ENSO-monsoon paradigm

射量の年周期に対して，海洋や陸面からの様々なフィードバックによって変形されている．つまり，気候の年々変動とは，気候システムに内在する大気・海洋・陸面相互作用が，年ごとに異なるかたちで季節変化に作用し，季節変化の変調として現れたものと解釈できる．

　モンスーンの年々変動の研究の歴史は古く，インドの気象学者Blanford(1884)の研究に遡る．彼は，1877年に生じた大飢饉の後に，夏のインドモンスーンの予報に着手し，ヒマラヤ北西部における冬から春の降雪量変動と，引き続く夏のインドモンスーンの間に負相関があることを見出した．その後，インドの天文台長を務めたイギリス人気象学者Walker卿(熱帯東西循環のWalkerと同一人物)によって，5月の積雪の多寡と夏のインドモンスーンとの間に負の関係が存在することが確認されている(Walker, 1910, レヴューはShukla, 1987を参照)．Blanfordの指摘から約1世紀の時を経て，Hahn and Shukla(1976)は，人工衛星によるユーラシア大陸上の積雪被覆面積と夏のインドモンスーン降水量の間に，同じような逆位相の関係があることを見出した(図3.3.1).

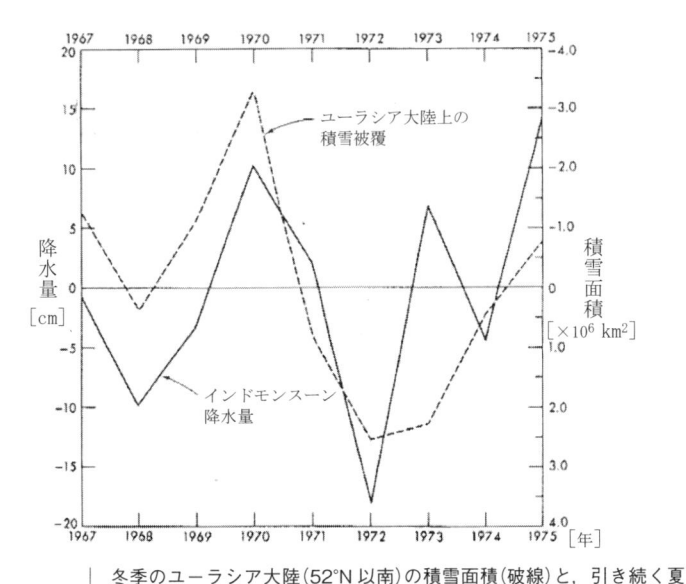

図3.3.1　冬季のユーラシア大陸(52°N以南)の積雪面積(破線)と，引き続く夏のインドモンスーン降水量(実線)
9年平均からの偏差で示す．縦軸の向きは，積雪面積と降水量で逆になっている(Hahn and Shukla, 1976による)．

このような歴史的経緯を背景に，1980〜90年代は積雪とモンスーンの関係について，衛星観測や気候モデルを用いた実験的研究が多数行われた．しかしながら研究の進展とともに，積雪→モンスーンという連鎖が本当に存在しているのか，という疑問が多数寄せられた．その理由として，(1)数十年スケールで見ると，対象とする期間によって相関関係が大きく異なる，(2)積雪面積と積雪深の関係は，地形や雲の影響があるため，必ずしも一対一の対応関係にない，(3)モンスーンの変動はユーラシアの陸面状態よりも，ENSOに伴う熱帯からの影響が大きいとするENSO–モンスーン論の進展，などがあげられる．1990年代から21世紀にかけては，関係する研究が積極的に推進され，モンスーンの年々変動を，大気・海洋・陸面の相互作用の視座から包括的に説明することが可能になった．

mini COLUMN

大気陸面相互作用

　冬季から春先にかけての積雪は，大気にどのような影響を与えるのであろうか．最初に考えられるのは，アルベド効果(albedo effect)と呼ばれる直接効果である．積雪は短波放射に対する反射率(アルベド)が高いため，地表面で吸収される太陽放射が減り，地表面加熱が抑制される(正のフィードバック)．この効果は雪が消失すると消えてしまうが，土壌水分の変調を介した場合には，大気は積雪履歴の影響を受ける．これを水文学的効果と呼ぶ．通常よりも雪が多かった年は，融雪量が多くなるので，春先の土壌水分は増加し，湿った地表面からは蒸発が盛んに生じることで，地表面加熱が抑えられる(正のフィードバック)．一方，地表面蒸発量の増加は対流活動の活発化を引き起こし，大気は反対に潜熱解放によって加熱される場合もある(負のフィードバック)．これらのフィードバックは，緯度，高度，季節，土壌の状態などによって現れ方が大きく異なる．現在，世界中で複数の現地観測が実施され，その結果は気候モデルの大気陸面過程に反映されつつあるが，不確定な部分も未だに多く残されている．

3.3.1 ENSO-monsoon paradigm

　本書では，内外の3名の先達の研究を時間軸に沿って説明しながら，研究の進展を振り返る．Meehl(ミール)はインドモンスーン降水量に2年周期の振動(スペクトルピークは2.3年)が見られることを見出し(Meehl, 1987)，これを対流圏2年周期振動(tropospheric biennial oscillation : TBO)と命名して原因の解明に取り組んだ．図3.3.2は熱帯インド洋と太平洋で生じる2年振動のメカニズムを大気と海洋間の熱交換の視点から説明した模式図である．通常よりも暖かい海水は蒸発と水蒸気収束を促進し，対流活動を活発化させる．その結果，今度は強い風による風・蒸発フィードバックを介して海水温が下がる．2年目には1年目とは真逆の相互作用が生じることにより，2年周期が作られる．この仮説の特徴は，相互作用が対流活動の活発な時期に起こり，静穏な時期には，この過程で作り出された偏差が保存されることにある．

　Meehlの仮説では，季節進行とともに，偏差が夏半球間(南北半球間)を移動することを前提としているが，必ずしも年々変動成分が季節サイクルに乗って地域間を移動する物理的な保証はない．これに対して，Yasunari(1990)は，

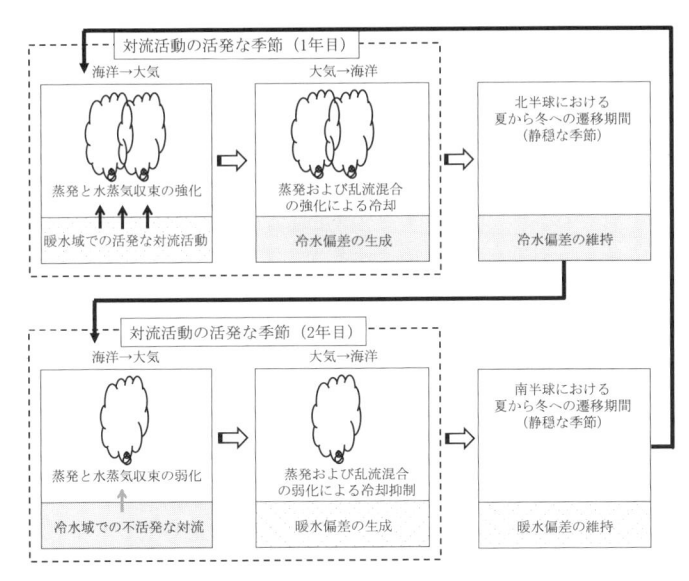

図3.3.2　熱帯インド洋・太平洋における2年振動を大気海洋間の熱交換から示した模式図
Meehl(1987), Meehl(1993)に基づく．

インドモンスーンの降水量と太平洋の海面水温が時間差を伴って高い相関関係にあることを統計的に明らかにした．図3.3.3は，インドモンスーン降水量の年々変動成分と，熱帯西部太平洋(実線)および熱帯東部太平洋(破線)の海面水温との時差(ラグ)相関を示したものである．夏季インドモンスーンとの相関は，夏季モンスーンの後の冬に極大となっているが，夏季モンスーンの前の冬は相対的に相関係数の絶対値が小さい．モンスーンが積極的にENSOに関与していることを初めて示した結果は，ENSO-モンスーンの発展の歴史において大変意義深いものである．具体的には，夏のモンスーンが強かった場合は，同年の冬における西太平洋の海面水温の上昇，および東太平洋での低下が生じる．この海面水温の偏差は，ラ・ニーニャ型であり，ビヤクネスフィードバックを介して，ウォーカー循環の強化が引き起こされていると推測されていたが，その詳細な物理過程については，今後の課題とされていた．

再びMeehlの仮説に戻ろう．1980年代の後半は，第2章で触れたようにエル・ニーニョ現象の遅延振動子理論がほぼ確立する時代であった．また1999年に発見されたインド洋ダイポールモード現象も少なからずMeehlの研究に

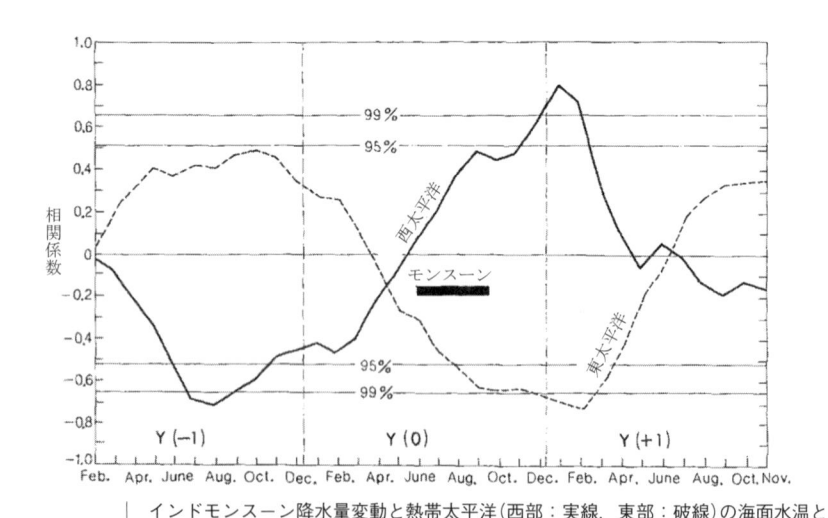

図3.3.3　インドモンスーン降水量変動と熱帯太平洋(西部：実線，東部：破線)の海面水温とのラグ相関
Y(0)は夏のインドモンスーン降水量の参照年．Y(+1),Y(-1)はそれぞれ，参照年Y(0)の翌年と前年を表す．水平線(細実線)は1％，5％の有意水準を示す(Yasunari, 1990による)．

3.3.1 ENSO-monsoon paradigm

影響を与えたものと思われる．2002年に発表されたTBOの模式図には，海上風の変動に伴う海洋波動の励起や海面熱交換が，対流活動の変動要因として重要な役割を演じている．

図3.3.4に2002年に発表されたMeehlらによる模式図の一部を示す．出発点である南半球の夏((a)図)は，オーストラリアモンスーンが通常よりも弱く，海面水温は中・東部太平洋と西インド洋で正偏差，オーストラリア北部で負偏差を示し，ウォーカー循環はインド洋と太平洋で共に弱化している．論文中では記載されていないが，後述の川村による仮説との対比のために，本書では敢えて「エル・ニーニョ型」の海面水温偏差と表現しておく．海面水温偏差によってインド洋西部と太平洋東部の対流活動は活発化し，大気のロスビー応答を介してアジア大陸上に気圧の峰(リッジ)が出現する．このリッジの発達は，アジア大陸上における総観規模擾乱の活動を抑制し，陸面の乾燥化と地表面気温の

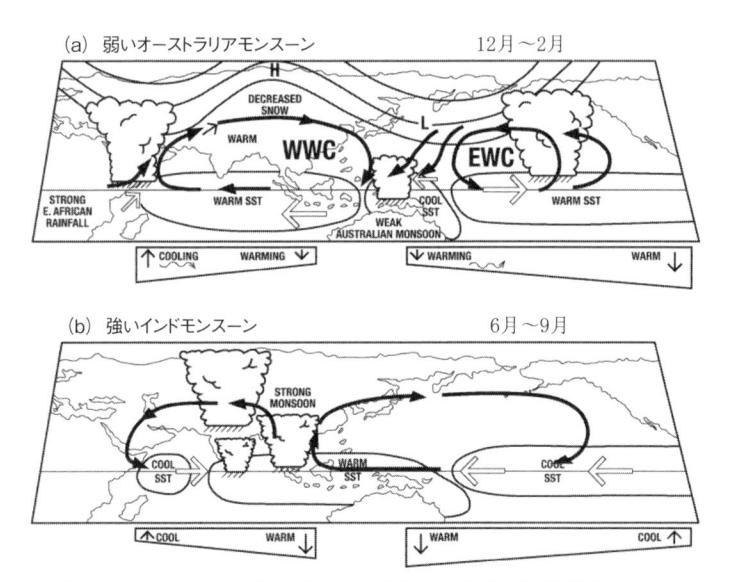

図3.3.4 Meehl and Arblaster(2002)による対流圏2年振動の模式図(図3.3.2の1987年の仮説に対する改訂版)
(a)弱い南半球夏季(DJF：12～2月)オーストラリアモンスーン，(b)強い北半球夏季(JJAS：6～9月)インドモンスーン．白抜きの矢印は海上風偏差，太実線はウォーカー循環偏差を示す．パネルの下部は温度躍層の偏差を表したもので，この中に記載されている細い矢印は温度躍層の上昇・下降，波線はケルビン波を示す．

上昇を引き起こす．西太平洋上の東風は冷水ケルビン波を励起し，東部太平洋に伝播することで，中・東部太平洋の温度躍層を上昇させる．一方，西インド洋では西風偏差によって，暖水ケルビン波が生み出され，東に向かって伝播し，東部インド洋での温度躍層を引き下げる．

春季(図省略)も引き続きアジア大陸上のリッジは維持され，地上気温は高い．太平洋では冷水ケルビン波によって，ラ・ニーニャ型の偏差パターンへと遷移する．インド洋では，暖水ケルビン波によって，東高西低の水温偏差が引き起こされる．この海洋の偏差は夏に極大となり((b)図)，インドモンスーンを含む南アジア・東南アジア域での対流活動は活発化し，東西ウォーカー循環は強まる．夏季以降は，反対の連鎖により，次年度の冬季は「ラ・ニーニャ型」の昇温パターンとなり，オーストラリアモンスーンは強化される．

Meehlの概念はモンスーンを中心にして，熱帯域の太平洋とインド洋が，風偏差に起因した海洋波動の励起を介して変動し，再び海洋の情報がモンスーンに影響を与えるというものである．この考え方は，2年周期の説明には好都合であるが，実際のENSOは2年以上の長周期変動の割合が多く，エル・ニーニョとラ・ニーニャ間の遷移も非対称であるので，ENSO−モンスーンを結合系として合理的に説明するには不向きである．加えて，対流活発域の季節進行に伴って，南北両半球間を偏差が移動するというMeehl(1987)の仮説についても，物理的な裏付けがなされていない．

このような点に着目し，ENSOとモンスーンの結合過程を論じたのが，川村らによる一連の論文である(Kawamura, 1998；Kawamura et al., 2001)．図3.3.5(a)は，強い夏のモンスーンに先立つ春季の大気海洋陸面相互作用を示している．ENSOの位相はラ・ニーニャになるため，西部北太平洋から北インド洋では海面水温が高く，活発な対流活動が見られる．中緯度に目を転ずると，海洋上の熱源応答(ロスビー応答)によってインド北西部から中央アジアにかけて高気圧性偏差が引き起こされる．この地域は，冬から春にかけて総観規模擾乱が頻繁に通過することが知られているが，高気圧性偏差の強化は擾乱の活動度を低下させ，結果として降水・積雪量の減少→陸面の乾燥化→陸面気温上昇という連鎖が引き起こされる．つまり，プレモンスーン期の南北温度勾配偏差は，大陸上での昇温を反映して「南低北高」となる．

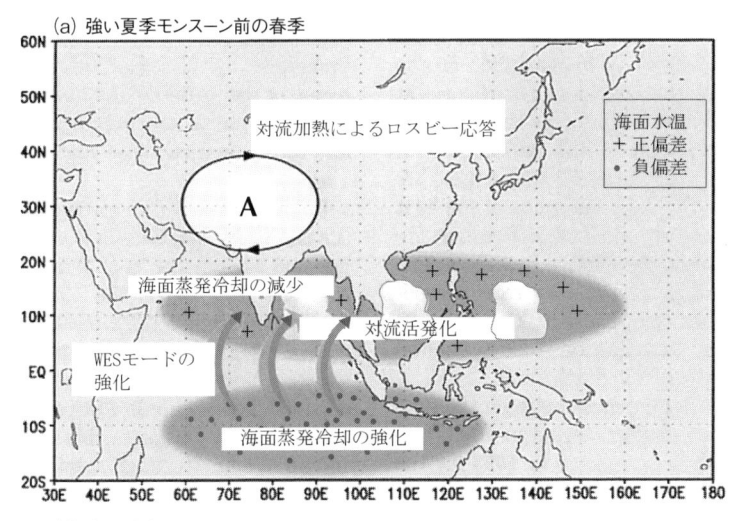

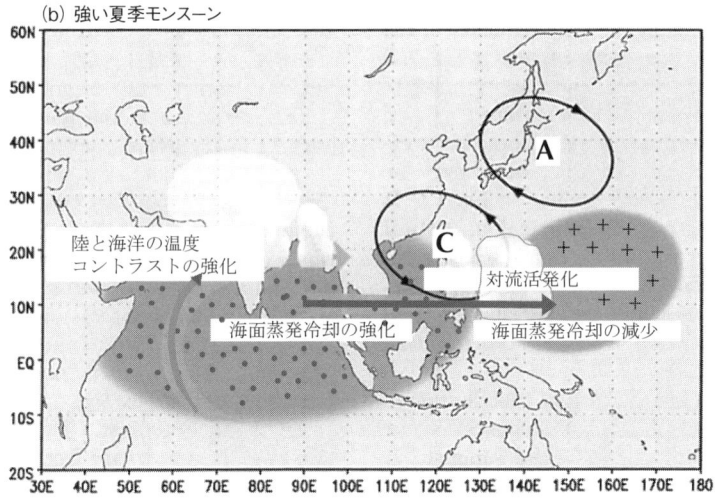

3.3.1 ENSO–monsoon paradigm

図3.3.5　強い夏のモンスーンに先行する大気海洋陸面相互作用
(a)プレモンスーン期(春)，(b)盛夏期．気候値からの偏差を示していることに注意．陰影は海面水温(「・」は負偏差，「＋」は正偏差)，太矢印は海上風ベクトル，細実線は高度場(「A」は高気圧性偏差，「C」は低気圧性偏差)を表す．Kawamura et al.(2001)による(原図はカラー図版)．

一方，インド洋では，北半球側で活発化した対流域に向かって，赤道を横切る半球スケールでの風偏差が見られる．冬から春にかけての気候学的な風系は，北インド洋で北東風，南インド洋で南東風であるので，上述の偏差の風が重なると，北インド洋では北東風が弱められるが，南インド洋では反対に南東風が強化される．このような南北非対称の風速変動は，WESフィードバックを介して，北(南)インド洋での海面水温の昇温(低下)を引き起こす．海面水温に見られる温度勾配偏差は，先に述べた陸面過程に起因した南低北高の温度勾配をさらに強化するため，結果として夏のモンスーンが強化される．

　(b)図は，夏季南アジアモンスーンが活発化した際の様子を示したものである．インド洋の海面水温は，下層モンスーン気流が強化されるので，低下するが，図 3.2.8 で示した東西非対称の海面熱交換を通して，西部北太平洋の水温は昇温する．フィリピン東方海上では，局所的な海面水温の上昇のほかに，インド洋・西部北太平洋間の西低東高の温度勾配偏差に伴う水蒸気収束の効果が加わり，対流活動が極めて活発になる．フィリピン付近の対流活動の強化は，後述するPJパターンと呼ばれる定常ロスビー波型のテレコネクションを介して日本付近の高気圧を強める．この状態は，典型的な日本付近の暑夏年に相当する．このように，ENSOのシグナルは一旦プレモンスーン期に陸と海洋に埋め込まれ，引き続く夏の南アジア・東南アジアモンスーンを変調させる．さらに西部北太平洋モンスーンの季節的な発現と同じ物理過程(東西非対称の相互作用)を経て，フィリピン東方海上の対流活発化と日本付近の高気圧性循環の強化が引き起こされる．

　川村の仮説は，安成によって指摘された「アジアモンスーンと西部北太平洋の海面水温に見られる負の相関関係」を，ENSOの季節性とモンスーンの季節サイクルを丁寧に論じることによって，物理プロセスに踏み込んで合理的に解釈することを可能にしたとも言える．本書では実際の事例を基に，上述の連鎖を確認する．図 3.3.6 は日本付近の海面水温，熱帯インド洋と中央アジアの対流活動の時系列を示したものである．1998/99，1999/2000，2000/01年は3年連続してラ・ニーニャ現象が発現した年にあたり，海洋大陸から熱帯インド洋上の対流活動は，北半球冬季を中心に活発化した．図は省略するが，プレモンスーン期の地表面温度は，通常よりも高く維持されており，このことが引き続

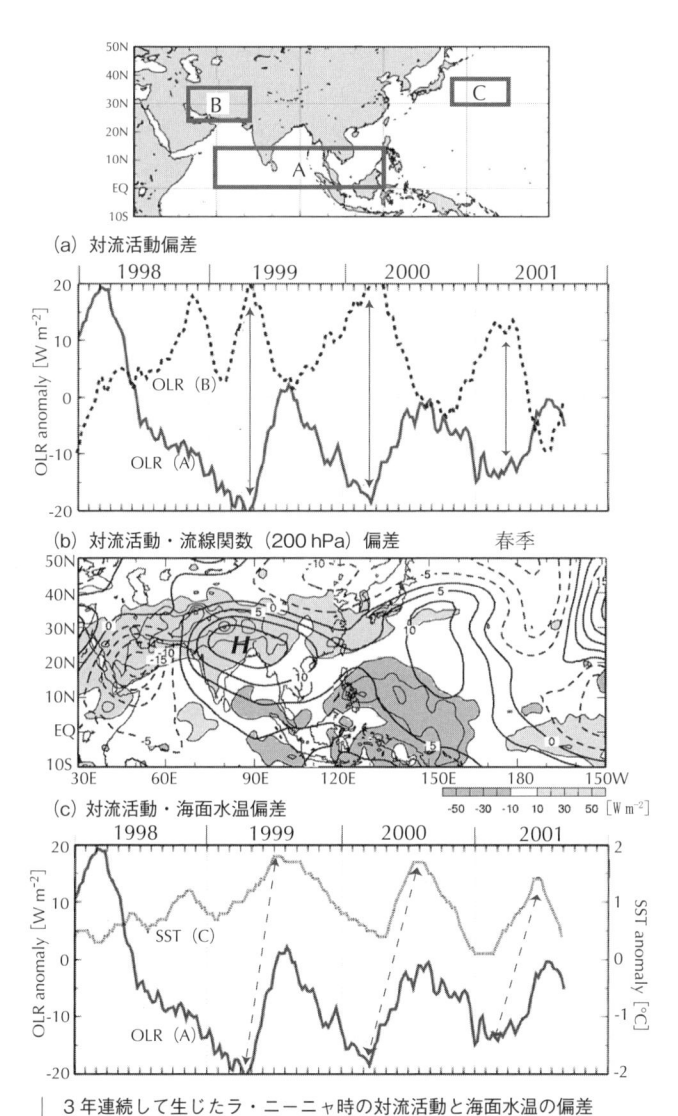

| 3.3.1 | ENSO-monsoon paradigm |

(a) 対流活動偏差

(b) 対流活動・流線関数（200 hPa）偏差　　春季

(c) 対流活動・海面水温偏差

図 3.3.6　3 年連続して生じたラ・ニーニャ時の対流活動と海面水温の偏差
(a) 熱帯インド洋から海洋大陸上（A 領域）での OLR 偏差（実線）．破線は中央アジア（B 領域）の OLR 偏差，(b) 典型的な日本の暑夏年に先立つ，春季の OLR と 200 hPa の流線関数偏差．濃い陰影は負の OLR 偏差，実線は高気圧性偏差を示す，(c) 実線は(a)と同じ OLR 偏差，ただし細破線は日本東方海上（C 領域）の海面水温偏差．(a),(c)は Ueda and Kawamura(2004)，(b)は Ueda and Hori(2006)による．

く強い夏のモンスーンを誘発した原因と考えられる．一方，中央アジアの対流活動は，熱帯の変動とほぼ同位相で強く抑制されていた．図3.3.6(b)に示すように，対流活発域の北西側のアジア大陸上には，高気圧性の循環と正のOLR偏差が見られる．つまり，中央アジアの対流抑制は，熱帯域での対流活発化に伴うロスビー応答によって引き起こされたと解釈でき，川村による概念図3.3.5(a)とも整合的である．日本付近に目を転じると，海面水温が夏季を中心に，3年連続して正偏差となっている(同(c)図)．詳細は省略するが，東西非対称の大気海洋相互作用を経て，フィリピン東方海上の対流活動が夏に活発化し，日本周辺の高気圧性循環が強化されたことが，高海面水温偏差の生成に寄与したことが確認されている．

mini COLUMN

アフガニスタンの旱魃

図3.3.6(a)に示したように，1998年から2001年にかけて，中央アジアでは対流活動が抑制されていた．アフガニスタンを含む中央アジアは，偏西風が南下する冬から春にかけて，総観規模擾乱に伴って雨が降ることが知られている．乾燥帯での貴重な雨季における降水活動の抑制は，年間を通した水資源の枯渇を引き起こす．前置きが長くなってしまったが，2001年の9月11日は，航空機を使った同時多発テロが起き，アメリカがアフガン戦争へと突入していくきっかけとなった日として記憶に新しい．この戦争に関しては様々な解釈があるが，背景に貧困があることは誰もが認めるところであろう．このテロが起こる前のアフガンの状況は，前述のように毎年繰り返して生じた未曾有の旱魃に見舞われていた．当時，現地から発信された情報の中にも，アフガニスタンの旱魃を伝える報告が含まれていた．私見ではあるが，熱帯からの強制によって引き起こされた大旱魃が，現地の人々に深刻な影響を与え，結果として内圧を高める方向に働いたのではないかと想像している．この話には後日談がある．解析を終えて，論文の原稿をアメリカに航空便で送ったものの，いわゆる「炭疽菌」

騒動が勃発していたため，航空郵便が混乱し，原稿はどこかに消えてしまった．本書で紹介した川村博士との共同研究がイギリスの雑誌に掲載されているのには，そのような背景も関係している．

3.3.2 日本の夏季天候の支配要因

　日本における夏の気候変動を論じるには，熱帯と中高緯度からの影響を考える必要がある．どちらも定常ロスビー波(stationary Rossby wave)と呼ばれる大気の波動が関与している．図3.1.2に示すように，日本付近の対流圏下層には南西気流が見られ，上層では偏西風が卓越している．これらの西風領域は，熱帯および中央アジアで励起された定常波の導波管として機能する．以下に，定常ロスビー波の発見と理解の進展について整理する．

(a) 定常ロスビー波
(i) テレコネクション

　定常ロスビー波の力学的な構造は，大規模な山岳に起因する強制ロスビー波(forced Rossby wave)と基本的に同じである．その初出は，1950年前後に公表されたCharney, Eliassen, Smagorinskyらの論文に遡る．1980年代になると，HoskinsやKarolyらは，熱帯域での渦度を励起源とした定常波が，地球の球面上の最短ルートである大円(great circle)に沿って伝播することを実験的に示した(Hoskins and karoly, 1981)．当時は，ENSOの全球的な様相が観測によって明らかにされつつあり，様々なテレコネクションパターンの存在が示されたのも80年代の初頭である．

　図3.3.7は，エル・ニーニョ現象に伴い，熱帯中部太平洋上の対流活動が活発化した際の，対流圏中・上層の応答を示したものである．亜熱帯域に見られる高気圧性の偏差は，赤道上の大気加熱に起因する赤道対称ロスビー波に相当する．中高緯度に目を転じると，偏西風の風下に向かって北太平洋を経て，カナダ，アメリカ大陸東岸にかけて，低・高・低という気圧偏差が見られる．実際には，偏西風の蛇行が強化されており，北米大陸の西岸と中央部では，それ

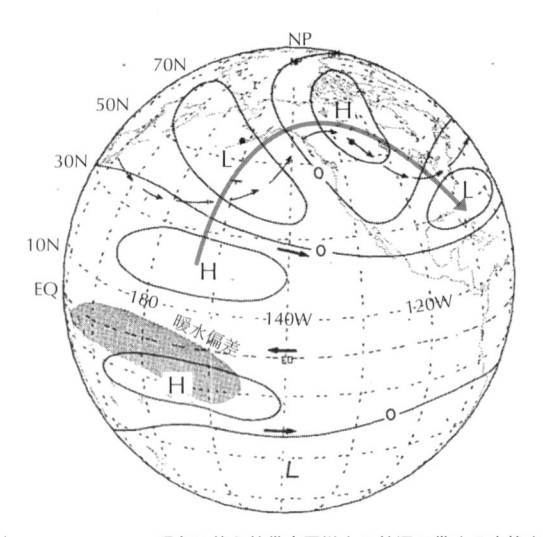

図3.3.7　エル・ニーニョ現象に伴う熱帯太平洋上の熱源に帯する応答を示す模式図　等値線は対流圏中・上層の気圧偏差．陰影は暖かい海面水温偏差．太矢印は大円に沿った定常ロスビー波の伝播経路，細矢印は偏西風を表す(Horel and Wallace, 1981 による)．

ぞれ南風と北風が強まる．このことが，ロッキー山脈の西/東で，暖冬/寒冬傾向になることと密接に関係している．波の振幅の極大点を矢印で結ぶと，亜熱帯域での高気圧性の偏差を起点とし，大円に沿って北東方向に伝播しているように見える．HorelとWallaceらは，この波のことをPNAパターン(Pacific North American pattern)と名付けた．以後，EU型(Eurasian pattern)，WP型(Western Pacific pattern)，WA型(Western Atlantic pattern)などのテレコネクションパターンの存在が明らかにされた(Wallace and Gutzler, 1981)．

このような時代背景の中で，新田は日本付近の夏の天候の支配要因の一つとして，PJパターン(Pacific-Japan pattern)と呼ばれる熱帯と中緯度とのテレコネクションの重要性を指摘した．図3.3.8はPJパターンの模式図である．暖かい西太平洋域からユーラシア大陸の東岸に沿って，対流圏中・上層の気圧偏差の高・低の波が連なっている．西太平洋の海面水温が通常よりも暖かいときには，フィリピン東方海上の対流活動が活発化する．その結果大気の熱源応答によって，対流活発域の北西側に低気圧性の循環が生み出される．この関係は，図3.1.7に示した松野-ギルの熱源応答に相当する．図3.3.8の模式図に

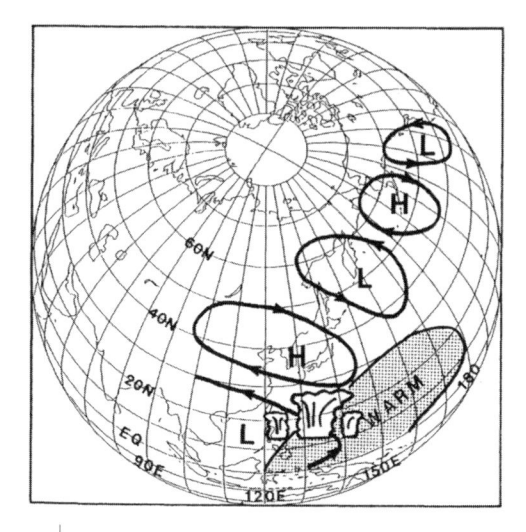

図3.3.8　PJ テレコネクションパターンの模式図(Nitta, 1987 による)

おいても，30°N 以南にある低気圧性の偏差は，雲が描かれている対流活発域の西側に描かれている．この低気圧性偏差の北東側に位置する日本付近では，高気圧性の偏差が見られる．これは太平洋高気圧の西側への拡大，あるいは局所的な強化に相当し，日本は暑夏の傾向となる．

(ii) ロスビー波の導出

自由ロスビー波については，絶対渦度の保存則 ($\eta = f + \zeta$) から模式的に説明したが (2.3.2 項参照)，本項では渦度方程式を用いて分散関係を導出することによって，自由ロスビー波と定常ロスビー波を理解する．

空気塊が南北方向に移動した場合を考える．初期状態を T_0，移動後の時間を T_1 とすると，絶対渦度は保存されるので，

$$\zeta_{T_0} + f_{T_0} = \zeta_{T_1} + f_{T_1} \tag{3.3.1}$$

ここで，相対渦度の変化を $\delta\zeta$ と表すと，

$$\delta\zeta = \zeta_{T_1} - \zeta_{T_0} = -(f_{T_1} - f_{T_0}) \tag{3.3.2}$$

前述の $\beta \simeq df/dy$ ((AP1.3) 式参照)，$f = \beta y$ ((AP1.4) 式参照) を用いると，

T_1 時間後の渦度 ζ_{T_1} は,

$$\zeta_{T_1} = \delta\zeta + \zeta_{T_0} = -\delta f = -\beta \delta y \tag{3.3.3}$$

となる．上式を時間 t で偏微分する．ζ_{T_0} の時間変化とは，初期状態の渦度 ζ_{T_0} が，水平流によって移流されることに相当するので,

$$\left(\frac{\partial}{\partial t} + u\frac{\partial}{\partial x} + v\frac{\partial}{\partial y}\right)\zeta = -\beta v \tag{3.3.4}$$

$$\Leftrightarrow \quad \frac{d\zeta}{dt} + \beta v = 0 \tag{3.3.4a}$$

が得られる．図 2.3.3 では，南北風による惑星渦度の移流が，高緯度側での ζ の増減とバランスするという関係を説明した．その関係を式で示したものが式 (3.3.4) であり，これを渦度方程式 (vorticity equation) と呼ぶ．例えば，北半球で南風 ($v>0$) の場合，$\beta>0$ なので，右辺は負となる．つまり，ζ の時間変化量は負となり，高気圧性の循環が強化される．

次に，渦度方程式を線形化する．基本風が東西方向に一様 ($\bar{v}=0$) で，水平 (x,y) 方向に擾乱がある場合を考える（補足 3.4 参照）．式で表すと,

$$u = \bar{u} + u', \quad v = v', \quad \zeta = \bar{\zeta} + \zeta' \tag{3.3.5}$$

一方，流線関数の擾乱成分 ψ' と渦度の擾乱成分 ζ' は,

$$u' = -\frac{\partial \psi'}{\partial y}, \quad v' = \frac{\partial \psi'}{\partial x}, \quad \zeta' = \nabla^2 \psi' \tag{3.3.6}$$

のように表される．(3.3.4) 式に，(3.3.5), (3.3.6) 式を代入すれば,

$$\left(\frac{\partial}{\partial t} + (\bar{u}+u')\frac{\partial}{\partial x} + v'\frac{\partial}{\partial y}\right)(\nabla^2\bar{\psi} + \nabla^2\psi') + \beta\frac{\partial \psi'}{\partial x} = 0 \tag{3.3.7}$$

となる．擾乱の偏微分はゼロとし，線形項のみで表現すると,

$$\left(\frac{\partial}{\partial t} + \bar{u}\frac{\partial}{\partial x}\right)\nabla^2\psi' + \beta\frac{\partial \psi'}{\partial x} = 0 \tag{3.3.8}$$

が得られる．この式の解は，東西波数 k，南北波数 l，振動数 ω が $\sigma = kx + ly - \omega t$ の関係にある時，次式で与えられると仮定する．

$$\psi' = \mathrm{Re}\,[\psi_0 \exp(i\sigma)] \tag{3.3.9}$$

第1章において説明した渦度と流線関数の関係を再掲すると((1.3.11)式参照),

$$\zeta' = \nabla^2 \psi' = \frac{\partial v'}{\partial x} - \frac{\partial u'}{\partial y} = \frac{\partial}{\partial x}\left(\frac{\partial \psi'}{\partial x}\right) - \frac{\partial}{\partial y}\left(-\frac{\partial \psi'}{\partial y}\right) = \frac{\partial^2 \psi'}{\partial x^2} + \frac{\partial^2 \psi'}{\partial y^2}$$

上式は二階微分となっているので,解に虚数が含まれている場合は,虚数の2乗($i^2 = -1$)が現れる.(3.3.9)式を(3.3.8)式に代入すると,下記の分散関係が求まる.

$$(-\omega + k\bar{u})(-k^2 - l^2) + k\beta = 0 \tag{3.3.10}$$

振動数 ω に対して整理すれば,

$$\omega = k\bar{u} - \frac{\beta k}{K^2} \tag{3.3.11}$$

が得られる.ここで $K^2 = k^2 + l^2$ は,水平波数の平方和である.ケルビン波のところでも触れたように(2.3.1項参照),振動数 ω を東西波数 k(南北波数 l)で割ると,波の東西(南北)方向の位相速度 $c_x(c_y)$ が求まる.本書では東西方向の位相速度,(3.3.11)式を k で除した場合を議論する.

$$c_x - \bar{u} = -\frac{\beta}{K^2} \tag{3.3.12}$$

上式は,ロスビー波の東西方向の位相速度が,平均的な西風に対して西向きであり,その大きさは波数の平方和に反比例することを示している.つまり,波長が長くなる(k が小さくなる)ほど,西向きのロスビー波の位相速度が速くなり($-\beta/k^2 < 0$),次第に西風である基本風の大きさに近づくため,結果として地球の表面に対して静止しているように見える.このように,背景風が西風となっている中高緯度では,地表から見ると止まっているように見えるロスビー波が存在する.これを定常(定在)ロスビー波という.

次に,定常ロスビー波を導出する.(3.3.12)式において $c_x = 0$ とし,東西方向のみを考える.波数 k に関しては,

$$k \approx \sqrt{\frac{\beta}{\bar{u}}} \tag{3.3.13}$$

のように近似できる．波長をλとすると，物理空間での波数は，

$$k \equiv 2\pi/\lambda \tag{3.3.14}$$

と定義されるので，(3.3.13)式，(3.3.14)式からλについての関係を導くと，

$$\lambda = 2\pi\sqrt{\frac{\bar{u}}{\beta}} \tag{3.3.15}$$

が得られる．この式から，定常ロスビー波は東風($\bar{u}<0$)では存在できないこと，波長は基本風である西風の大きさに比例することがわかる．

　一般に，群速度(group velocity)とは，波動の中を伝わるエネルギーの速度を指す．定常ロスビー波の群速度は，常に東向きの成分を持つ．このことは，停滞性の波に伴う気圧の峰や谷の下流側に，つぎつぎと低・高気圧性の循環が作り出されることを意味する．実際に定常ロスビー波の群速度を求めてみよう．振動数を波数で偏微分したものが，波の群速度$c_g(c_{gx}, c_{gy})$になるので，(3.3.11)式をk, lで偏微分すると，

$$c_{gx} = \frac{\partial\omega}{\partial k} = \bar{u} - \left(\frac{\beta(k^2+l^2)-(\beta k \times 2k)}{(k^2+l^2)^2}\right) = \bar{u} + \beta\frac{k^2-l^2}{(k^2+l^2)^2} \tag{3.3.16}$$

$$c_{gy} = \frac{\partial\omega}{\partial l} = \frac{2\beta kl}{(k^2+l^2)^2} \tag{3.3.17}$$

となる．定常状態を考えるので，(3.3.12)式において$c_x=0$とすれば，

$$\bar{u} = \frac{\beta}{k^2+l^2} \tag{3.3.18}$$

を得るので，この関係を用いて，(3.3.16)，(3.3.17)式を整理すると，

$$c_{gx} = \frac{2\bar{u}k^2}{k^2+l^2} \tag{3.3.16a}$$

$$c_{gy} = \frac{2\bar{u}kl}{k^2+l^2} \tag{3.3.17a}$$

となる．したがって，群速度の大きさは，

$$|c_g| = \sqrt{(c_{gx})^2+(c_{gy})^2} = \sqrt{\frac{4\bar{u}^2k^4+4\bar{u}^2k^2l^2}{(k^2+l^2)^2}} = \frac{2\bar{u}k}{\sqrt{k^2+l^2}} \tag{3.3.19}$$

となる．

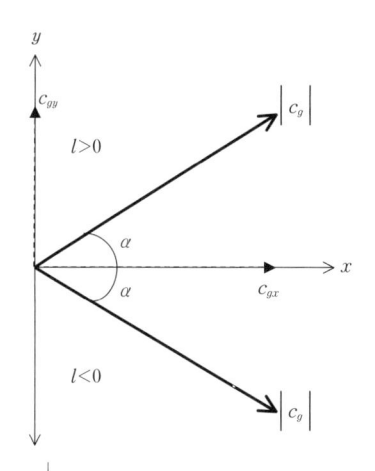

図3.3.9 | 西風の中に伝播する定常ロスビー波の群速度

以上より求まった c_{gx}, c_{gy}, $|c_g|$ の関係をまとめると，図3.3.9のようになる．$|c_g|$ が x 軸となす角を α とすると，

$$\cos\alpha = \frac{c_{gx}}{|c_g|} \qquad (3.3.20)$$

になるので，(3.3.16a)式と(3.3.19)式を上式に代入すれば，

$$\cos\alpha = \frac{2\bar{u}k^2}{k^2+l^2} \times \frac{\sqrt{k^2+l^2}}{2\bar{u}k} = \frac{k}{\sqrt{k^2+l^2}} \qquad (3.3.20a)$$

を得る．これを再び(3.3.19)式に代入すれば，最終的に群速度は，

$$|c_g| = 2\bar{u}\cos\alpha \qquad (3.3.20b)$$

となる．ロスビー波束の存在条件である $\bar{u}>0$ の時に，群速度の大きさが常に正となるためには，上式において $\cos\alpha>0$ となる必要がある．数学的には，第一象限，第四象限では $\cos\alpha$ は正の符号をとる．つまり，群速度の東西成分は，図3.3.9に示すように，常に東向きでなければならない．なお，(3.3.16a)式で表される c_{gx} においても，$\bar{u}$ 以外の項は全て正であるので，$c_{gx}>0$ になる．このことは，(3.3.15)式から導かれるロスビー波束の存在条件とも矛盾しない．ただし，c_{gy} に関しては $l>0$, $l<0$ の両方を考える必要がある．換言すれ

ば，ロスビー波束は北東方向と南東方向に伝播し得る．その速さは，背景風に対して真東($cos\ α = 1; α = 0$)には2倍，北東，南東へは1.4倍($cos\ α = 0.7; α = ±π/4$)である．

補足 3.4

線形化

　一般に，二つ以上の独立変数の積(交差項)を含んだ方程式は，非線形方程式と呼ばれ，その解は複雑になることが知られている．これを回避するために，一次の項のみで構成される方程式に簡略化した上で，数値解を求めることが多い．このことを線形化(linearization)という．変数 $u(x,t)$ の帯状平均を $\bar{u}$ とし，その値からの偏差(deviation)を u' とおくと，$u(x,t) = \bar{u} + u'(x,t)$ と表される．

　浅水方程式における非線形項 $u\partial u/\partial x$ は，

$$u\frac{\partial u}{\partial x} = (\bar{u}+u')\frac{\partial}{\partial x}(\bar{u}+u') = \bar{u}\frac{\partial \bar{u}}{\partial x} + \bar{u}\frac{\partial u'}{\partial x} + u'\frac{\partial \bar{u}}{\partial x} + u'\frac{\partial u'}{\partial x}$$

と書き換えられる．平均量の微分は0($\partial \bar{u}/\partial x = 0$)なので，上式は，

$$u\frac{\partial u}{\partial x} = \bar{u}\frac{\partial u'}{\partial x} + u'\frac{\partial u'}{\partial x}$$

となる．ここで，偏差どうしの積は無視できるほど小さいという仮定を導入する．上式の右辺は，

$$\left|\bar{u}\frac{\partial u'}{\partial x}\right| \gg \left|u'\frac{\partial u'}{\partial x}\right|$$

の関係にあるので，最終的に下式のように線形項だけが残る．

$$u\frac{\partial u}{\partial x} = \bar{u}\frac{\partial u'}{\partial x}$$

補足 3.5

ロスビー波の位相速度

　中緯度(35°N)の総観規模擾乱の代表的な水平スケールを5,000 kmとした時のロスビー波の位相速度を求めてみよう．

　波数 k および l は，波数空間における波数ベクトルの東西・南北成分に相当する．一方，実際の物理空間での波数は，$2π$ を波長で割ったものとして定義され

る．ここで波長とは，波の峰と峰の間の長さを指す．したがって，本命題の場合は，$k=2\pi/5.0\times10^6\mathrm{[m]}=1.256\times10^{-6}\mathrm{[m]}$となり，地球の自転角速度$\omega=7.3\times10^{-5}\mathrm{[s^{-1}]}$，地球の半径$R$を$6.4\times10^6\mathrm{[m]}$より$\beta=2\omega\cos\theta/R=1.9\times10^{-11}\mathrm{[m^{-1}s^{-1}]}$となるので，これらの値を(3.3.12)式に代入すると，$c_x-\bar{u}$は約$-6\,\mathrm{m\,s^{-1}}$になる．

このようにロスビー波は，基本風に対して西向きに秒速6mで進む．一方，中緯度では定常的に西風が卓越しており，その風速は$6\,\mathrm{m\,s^{-1}}$よりも大きい．このため，総観規模スケールのロスビー波は，地球表面に対して，偏西風の大きさよりも小さい速度で東進するのである．

(b) 太平洋高気圧

夏になると天気予報でよく耳にするのが太平洋高気圧である．夏休みの到来を告げる馴染み深い現象であるが，その形成要因と変動機構は非常に複雑である．本書では，まず太平洋高気圧の実態について説明した上で，日本付近に発達する背の高い高気圧の変動要因を紹介する．

図3.3.10に1月と7月の海面気圧と雨域をプロットしたものを示す．北太平洋上に着目すると，冬季には日付変更線付近の中高緯度(〜50°N)で，アリューシャン低気圧の発達が見られるが，夏になると北太平洋全域が太平洋高気圧に覆われる．その中心は日付変更線よりもはるか東，150°W付近にあることに注意して欲しい．この太平洋高気圧は背が低く，上層は中部北太平洋トラフ(Mid-Pacific trough)と呼ばれる恒常的な低圧部となっている(図3.1.2参照)．

流線関数の東西鉛直断面を見ると(図3.3.11)，日付変更線以東の太平洋高気圧の存在高度は600 hPaの高度より下に見られ，その上部は低気圧性の循環に支配されていることがわかる．一方，アジア大陸上では，下層での低気圧性循環(モンスーン低圧部)と上層の高気圧性循環(チベット高気圧)が顕著である．日本付近の対流圏下層は，モンスーンに伴う低気圧性循環と太平洋高気圧の西端が交差する境界領域となっている．一方，日本付近の対流圏上層には，チベット高気圧の本体とは切り離された高気圧性の循環が見られる．この日本上空に出現する背の高い高気圧は，盛夏期には順圧的な構造を呈することが多く，小笠原高気圧(Bonin high)と呼んで，傾圧構造を持つチベット高気圧や太

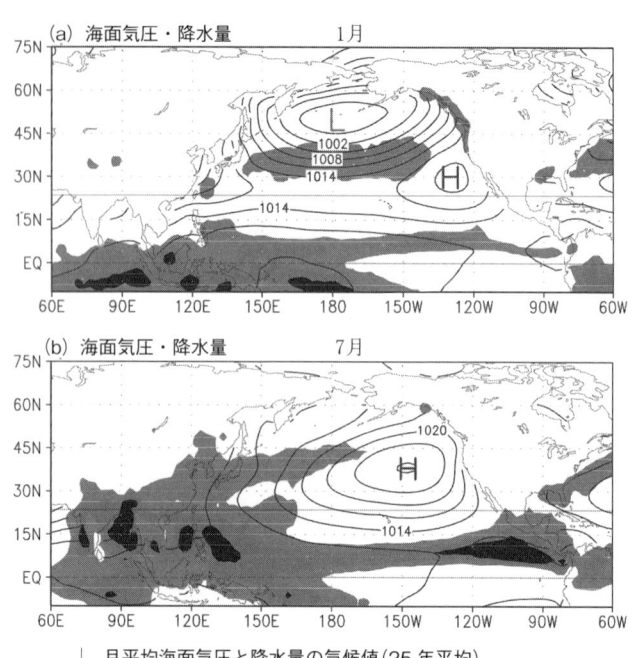

図3.3.10 月平均海面気圧と降水量の気候値(25年平均)
(a)1月, (b)7月. 降水量は薄い陰影が4 mm day^{-1}以上, 濃い陰影が12 mm day^{-1}以上を示す(Nigam and Chan, 2009による).

平洋高気圧と区別している.

太平洋高気圧は北半球の夏に極大となり, 冬季には東部北太平洋の中緯度付近にのみ見られる. ここで再び図3.1.8に示した「大気の3細胞モデル」を思い出して欲しい. マクロに見た場合には, ハドレー循環の下降流が中緯度高圧帯, すなわち太平洋高気圧の成因とされている. この考え方は, 年平均の議論であり, 太平洋高気圧の季節変化には適用できない. 以下にその理由を示す. ハドレー循環の季節変化は, 熱帯域での強い対流活動に伴う上昇流が駆動源である. 図3.3.12は北半球の冬と夏におけるハドレー循環の違いを示したものである. 冬季の上昇流の軸は南半球側にあり, それに伴う下降流が北半球の中緯度(20°N–30°N)に見られる. この沈降流の卓越は, 冬季の東部北太平洋上での太平洋高気圧の形成と矛盾していない. 一方, 夏のハドレー循環の下降流は, 主に南半球側(10°S–25°S)に見られる. 換言すれば, ハドレー循環の季節

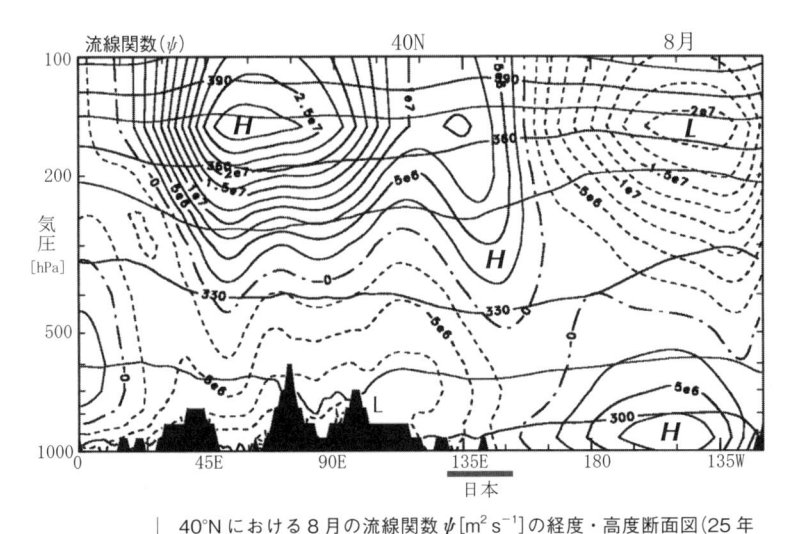

3.3.2　anomalous hot summer

図3.3.11　40°N における 8 月の流線関数 ψ [m^2 s^{-1}] の経度・高度断面図(25 年気候値)
東西方向に伸びる実線は相当温位 [K] を示す．流線関数(正が高気圧性循環)は帯状平均を差し引いた値(Enomoto et al., 2003 による)．

変化という観点からは，夏に極大を迎える太平洋高気圧の成因を整合的に説明できない．

上述のハドレー循環と太平洋高気圧の矛盾した関係は，様々な後続研究を生み出した．その一つに，北東太平洋に存在する冷たい海水と，北米大陸との熱的なコントラストに原因を求める考え方がある(e.g., Miyasaka and Nakamura, 2005)．一方，Hoskins らのグループによるモデル実験では，地形に起因したインドモンスーンやメキシカンモンスーンに伴う非断熱加熱がプラネタリー波を励起し，結果として太平洋高気圧が強化されるという結論を得ている．両者の主張は相反するようにも思えるが，非断熱加熱(太平洋上の場合は冷却)を論じている点が共通している．このような背景の中，筆者のグループでは，正と負の非断熱加熱分布(Q_1)が，太平洋高気圧の強弱にどのように関与しているのかを「熱源格子強制実験」を行うことによって調べた．図3.3.13 に盛夏期の太平洋高気圧の強化に寄与する非断熱加熱(Q_1)分布を示す．濃い陰影は，正の Q_1 が太実線で囲まれた領域の高気圧性循環を強化する程度を表す．薄い陰影はその反対の作用を示すが，正の Q_1 が太平洋高気圧を

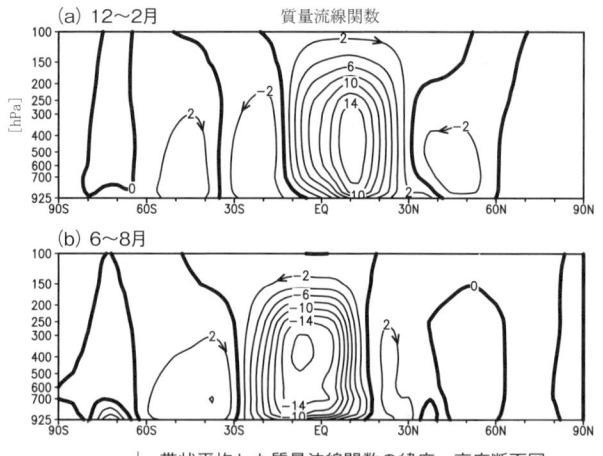

(a) 12〜2月　質量流線関数

(b) 6〜8月

図3.3.12　帯状平均した質量流線関数の緯度・高度断面図
(a)北半球冬期，(b)北半球夏期，単位は $10^9\,\mathrm{kg\,s^{-1}}$.

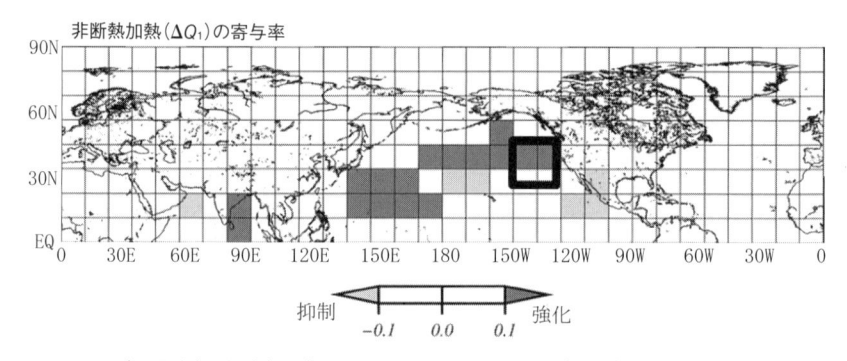

非断熱加熱(ΔQ_1)の寄与率

抑制　　　　強化
-0.1　0.0　0.1

図3.3.13　夏季太平洋高気圧(150°W-130°W, 25°N-50°N；太実線)の強化における各グリッドでの非断熱加熱の寄与度
実験設定：(1) 6月から7月にかけての北太平洋高気圧中心域の変化指数を $NPHI=\Delta\psi_{850}$(150°W-130°W, 25°N-50°N)と定義する．(2)個々のグリッドに $200\,\mathrm{W\,m^{-2}}$ の Q_1 を線形傾圧モデルに与えて大気の応答を全256グリッドで計算する．(3) 6月から7月にかけての Q_1 の変化量(ΔQ_1)を $11.25°\times 11.25°$ のグリッド値として算出しておく．(4) $\Delta NPHI$ の変化に対する ΔQ_1 の寄与度は，$NPHI \times (\Delta Q_1/200)$ に基づいて算出．

弱めるというのではなく，負の Q_1(例えば冷たい海水上で放射冷却が卓越している場合)が，太平洋高気圧の強化を引き起こすと解釈する方が自然である．得られた結果は，先行研究を概ね支持しているが，西部北太平洋上での正の

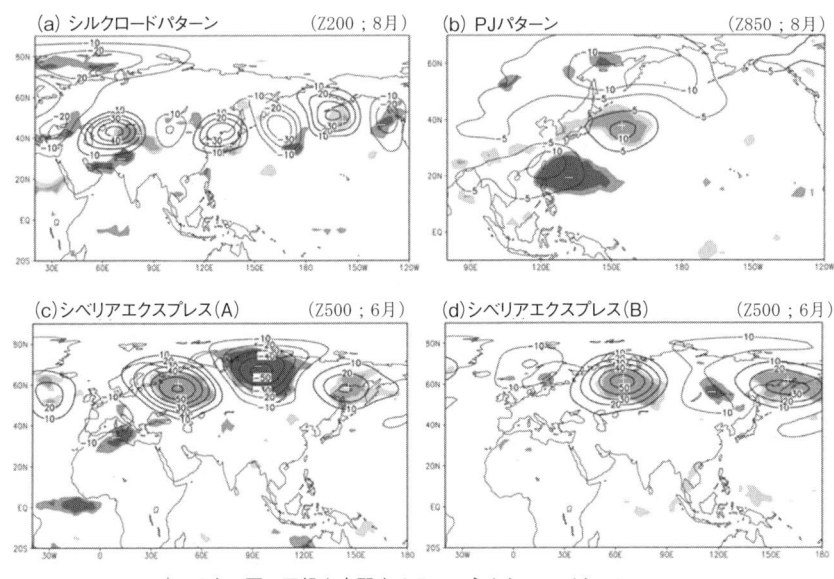

図3.3.14 日本の夏の天候を支配するテレコネクションパターン
上段は8月，下段は6月．等値線はジオポテンシャル高度偏差，陰影はOLR(対流活動)偏差を示す．Wakabayashi and Kawamura(2004)のカラー図版をグレースケールに変換(陰影の符号は白抜きの＋，－で表す)．

Q_1 の寄与が特徴的であり，図3.2.4(b)，(c)に見られる「西部北太平洋モンスーン」の効果が検出されているとも言える．

小笠原高気圧は盛夏期の日本付近の天候における重要な支配因子である．その成因と変動機構は，定常ロスビー波の伝播と密接に関係している．新田が発見した熱帯からの定常ロスビー波列(PJパターン)は，対流活動が活発な年において明瞭に見られること，さらには最大で一か月程度持続することなどから，年々変動の議論に有効とされている．しかしながら，西太平洋と日本の間では，定常ロスビー波の伝播条件である西風が背景風として存在しない場合があるため，季節変化の説明には適していないという指摘もある．このような問題に対して，榎本は中高緯度の偏西風域(アジアジェット)で定常ロスビー波が東方へ伝播し，偏西風が弱まる日本付近で砕波が生じることで，小笠原高気圧の強化が引き起こされる，というプロセスを明らかにした．この定常ロスビー波の励起源は西アジアにあり，ちょうどシルクロード上を伝播していることか

ら，シルクロードパターン(Silkroad pattern)とも呼ばれている．これらのテレコネクションパターンは統計解析によっても明瞭に検出できる．その代表的な研究として，川村らグループによる研究を図3.3.14に示す．

盛夏期である8月には，シルクロードパターン((a)図)，PJパターン((b)図)が明瞭に検出されている．6月のテレコネクションパターンは，高緯度地域における東西方向の波列が特徴的であり，(c)，(d)図に見られるどちらのパターンにおいても，オホーツク海上での偏差が明瞭である．オホーツク海高気圧は梅雨前線の維持において重要な要素であるが，その成因と変動については不明な点も多く，今後の研究が期待されている．

3.3.3　日本の冬季積雪変動

冬季の日本付近の対流圏下層は，図3.1.3上図で示したように，シベリア高気圧から吹き出す寒冷な北西モンスーン気流によって特徴付けられる．この季節風は，ユーラシア大陸上では乾燥しているが，日本海上を吹送する際に，海面から熱と水蒸気の補給を受けて気団変質(air mass modification)を引き起こす．この空気塊が日本列島の脊梁山脈を越える際に，風上斜面上で強制上昇流に伴って降雪がもたらされる．この概念は，日本海側における降雪過程の一般的な解釈であるが，豪雪を含む年々変動を議論する際には，ほかの要素を考慮する必要がある．その一つとして低気圧活動があげられる．

図3.3.15は，日本海側の豪雪が平野で見られた場合を「里雪型」，山岳域で顕著な場合を「山雪型」と定義し，その時の気圧偏差を合成解析したものである．山雪型の時は，気圧の谷の中心が，東北から北海道東岸沖に見られる．日本海はその後面に位置しているため，寒気が流入することにより，海上では逆転層が形成されるとともに，強い対流不安定層が発現する．とりわけ山岳域で豪雪が引き起こされる山雪型の場合には，爆弾低気圧(explosive low)と呼ばれる急速に発達する低気圧(図3.3.16参照)の寄与が大きい．

一方，里雪型の場合には，低気圧の中心が日本海上にあり，しばしば切離低気圧(cut-off low)となって停滞する．この時は冬型の気圧配置が緩む傾向にあるため，山岳域での降雪は少ないが，日本海側の平野部では豪雪になる場合が多い．図3.3.17(a)は，日本海側の気象官署で観測された積雪が平年に比べて多

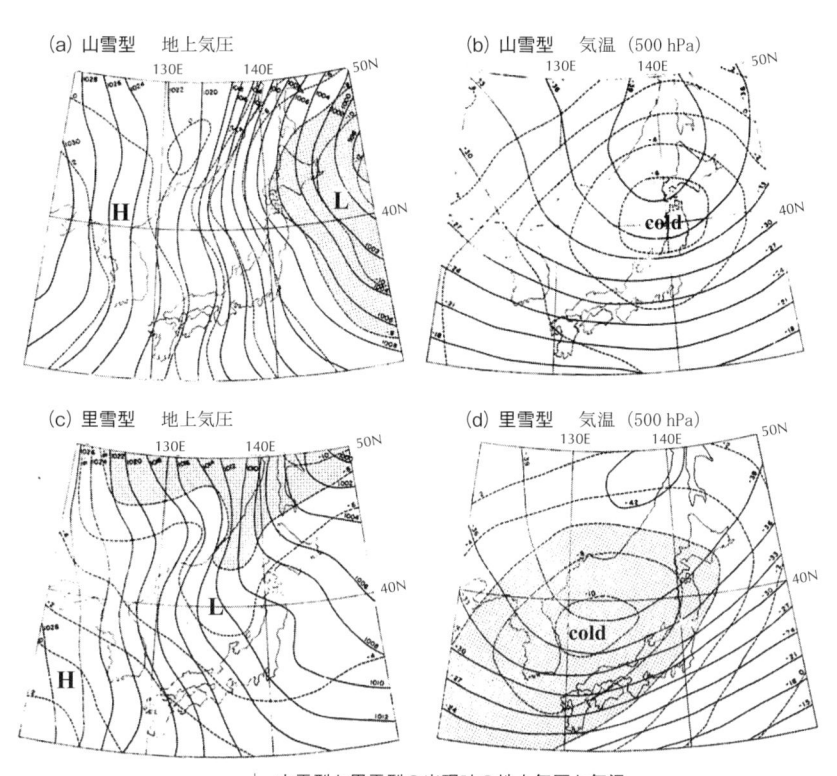

3.3.3　snowfall variation in Japan

(a) 山雪型　地上気圧

(b) 山雪型　気温（500 hPa）

(c) 里雪型　地上気圧

(d) 里雪型　気温（500 hPa）

図3.3.15　山雪型と里雪型の出現時の地上気圧と気温
破線は平年からの偏差を示す（藤田，1966による）．

爆弾低気圧

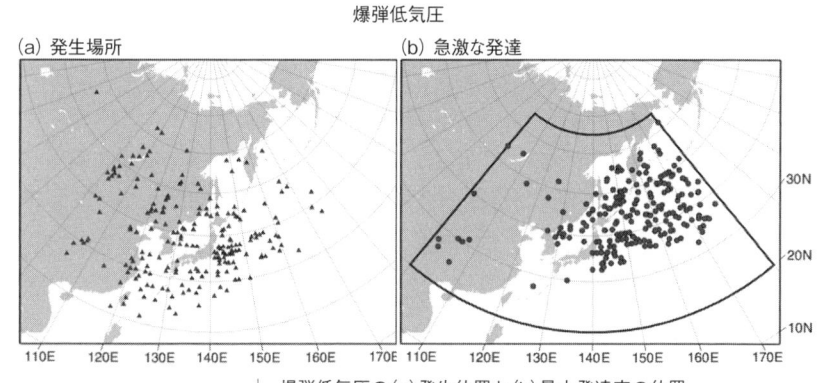

(a) 発生場所

(b) 急激な発達

図3.3.16　爆弾低気圧の(a)発生位置と(b)最大発達率の位置
Yoshida and Asuma(2004)による．

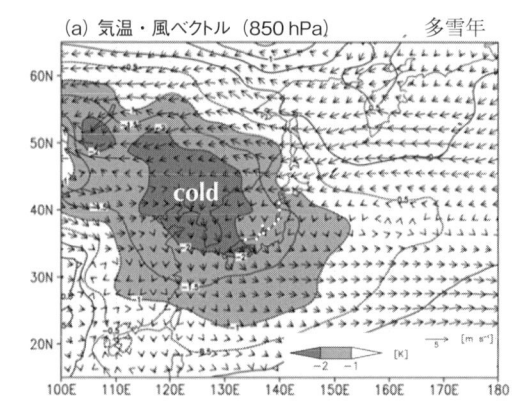

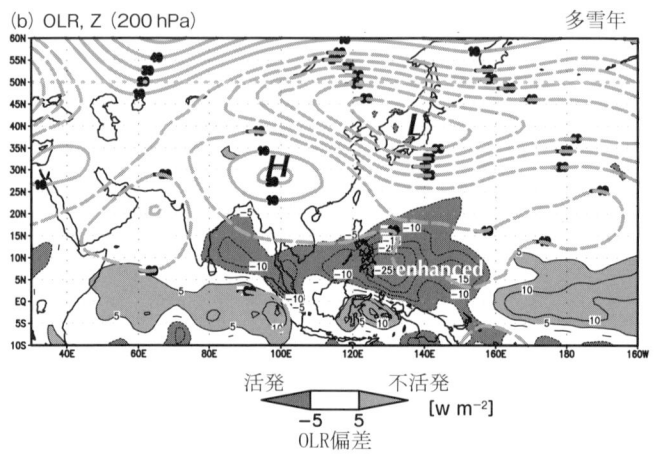

図 3.3.17　日本海側の多雪年の冬季（12〜2月）における(a) 850 hPa 気温（陰影）と風ベクトル偏差，(b) OLR（陰影）と 200 hPa ジオポテンシャル高度偏差

かった年の 850 hPa の風ベクトルおよび気温の合成偏差を示す．北西モンスーン季節風の強化が明瞭ではなく，日本海西部から大陸にかけての低温偏差が顕著であるという偏差パターンは，先に示した図 3.3.15(c)(d) の里雪型と非常によく似ている．この結果は，解析の起点とした日本海側での気象官署が，平野部に立地していることとも整合的である．

　日本周辺の低温偏差と広域の冬季モンスーンとの関係は，前述の図 3.3.5(a) が参考になる．夏季インドモンスーンが強い年は，その前の季節にあたる春季のインド洋から西太平洋にかけての活発な対流活動と，それに伴う中央アジア

を中心とした高気圧性の偏差が顕著である．Kawamura(1998)によれば，日本周辺に出現する低気圧性の偏差は，このアジア大陸上の正の高度偏差(高気圧性偏差)を励起源として引き起こされた定常ロスビー波が，北東方向に伝播した結果とされる．この関係を確認するために，日本海側平野部における多雪年の冬季 OLR および 200 hPa 高度場の合成偏差を，図 3.3.17(b)に示す．

　図 3.3.5(a)と同じように，インド洋から西太平洋にかけての対流活発化が顕著であり，大気のロスビー応答を介して中国南部での高圧偏差が生成されている．日本付近の低気圧性の偏差は，中国南部の高気圧性偏差に起因していると考えるのが妥当である．以上の解析結果は，ラ・ニーニャ現象が生じている冬は，日本付近が低気圧性の偏差に覆われ，総観規模擾乱の発達を介して，降雪量の増加が引き起こされるという熱帯からの影響を示すものであるが，冬季の降雪変動においては，北大西洋振動(NAO)/北極振動(AO)など，中高緯度における定常波の寄与も指摘されており，双方の視点から複合的に研究が進展している．

3.4　様々な時間スケールの変動

3.4.1　温暖化予測

　2007 年に発行された IPCC 第四次評価報告書(IPCC-AR4)では「地球全体が温暖化していることに疑問の余地はなく，またその理由については，人為起源の温室効果ガスの寄与が極めて高い」という結論に至っている．前者は観測データを拠り所にしており，概ね受け入れられているが，温暖化予測については，数値実験が唯一の根拠資料となるため，その信頼性の向上に向けて気候・海洋力学の研究者は日夜研鑽を重ねている．温暖化予測に用いられるシミュレーションとは，大気や海洋の流れ，および熱力学を記述する物理方程式に基づいて計算する気候モデル実験を指す．このところ，いわゆる「温暖化懐疑論」が増えているようにも見えるが(詳しくは松野ほか，2007；江守，2008；本項ミニコラム参照)，この章では最新の気候モデルを用いた温室効果ガスの漸増実

験の結果とその物理的な解釈に紙面を割くことにする.

(a) 夏季モンスーン

世界の八つの気候モデルでシミュレートされた,温暖化に伴う広域アジアの降水量と下層風の変化予測を図3.4.1(a)に示す.日降水量 0.5 mm 以上の増加域(陰影部)は,北インド洋から西太平洋の海洋上で見られ,南アジアからチベット高原の東部にかけての大陸上においても増加傾向にある.また日本付近の降水量も増えることが予測されている.興味深いことに,下層のモンスーン気流は東風偏差となっており,夏の気候学的な西風モンスーン気流の弱化,す

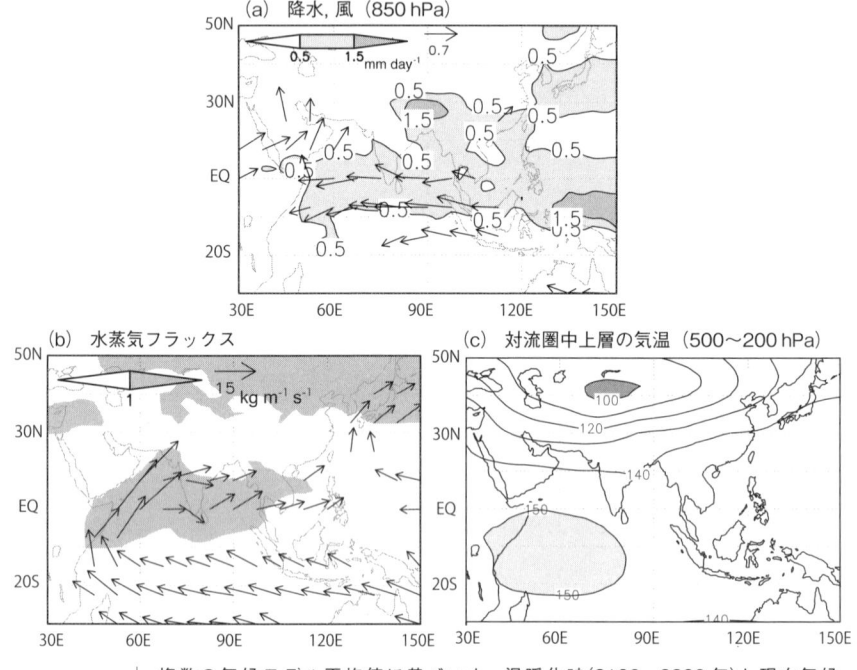

図3.4.1　複数の気候モデル平均値に基づいた,温暖化時(2100～2200年)と現在気候(1981～2000年)との差分量
(a)夏の降水量と対流圏下層(850 hPa)の風ベクトル.陰影は日平均降水量が 0.5 mm 以上増加している領域,(b)ベクトルは鉛直積分した水蒸気フラックス[$kg\ m^{-1}\ s^{-1}$],陰影は統計的に有意な領域,(c)対流圏中上層の平均温度(500～200 hPa の層厚[m]).熱帯域の上昇域(薄い陰影:150 m 以上)はアジア大陸上(濃い陰影:100 m 以下)よりも大きくなっている(Ueda et al., 2006 による).

3.4.1　projection of global warming

なわち循環強度の低下が見られる.

　上述の「風と降水のパラドックス」を解く鍵は，水蒸気輸送と温度コントラストにある．海洋上では海の温暖化に伴って蒸発が盛んになり，対流圏の下層では大気がより湿潤になる．このため，温暖化時の水蒸気フラックス(Appendix-4, p.215参照)の偏差を見ると(図3.4.1(b))，風速の減少に対して水蒸気量の増大が打ち勝つことで，インド洋からアジア大陸に向かう水蒸気輸送が増大し，結果として降水量の増加が引き起こされている．一方，対流圏の中上層の夏期平均気温は，全ての領域で上昇しているが(図3.4.1(c))，赤道付近の昇温量はアジア大陸よりも大きくなっている．夏のアジアモンスーン循環は南低北高の温度コントラストによって駆動されているので，温暖化時に見られる南高北低の昇温偏差は，駆動力の減少を介した下層の西風モンスーン気流の弱化と矛盾しない．このように温暖化に伴って，夏季アジアモンスーン降水量は増加するが，熱帯域での昇温が顕著なことにより，大気循環は反対に弱まると予測されている.

(b) 盛夏期に至る季節変化と梅雨前線

　夏のアジアモンスーンの季節変化は，インドシナ半島域における5月中旬の広域モンスーンの開始(the first transition : FT)に始まり，6月中旬の西部北太平洋モンスーンの極大，引き続く7月中旬の対流ジャンプ(convection jump)のように，対流活発域が移動しながら季節推移とともに段階的に発現する(3.2節参照)．これら一連の季節進行は，温暖化時にどのように変調するのであろうか．この問題は水資源管理という実利的な側面のほかに，モンスーンを規定する素過程を理解する上でも重要である.

　複数の気候モデルに基づくアジア域での雨期の将来予測では，インドシナ半島周辺でのFTが遅くなる一方で，揚子江流域での雨期の終了が早まる傾向にあることが指摘されている(図3.4.2 ; Kitoh and Uchiyama, 2006)．さらには台湾から日本付近にかけては雨期の終了が遅くなる予測結果も多数報告されている．本書では，FTおよび梅雨明けの遅延を，温暖化に伴う大気と海洋の大局的な変化と関連付けることで，個々の現象の要因を物理的に考察する.

　図3.4.3は，FTに伴う西風モンスーン気流の東方への拡大時期が，温暖化

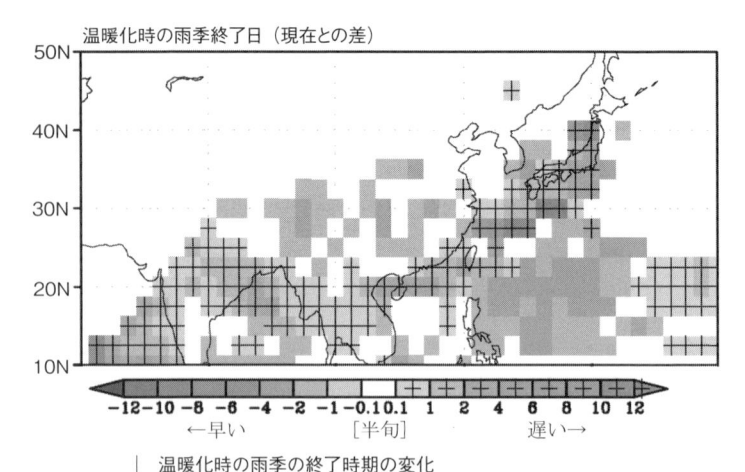

温暖化時の雨季終了日（現在との差）

| 図3.4.2 | 温暖化時の雨季の終了時期の変化
正の値（＋）は現在に比べて遅れることを示す．値は半旬（5日）単位．
Kitoh and Uchiyama（2006）のカラー図版をグレースケールに変更． |

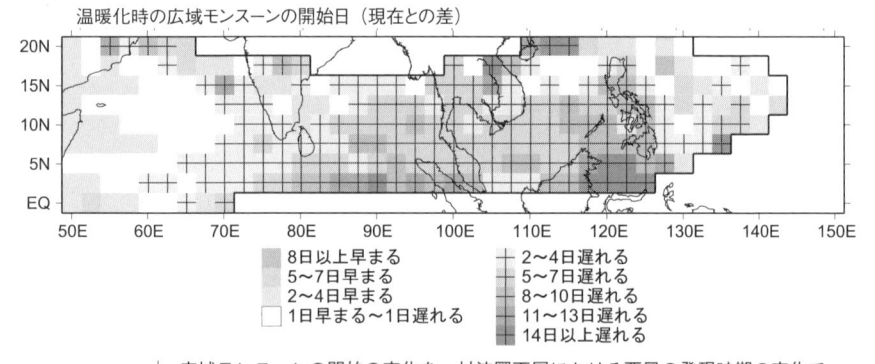

温暖化時の広域モンスーンの開始日（現在との差）

| 図3.4.3 | 広域モンスーンの開始の変化を，対流圏下層における西風の発現時期の変化で見たもの．正の値（＋）は現在に比べて西風の発現が遅れることを示す．19個の気候モデルの重み付けアンサンブル平均値（Inoue and Ueda, 2011による）． |

によってどのように変化するのかを示したものである．ベンガル湾から南シナ海にかけて見られる陰影（＋付き）は，温暖化するとFTの発現が遅くなることを示している．図3.4.1(c)で述べたように，アジア大陸上の対流圏中・上層における昇温量は，熱帯に比べて相対的に小さい．この議論は夏季平均値に基づいているが，季節変化に視点を移せば，季節的な昇温の遅れがFTの遅延を引き起こしているとも解釈できる．このように，モンスーンの開始は全体に遅

くなる傾向にあるが，雨季の終了は単純ではない．

　日本の梅雨明けは，図3.4.2に示したように，温暖化すると現在に比べて10日ほど遅くなるという予測結果が出ている．一方，西太平洋上では，ITCZの消滅が早まる傾向にある．このような複雑な関係を理解するには，(i)梅雨前線の維持機構や，(ii)温暖化時のグローバルスケールの大気海洋循環に立ち戻って考える必要がある．

(i) 梅雨前線

　一般に「前線」とは，異なる気団の境界面として定義されたものである．この考え方に基づくと，梅雨前線はオホーツク海高気圧を形成する冷たいオホーツク海気団と，太平洋高気圧を特徴付ける海洋性亜熱帯気団との界面に形成される停滞前線と捉えられる．気象学の黎明期において，オホーツク海高気圧から吹き寄せる冷涼な北東気流に重きがおかれていたのは，そのような歴史的な背景によるものと言える．実際には図3.4.4(a)に示すように，南北の温度傾度は対流圏の中層には見られるが，地上に解析されている前線とは対応していない．つまり，梅雨前線は一般的な「前線」の概念では説明できない．それで

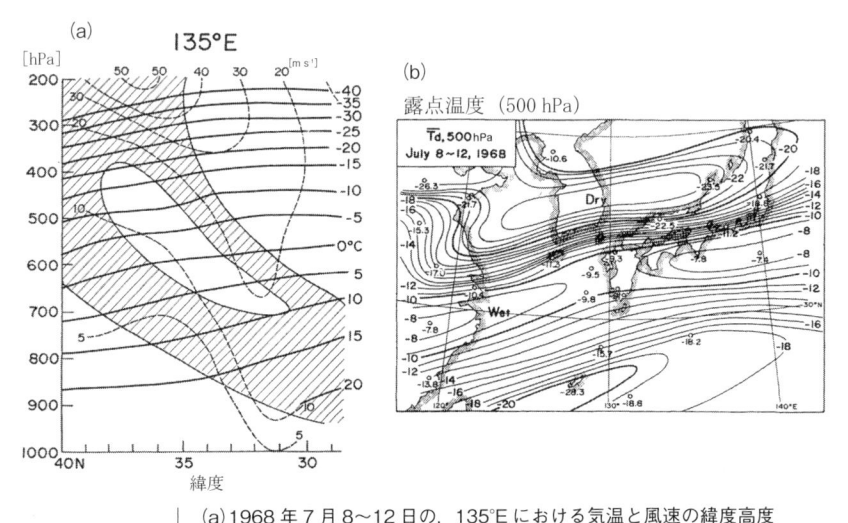

図3.4.4　(a)1968年7月8～12日の，135°Eにおける気温と風速の緯度高度断面図．実線は等温線，破線は等風速線を示す．陰影は水平の温度勾配が大きい領域を表す，(b)同じ期間における500 hPaの露点温度の水平分布(Matsumoto et al., 1970 による)．

は，何が梅雨前線を規定しているのであろうか．その鍵は，環境場と前線に内在する対流フィードバックにある．前者にいち早く注目した村上多喜雄(Murakami, 1959)は，梅雨前期にはインドからの南西モンスーン気流が，後期には太平洋高気圧の西端をめぐる南東風が水蒸気輸送の主役をなしていることを示した．湿舌と呼ばれる水蒸気コンベアの重要性は，現代では客観解析データを用いて描画すれば一目瞭然であるが，戦後間もない頃に，梅雨前線を規定する環境場について，高層観測資料に基づいて明らかにしていたことに畏敬の念を抱かずにはいられない．図3.4.4(b)は松本・吉住・竹内によって描かれた露点温度の水平分布を示したものである．気温とは異なり，梅雨前線の北側の乾燥帯と南側の湿舌との明瞭な勾配が見られる．つまり，梅雨前線は温度の水平勾配ではなく，水蒸気の傾度によって特徴付けられる．

　村上の研究から50年が経った今日では，数多くの観測的研究やメソスケールの数値実験が行われるようになり，梅雨前線の研究は大きく進展したようにも思える．しかしながら，梅雨前線がなぜ季節変化の中で位相を固定して日本付近に出現するのか，といった本質的な問いに対しては，研究者の間でも認識が異なっている．本項の課題である「温暖化に伴う梅雨前線の変調」を議論するということは，環境場の変化に伴う内部フィードバックの変容を扱うことに等しい．

　このような視点に立脚し，三瓶・謝(Sampe and Xie, 2010)は，大循環論的な視点と梅雨前線の熱力学的な過程に注目した論文を発表した．彼らの概念モデルでは(図3.4.5)チベット高原上で加熱された暖気が，対流圏の中上層に卓越する偏西風によって中国南部に輸送されることを出発点としている．中国大陸上に流入した暖湿な空気は，太陽加熱を受けて降水を伴う対流活動へと発達する．ひとたび対流活動が活発化すると，対流活発域に向かって暖かく湿った南西気流が吹き込むので擾乱はさらに活発化する．この正のフィードバックは総観規模擾乱の時間スケール(数日から1週間)で生じるが，それらを平均化すると，気候学的に見られる中国大陸上のメイユ(Meiyu)前線として認識できるのである．中国南東部での5月から見られる対流活発化は，中国南東部から日本にかけての低気圧性の循環を強化する．その結果，気候学的なモンスーン南西気流と相まって，暖湿な空気が日本付近へ大量に供給される．彼らの主張の

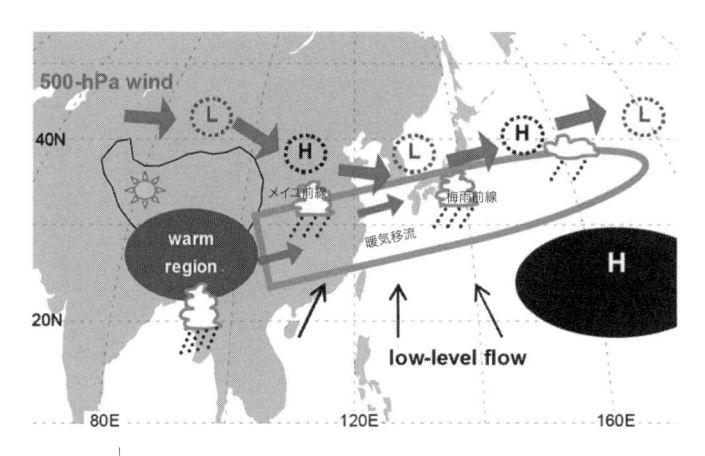

図 3.4.5 メイユ・梅雨前線を規定する環境場(Sampe and Xie, 2010による)

大きな特徴は，メイユ・梅雨前線の形成におけるチベット高原の重要性を指摘していること，また梅雨前線に先行して出現するメイユ前線との関係を，熱源応答に伴う暖気移流に着目して論じた点にある．

なお，梅雨前線の形成においては，アジアモンスーンの影響がそれほど大きくないとする数値実験や(Yoshikane et al., 2001)，日本付近への水蒸気輸送における西部北太平洋モンスーンの寄与に着目する研究など(図3.2.12(f))，様々な考え方が提出されているが，未だ統一的な理解には至っていない．梅雨前線の形成要因の探求が「古くて新しい課題」であるという理由がここにある．

(ii) 海面水温の変化

温暖化に伴う地上気温の予測は多数の書物に掲載されているが，海面水温の変化については，ほとんど論じられていない．この理由の一つに，大気海洋結合モデルの不確実性があげられていたが，近年になって海面水温の空間的な変化パターンを整合的に説明する学説が注目を集めている．図3.4.6は，21世紀後半の海面水温の温暖化予測結果を示したものである．太平洋に着目すると，水温上昇は北半球の亜熱帯域(10°N-30°N)で顕著であるが，南太平洋の南東域では水温の上昇が相対的に小さい．Xie et al.(2010)は蒸発量，湿度，海面水温の間の関係から，亜熱帯域で水温の上昇幅が大きい理由を簡潔に説明し

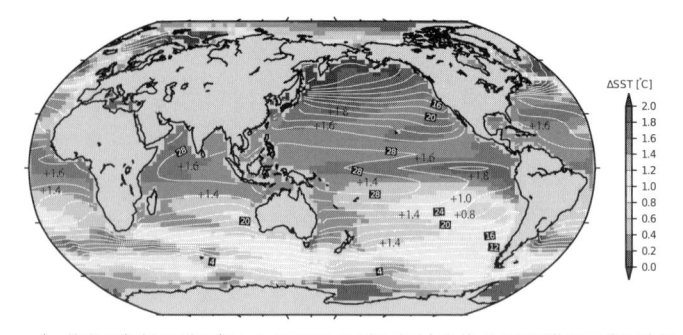

図 3.4.6　複数の気候モデル(24 の CMIP5 モデル出力)に基づく温暖化時の海面水温　現在(1971〜2000 年)に対する将来(2071〜2100 年)の変化量．二酸化炭素濃度は代表濃度経路シナリオ 4.5(RCP4.5)に基づく．陰影は将来と現在の差分量，等値線は現在の海面水温を示す．(カラー図版は口絵 C 参照)(Ogata et al. 2014 による)

ている．

　気候学的には，太平洋上の亜熱帯域では強い偏東風が卓越しているため，海面での蒸発冷却によって海面水温は低く抑えられている．2.2.1 項で取り上げた(2.2.1)式の海面摩擦係数は，風が強くなるほど大きくなるので，蒸発冷却フィードバックは，強風域ほど顕著になる．一般に温暖化すると，熱帯域では降水量が増加するため，対流圏の上層では凝結熱加熱によって気温が上昇し，大気の安定度が強化されることで，鉛直循環が弱化するとされている(図 3.4.1(c)参照)．Xie et al.(2010)は，このハドレー循環の弱体化に伴う偏東風域でのスカラー風速の減少が，蒸発冷却作用の低下を介して，北半球亜熱帯域での海面水温を暖める方向に作用することを見出した(図 3.4.6)．

　このような海面水温の温暖化パターンは，アジア・西部北太平洋モンスーンにどのような影響を与えるのであろうか．ここから先は推論であるが，現在よりも暖かい西部北太平洋の海面水温は，亜熱帯域(10°N-20°N)の季節変化を早める方向に作用するほかに，降水活発域の東偏をもたらすのではないだろうか．図 3.4.6 に見られる中部から東部太平洋での昇温パターンは，エル・ニーニョ型の変動ともみなせるので，既存の気候海洋力学のダイナミクスの考え方を適用できるかもしれない．CJ 現象の温暖化による変調など，今後の研究が期待されるところである．

3.4.1 projection of global warming

(c) 冬季モンスーン

　北半球の冬における降水量の温暖化予測については，前述の夏季アジアモンスーンと同じように，複数の気候モデルのアンサンブル平均値が IPCC レポートに掲載されている(図 3.4.7 参照)．夏の予測(補足図 3.2, p. 105)と比較すると，降水量の増加は，北半球の高緯度やアフリカ大陸のソマリア半島付近で顕著である．一方，ベンガル湾から日本の南方海上にかけての降水量は，減少傾向にある．本書では，比較的理解が進んでいる(章末注 7 参照)冬季モンスーンの影響下に位置する，アジア・太平洋域での降水量の減少に注目する．

　図 3.4.8(a) は高解像度の大気海洋結合モデル(格子点は約 100 km 間隔)で予測された冬季降水量の変動予測を示したものである(Kimoto et al., 2005)．降水量の減少は，日本に近い日本海上と 30°N–35°N の太平洋上で顕著で，シグナルは統計的にも有意である．この結果を直ちに降雪量の減少と結び付けるのは性急ではあるが，循環場の変化と合わせて見ると，日本付近の降水(降雪)活動の低下が「確からしい」と言える．図 3.4.8(b) は，海面気圧の将来予測を複数の気候モデルを平均して求めたものである．アリューシャン低気圧の中心は気候学的には 50°N，170°E 付近に存在しているが，温暖化時には偏西風ジェット軸の北上に起因して低気圧の中心も北側にシフトすると予測されている．

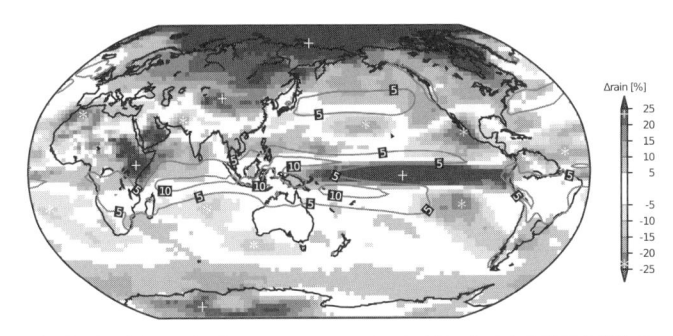

図 3.4.7　複数の気候モデル(24 の CMIP5 モデル出力)に基づく北半球冬期(12, 1, 2 月)の降水量変動予測
現在(1971〜2000 年)に対する将来(2071〜2100 年)の変化率．二酸化炭素濃度は代表濃度経路シナリオ 4.5(RCP4.5)に基づく．(カラー図版は口絵 B(b)参照)(Ogata et al. 2014 による)

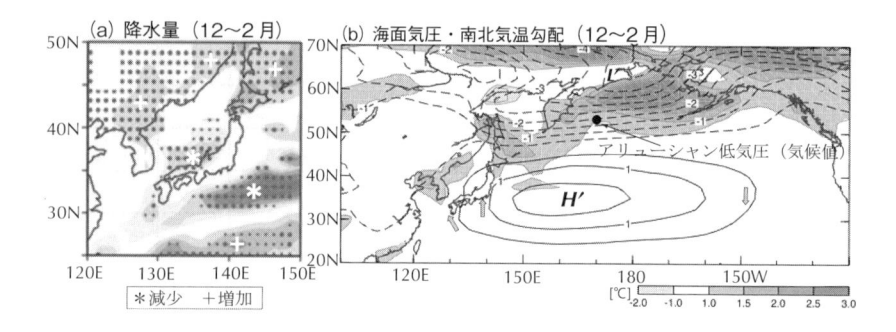

図3.4.8 (a)温暖化時の冬季降水量偏差(Kimoto et al., 2005による). 小さ(大き)いドットは有意水準5(1)％で統計的に有意であることを示す. オリジナルはカラーのため, 増加と減少をそれぞれ「＋」「＊」で表記している. (b)複数の気候モデルを平均した温暖化時の海面気圧偏差(等値線)と南北の気温勾配(陰影). 気候学的なアリューシャン低気圧の中心を黒丸で示す(Hori and Ueda, 2006による).

　日本付近に見られる高気圧性の偏差は, 冬季北西モンスーン気流の弱化を意味しているが, シベリア高気圧の弱化が顕著でないことから, ラージスケールの北西モンスーン気流の吹き出しが, 全体的に弱まっていると判断するのは早計であろう. なお, このような高気圧性の偏差は, 年々変動における少雪年と似ている点が興味深い(図3.3.17参照). つまり, 日本付近の冬季降水量の減少は, 冬季アジアモンスーンの変動というよりも, アリューシャン低気圧や偏西風の変動に関係して, 日本付近で発達・移動する総観規模の擾乱が弱くなることと関係しているのかもしれない. 領域気候モデルを用いたより詳細な温暖化予測など, さらなる研究が期待されている所以である.

　本項の最後に, 冬季モンスーンの季節進行の変調について, 最新の研究(Nishii et al., 2009)を紹介する. 気候学的には,「春一番」に代表される春季の低気圧活動の活発化は, 西高東低の冬型の気圧配置が弛んで季節風が弱体化するタイミングで生じる. 図3.4.9(a)は, 850 hPa面での南北方向の渦熱フラックスの季節推移について, 春一番が通常よりも早く発現した年(実線)と遅い年(破線)に分けてプロットしたものである. 渦熱フラックスが正の値をとるということは, 低気圧活動に伴う北向きの熱輸送が生じていることを示している. 二つの時系列の比較から, 春一番が早く生じた年は, 前年の晩秋から冬にかけて低気圧活動が活発な傾向にあることが読み取れる. より広域的な視点に

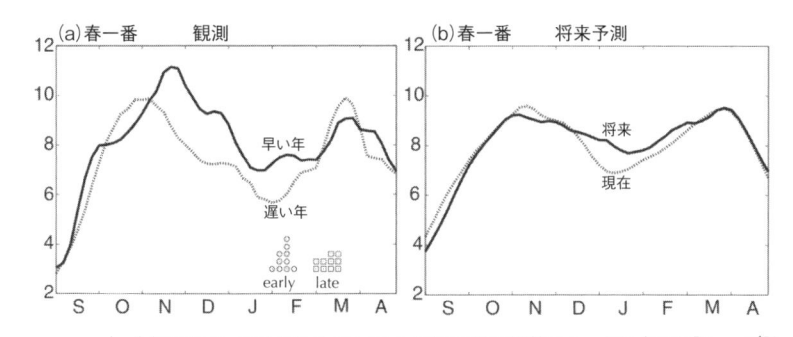

3.4.1 projection of global warming

図 3.4.9　(a) 850 hPa 面における 130°E–145°E 平均の渦熱フラックス($V'T'$ [K m s^{-1}]). 春一番の発現が早かった年と遅かった年をそれぞれ実線と破線で示す. (b) (a) と同様. ただし八つの気候モデルにおける温暖化時 (実線：2082〜2098 年) と現在気候再現実験 (破線：1982〜1998 年) の結果 (Nishii et al., 2009 による).

立つと，偏西風が通常よりも北側にシフトしているとも解釈できる．

上記の考え方を温暖化時に適用したのが，図 3.4.9(b) である．現在気候再現実験と比較すると，冬季の低気圧活動は活発になることから，春一番も早まると予測される．このように，日本付近の低気圧活動の活発化（冬季モンスーン終息の早まり）は，全球的な温暖化パターンの現れの一つとして理解できる．

温暖化に伴って偏西風ジェットの軸が北上し，その結果として低気圧活動が活発化する，というような空間解像度の詳細化は，全球気候モデルでは解像されない気象現象の将来予測において，有効な手段の一つである．現在では，温暖化に伴う広域循環の情報を，領域気候モデルに与えることによって，様々な気象現象の温暖化ダウンスケーリング研究が行われている．

mini COLUMN

IPCC レポートの歴史的経緯

　地球規模の気候環境問題には国境はない．とくに地球温暖化に関しては，国際的な協力体制の下に政策を講じる必要がある．そのためにはまず人類が気候変動における共通の認識を持つことが肝要であり，科学的な知

見をまとめる必要性が高まってきた．これらを背景として，1988年に気候変動に関する政府間パネル IPCC (intergovernmental panel on climate change) が，世界気象機関(WMO)と国連環境計画(UNEP)の共同で設立された．IPCCは科学の専門家だけではなく，各国の政府関係者で構成されている点が新しい．

IPCCの目的は，研究活動を行うのではなく，発表された研究成果に基づくアセスメントを行うことにある．また政策立案者への助言は行うが，政策そのものの提案は行わない．IPCCではテーマ別の作業部会が設立される．専門家は最新の研究成果を精査し，報告書の草稿を作成する．これらの草稿は多くの専門家により査読が行われ，ワークショップで十分に議論した上でIPCCレポートが作成される．

IPCCレポートは，およそ5年に一度作られることが決まっている．第一次レポートは1990年に提出された．この報告書では，「世界が温暖化しつつある」ことは示されていたが，温暖化が二酸化炭素などの温室効果ガスによって引き起こされているのか，それとも自然変動の一部なのかについては明言を避けていた．最初の報告書はあまりマスメディアに取り上げられず，温暖化研究の不確かさを持ち出した批判的な論調が強かった．またCO_2放出の削減は，石油に依存した近代文明の発展を妨げると捉えられ，政府規制は時期尚早だとする意見も根強く残っていた．しかし1992年にリオデジャネイロで開催された地球サミットではIPCCレポートが重要な役割を果たし，温室効果ガスの排出に関する義務的な制限値が決められた．

1995年に出された第二次レポートでは，「全球の気候変動において人間の影響が識別できた」ことが明言された．また「21世紀の半ば頃には，CO_2濃度の上昇によって，地球上の平均気温が1.5℃～4.5℃の範囲で上昇する」と予測されていた．これらの取組みは，1997年に京都で開催された国連気候変動枠組み条約第三回締約国会議(COP3)へとつながる．

温暖化の将来予測は，実際には大気海洋大循環モデルと呼ばれる気候モデルの計算結果に依存している．そのため，批判者は様々なモデルの不具

合を指摘し，温室効果ガスによる地球温暖化説を否定しようとした．しかし結果的には，世界各国の気候モデルの精度が向上することにつながり，現在気候の再現性を含め気候モデルの信頼性が高まっていった．そのような背景の中，第三次レポートは2001年に提出された．この報告書は，大きな確信を持って「過去50年間に観測された温度上昇の大部分は温室効果気体による可能性が高く，今後も前例のない速度で温暖化が進行する」と結論付けている．第三次評価報告書はオランダのハーグで2000年に開催されたCOP6に大きな影響を与えたと言われ，アメリカと周辺諸国との交渉は難航を極めた．このような中，2007年に提出された第四次評価報告書では「地球全体が温暖化している事実には疑問の余地がほとんどなく，20世紀後半の温暖化は人為起源の温室効果ガスの影響である可能性が極めて高い」と明記された．また同年の秋にIPCCがアル・ゴア元米国副大統領とともにノーベル平和賞を受賞したことも記憶に新しい．

3.4.2 古気候研究からのアプローチ

　気候モデルを用いた近未来の地球温暖化研究は，これまで科学が取り扱ってきた事象とは明らかに異なり，将来予測という不確実性と裏腹な関係にある．温暖化研究を正確に評価するには，21世紀の中後半になってから，それまでに観測されたデータと，現時点(21世紀初頭)での将来予測を検証するほかに手段はない．それでは我々はただ手をこまねいて，将来を待っていればよいのであろうか．「温故知新」という故事成語は「昔のことを良く知り，そこから新しい知識や道理を得ること」と解釈されているが，古気候研究はまさにこの考えを，気候変動研究にも当てはめたものと言える．

　図3.4.10に示す，氷床コアから復元された過去42万年の気候変動を見ると，約10万年周期で氷期・間氷期が繰り返し生じていることが読み取れる．興味深いことに，酸素の同位体から推定された全球気温の変化と，大気中の二酸化炭素やメタン濃度が，ほぼ同期して変動している．この時系列だけでは，温室効果ガスと気温の変動の因果関係を単純に議論できないが，少なくとも氷

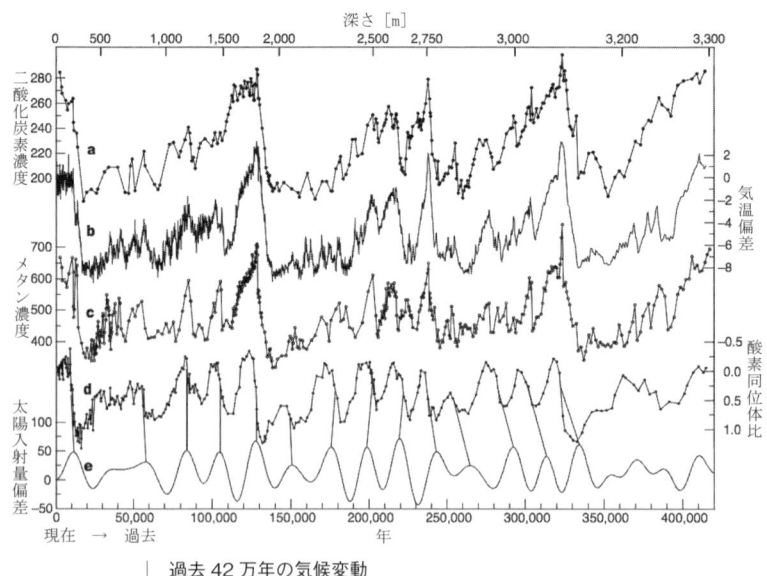

図3.4.10 過去42万年の気候変動
南極ボストーク氷床コアに記録された大気中の(a)二酸化炭素濃度[ppmv], (b)現在との気温偏差[℃], (c)メタン濃度[ppbv], (d)酸素同位体比[‰], (e)65°Nにおける夏至の日射量偏差[W m^{-2}] (Petit et al., Nature, 399, 429–436, ©1999による).

期・間氷期サイクルにおいて，温室効果ガスが気温の変化に密接に関与していたことはゆるぎのない事実である．

　気温の変動における気候要素間の正と負のフィードバック過程の中でも，とりわけ地球システムに内在する炭素循環は重要な鍵を握っている．現時点では，様々な物理過程を導入した地球気候システムモデルを，数百万年という時間スケールで積分することは，物理的(計算機資源的)に不可能なため，簡単な非線形項を取り入れた力学モデルを長期積分することによって定性的な説明がなされている．より定量的な議論をするためには，大気と海洋を結合させた気候モデルに，氷床力学モデルや炭素循環モデルなどを組み合わせて，古気候復元実験を行う必要がある．

　古気候研究の醍醐味は，異なる気候状態間の遷移過程にあるが，その前に気候モデルが過去の気候状態を精度よく再現できているか，古気候プロキシデータと照合しながら検証することが求められる．気候モデルを用いた気候復元に

おいては，タイムスライス実験と呼ばれる，温室効果ガスの濃度や地球軌道要素などの気候パラメーターを変化させて，ある特定の時代の気候を再現する手法が一般的である．本節では，PMIPと呼ばれる古気候モデリングに関する国際比較プロジェクトが設定した二つの時代(約2.1万年前の最終氷期最盛期と6千年前の完新世中期)に焦点を絞って紹介する．

図3.4.10の下段の時系列を見ると，地球に降り注ぐ太陽入射量と氷期・間氷期のサイクルが似たような振動をしていることに気付く．この日射量の変動は，大気上端の太陽放射のフラックス密度を指し，緯度と季節の関数で表現される(図3.4.11参照)．セルビアの気象学者Milankovitchは，地球軌道の変動による日射量の変化を計算し，北半球夏季の日射量の減少が，氷期と対応していることを1920年に見出し，1941年にはドイツ語で執筆した自著の中で「氷期・間氷期サイクルは地球の軌道要素の変動に伴うものである」という考えをまとめあげた．発表当時は，2度にわたる世界大戦が繰り広げられた時代と重なったこともあり，その成果はひっそりと埋もれていたが，没後10年以上が経った1969年に，英訳された本が出版されたのを機に，一躍脚光を浴びることになる．現在では彼の業績にちなんで，氷期・間氷期サイクルをミランコヴィッチサイクルと呼んだり，地球軌道要素の変動に伴う太陽入射量の変化を，ミランコヴィッチフォーシングと表現したりしている．

(a) 地球軌道要素と日射量変動

地球の軌道を正確に記述するには，ケプラーの軌道要素と呼ばれる六つの変数が必要になる．しかし，長期の日射量の変動を議論するだけならば，地球の自転と公転に関する三つの要素，すなわち(i)自転軸の傾きを表す角度(赤道傾角)，(ii)軌道の離心率，(iii)自転軸の方向を表す角(歳差角)を理解すればよい．赤道傾角は緯度による日射量のコントラストに影響を与える．一方，離心率と歳差角の相乗効果は，気候的歳差もしくは歳差指標と称され，季節のコントラストを変化させる．以下に順を追って説明する．

(i) 赤道傾角

地軸が公転面に垂直に立っている場合を考える(図3.4.11(a))．緯度θにおける太陽の南中高度は$90°-\theta$で算出され，この値は一年を通して固定されたま

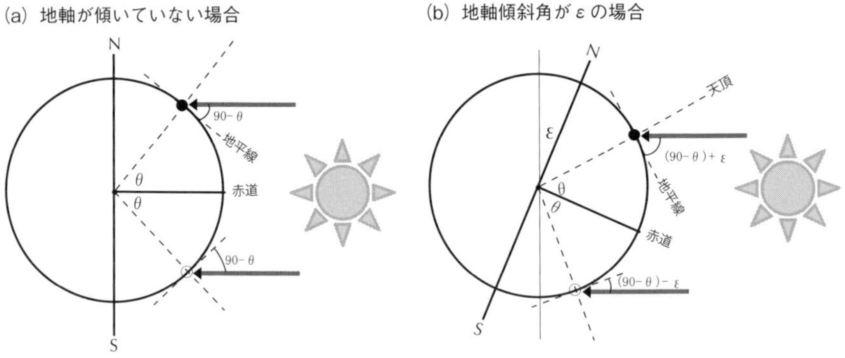

(a) 地軸が傾いていない場合　　(b) 地軸傾斜角が ε の場合

図 3.4.11　地軸の傾きの違いによる太陽入射量の違い
ε は地軸傾斜角, θ は緯度を表す. (a) 地軸の傾きがゼロの場合, 赤道が最も多くの日射を受け取り, 緯度 θ での日射量は $\sin\theta$ の関数で表される. 年間を通して日射量が一定なので, 季節の変化はなくなる. (b) 地軸が ε だけ傾くと, 夏半球の緯度 θ での太陽の南中高度は ε だけ高くなる. このため夏半球の日射量は増大する. 反対に冬半球の緯度 θ での太陽高度は ε だけ低くなるので, 冬半球の日射量は減少する. このように, 地軸が傾くことによって日射が分散して降り注ぐため, 緯度によるコントラストが小さくなる.

まとなる. 季節による太陽入射量の変動がゼロなので, 一年中ほぼ同じ気候が続き, 毎日の日の出・日の入りの時間も変化しない. 実際の地球は, 地軸の傾きが 22.1 度から 24.5 度の間を, 約 4.1 万年の周期で変動している. 地軸の傾きが大きくなると, 夏半球の高緯度における太陽高度が, 地軸傾斜角 ε の分だけ高くなることに加え, 日照時間も増加するため, 結果として日射量が増大する. 地球全体が受け取る日射の総量は一定なので, 冬半球の日射は, 夏の日射の超過分だけ小さくなる.

次に夏と冬の遷移を考える. 地球を中心にして太陽の動きを観察すると, 太陽は北回帰線 (23.4°N) から南回帰線 (23.4°S) の間を 1 年で往復しているように見える. 自転軸が公転面に垂直の場合には, 赤道が最も多くの日射を受けることになるが, 自転軸が傾くことによって, 低緯度地域に日射が分散して降り注ぐことになる. このように, 自転軸の傾きは, 季節変化を作り出すだけではなく, 赤道と高緯度の温度勾配を小さくする役割も担っている.

(ii) **離心率**

地球の公転軌道は円ではなく楕円形をなしている (図 3.4.12). 太陽から最

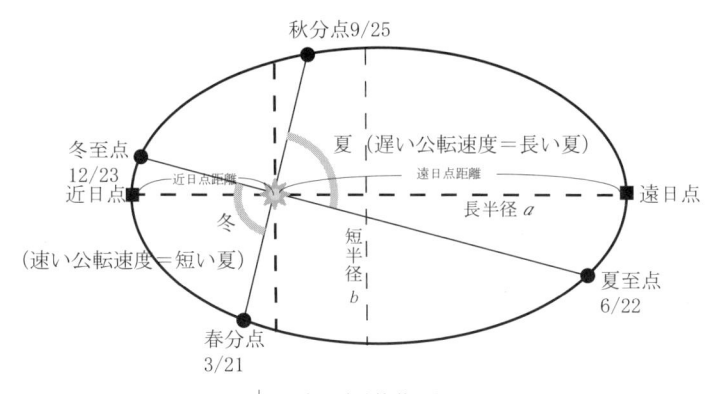

3.4.2 paleoclimate modeling

図3.4.12 現在の地球軌道要素
実線は公転軌道,黒丸は地球を表す.

も遠い点を「遠日点」,近い点を「近日点」と呼び,それぞれの太陽からの距離を,遠日点距離,近日点距離という.楕円の長半径と短半径の長さをそれぞれa, bとすれば,楕円軌道の形は離心率eの関数として,

$$e=\sqrt{\frac{a^2-b^2}{a^2}} \tag{3.4.1}$$

のように表される.公転軌道の平均半径は,離心率の変動に伴って,伸びたり縮んだりする.また,ケプラーの第二法則「太陽と惑星を結ぶ線分が単位時間に描く面積が一定」を適用すれば,近日点付近の公転速度は遠日点付近よりも速くなる.このような効果のため,年間を通して地球全体が受け取る太陽入射量は離心率の変化によって僅かながら変動する.

地球が太陽から受け取るエネルギーは,距離rの二乗に反比例する.現在の近日点距離と遠日点距離の比は,約1.035である.したがって,近日点では遠日点に比べて,約7%($1.035\times 1.035=1.071$)ほど多く太陽のエネルギーを受け取っている.このr^{-2}の年平均は,次式のように離心率の関数になっている.

$$\left[\frac{1}{r^2}\right]=\frac{1}{a^2\sqrt{1-e^2}} \tag{3.4.2}$$

実際にはeの値が1/100の桁に収まるため,年平均・全球平均の日射量が,離心率の変化に伴って増減する割合は,日射量全体の0.1%程度と極めて小さい.後で図3.4.16に示すように,離心率は10万年前後および約41万年の周

期で変化している．とりわけ氷期・間氷期サイクルの代表的な時間スケールが約10万年であることから，その変動要因を離心率の変化に帰着させる解釈も一部にはある．しかし，日射量の絶対値から考えれば，離心率の変化のみで，10万年スケールの気候変動を解釈するには無理がある．

(iii) 歳差

地球の自転軸は，約2.6万年と非常にゆっくりな周期ではあるが，コマのように円を描いて回転することが知られている．この運動は「みそすり運動」とか「すりこぎ運動」とも呼ばれることがある．天体力学では，春分点が公転軌道上を移動することから「動く春分点」ということもある．この効果は季節のコントラストに影響を与える．春分点の移動については，(1)地球の公転軌道を中心に見た場合，あるいは(2)宇宙空間のある面を基準として公転軌道の変動を表現する場合がある．本書では直感的に理解しやすい前者を中心に説明を行うが，後者，すなわち天体力学の一般的な概念である「ケプラーの軌道要素」についても補足しておく．

1) 図3.4.11では地球に届く太陽入射量を考察したが，今度は太陽を中心に地球の運動を考える．地球の自転軸に垂直な面を赤道面と定義する．太陽の方向（公転軌道面）は，北半球の夏には赤道面の上側にあるが，北半球の冬になると赤道面の下側に移動する．つまり春と秋には，太陽が赤道面を横切ることになる．太陽が南半球側から北半球側に移動するときの公転軌道上の地球の位置を「春分点」と呼び，その反対を「秋分点」という．昼夜の長さという観点では，北半球で最も昼の時間が長くなる日が「夏至」，その反対が「冬至」に相当する．「春分点」，「秋分点」では，昼と夜の時間が同じ(12時間)になる．

自転軸の方向が公転軌道に対して一定であれば，春分点は不変であるが，歳差運動によって赤道面も変化する．この様子を模式的に示したのが図3.4.13である．地球の公転軌道面(破線)を水平にとり，太陽から垂線SOを引く．この時の地軸の傾きはASOのなす角で表される．公転軌道面に垂直な面Eを描き，公転軌道と接する点(白丸)が，冬至点・夏至点である．地軸は歳差により，破線上を時計回りに移動するので，春分点もそれに応じて，基準面上を時計回りに動く．

図3.4.14に示すように，夏至点が近日点に近い時は，北半球の夏の暑さが

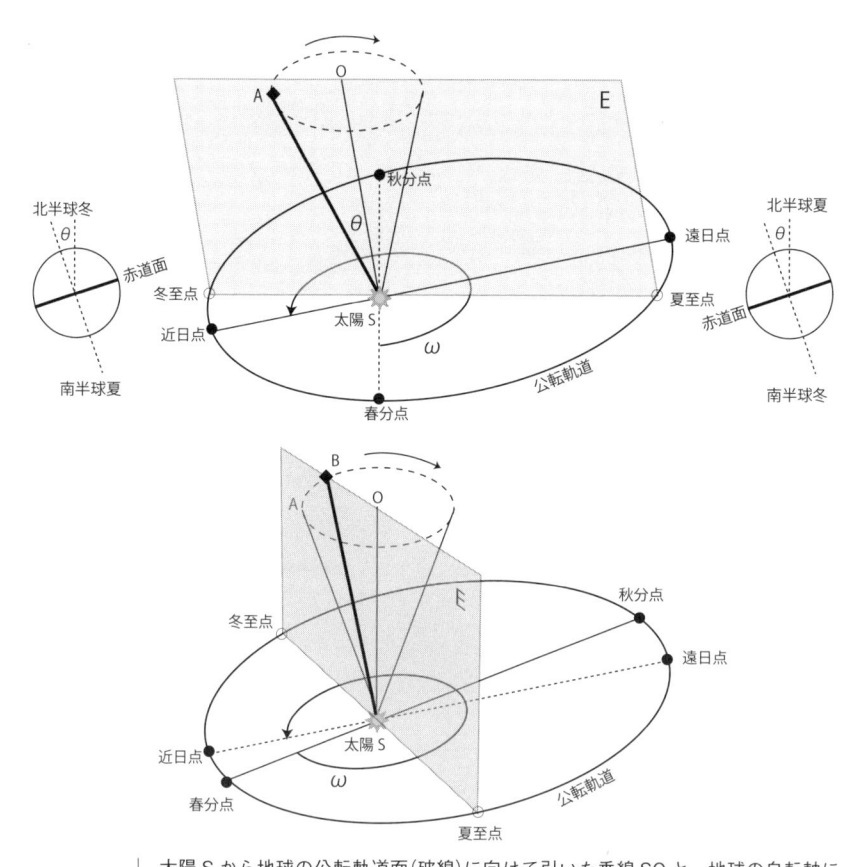

3.4.2 paleoclimate modeling

図 3.4.13　太陽 S から地球の公転軌道面(破線)に向けて引いた垂線 SO と，地球の自転軸に水平な線 SA とのなす角 ASO が自転軸の傾き θ である．軌道面に垂直な面 E と公転軌道が交わる点を冬至点・夏至点という．地軸は ASO を描くように歳差運動する(平，2007による)．下段は，歳差により時計回りに面 E が回転した場合の，冬至点・夏至点の変化(著者作成)

厳しくなるが，逆に冬至点が近日点に接近すると，北半球の冬の寒さは緩和される．この関係を数値で表す際には，近日点の位置を，春分点から公転方向回りの角度 ω (近日点引数)で示す．現在は ω の値が282度なので，図3.4.12のように，冬至点が近日点に近い状態である．すなわち現在の地球の夏と冬のコントラストは，2.6万年の周期の中では，比較的小さい時期に相当する．

2) ケプラーの軌道要素は，ある基準面の軌道から計測する決まりがある(図3.4.15参照)．まず軌道面が軌道傾斜角 I_1 だけ傾いている場合を考える．(a)

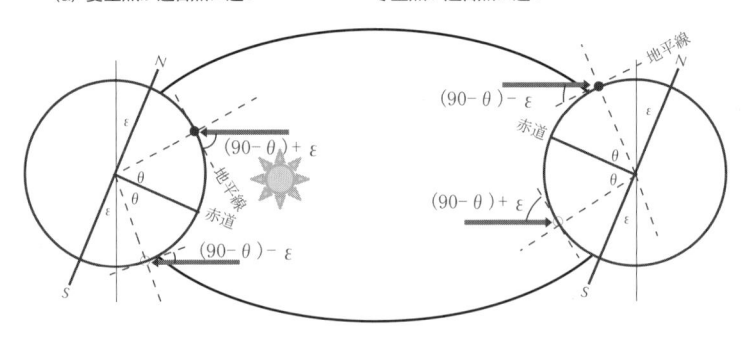

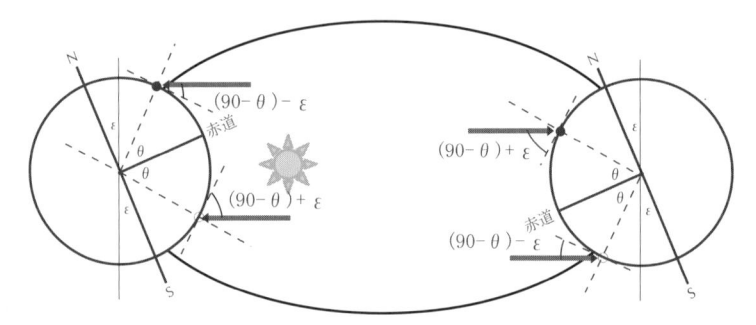

図3.4.14 (a)は北半球の夏が近日点に近い場合(暑い夏)と北半球の冬が遠日点に近い場合(寒い冬)、(b)は北半球の冬が近日点に近い場合(暖かい冬)と北半球の夏が遠日点に近い場合(涼しい夏)の、地球と太陽の位置と地軸の傾きとの関係

で考察した近日点経度は、昇交点経度 Ω_1 と近日点引数 ω_1 の和で表される。ここでの昇交点は、軌道が基準面を南側から北側に横切る位置であり、(a)における春分点と同じである。(a)では公転面を固定して、自転軸の傾きを見たが、ここでは逆に自転軸を固定した場合に、公転面が変化する状況を考える。図3.4.15(b)は、時計回りに運動する自転軸に伴って軌道面も同じように変化したときの状況を表したものである。視覚的にもわかるように、昇交点(春分点)が移動するため、近日点引数は ω_1 から ω_2 へと変化する。

このように、歳差による冬至点・夏至点の移動は ω の関数になるので、歳差に伴う日射量の変動は $sin\omega$ で表される。実際には、離心率の変化の影響も

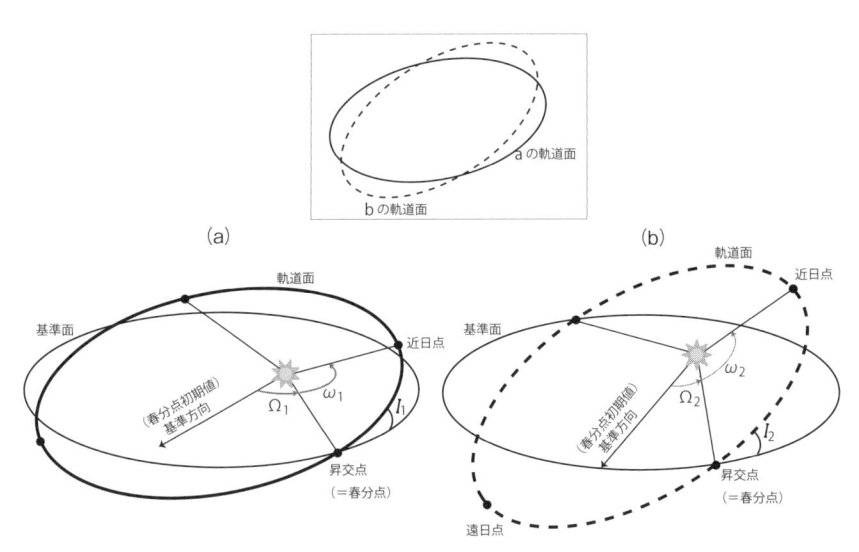

3.4.2 paleoclimate modeling

図3.4.15　ケプラーの軌道要素の概念図
基準面に対して公転軌道面が変化した場合の春分点の変化．昇交点とは公転軌道面が基準面を南から北へ横切る点を指し，春分点とも表現される．Ω は元期の春分点（基準方向）からの昇交点経度．ω は昇交点（春分点）からの角度で表される近日点引数．自転軸から見た場合，歳差により公転軌道面は回転するので，昇交点（春分点）も移動する．

受けているので，離心率 e と $\sin \omega$ を掛け合わせた値を「気候的歳差因子」と呼ぶ．

　伊藤・阿部(2007)は夏至の日平均日射量について，地軸傾斜角，離心率，気候的歳差の計算を行った．図3.4.16 は得られた時系列に対して周期解析をした結果である．地軸傾斜角の変化は 4.1 万年と 5.4 万年の周期を生み出すが，離心率は約 10 万年と 40 万年の周期を持って変化している．気候的歳差はこれらとは全く異なる 1.9 万年，2.3 万年の周期で変動している．以上の三つの変数を足し合わせた時系列を再びスペクトル解析したのが，(d)図である．振幅の大きな変動は，1.9 万年と 2.3 万年に集中している．つまり，日射量変動は主に気候的歳差によって引き起こされている．

　図3.4.10 で示したように，氷期・間氷期サイクルの代表的な時間スケールは約 10 万年であるが，日射量変動にはそのような周期現象が見られない．離心率の変化は約 10 万年であるので，しばしば離心率の変化が氷期・間氷期サ

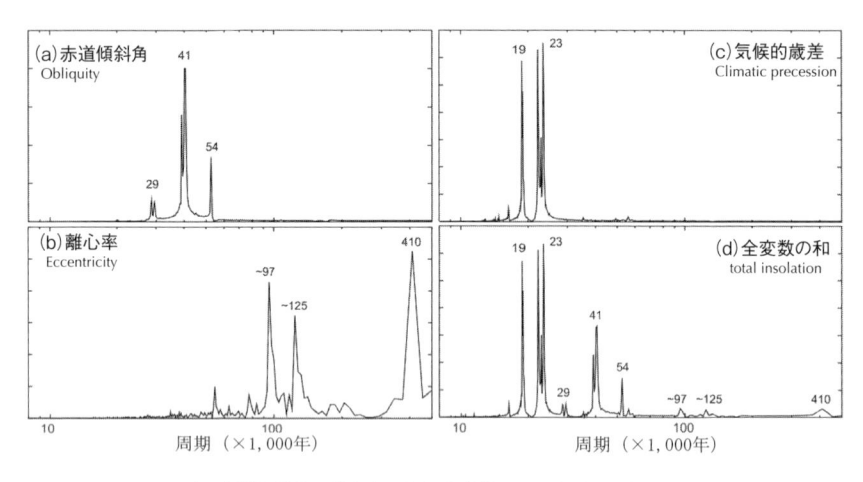

図3.4.16 　赤道傾斜角，離心率，気候的歳差による北緯65度における夏至の日平均日射量の卓越周期(伊藤・阿部, 2007による).

イクルの原因であるというような解釈も見られるが，(3.4.2)式からも自明のように，離心率のみの変化による日射量変動への影響は極めて小さい．つまり10万年周期を持つ氷期・間氷期サイクルの要因を日射量変動に求めるには論理の飛躍がある．地球気候システムに内在する大気・陸面・海洋間のフィードバックと日射量変動を結びつける斬新な研究が待たれている．

(b) 過去の温暖期と寒冷期

国際的なプロジェクトである古気候モデリング相互比較実験では，過去における温暖期と寒冷期の中でも古気候プロキシデータが比較的多く収集されている．6千年前(6 ka)の完新世中期と，2.1万年前(21 ka)の最終氷期最盛期(last glacial maximum：LGM)に焦点を当てて，大気海洋結合モデルを用いた気候再現実験が行われている．二つの時代の地球軌道要素と太陽入射量の緯度時間断面図を図3.4.17に示す．6千年前は，現在に比べて夏至点が近日点に近いので，北半球の夏季に日射量が多く，冬季に少なくなる．このため北半球の夏は現在に比べてより暑くなり，冬はより寒くなることが想像される．このような季節変化における振幅の増大は，図3.4.17(b)の右側に示す太陽入射量の緯度時間断面図においても確認できる．2.1万年前の最終氷期には，夏至点が近

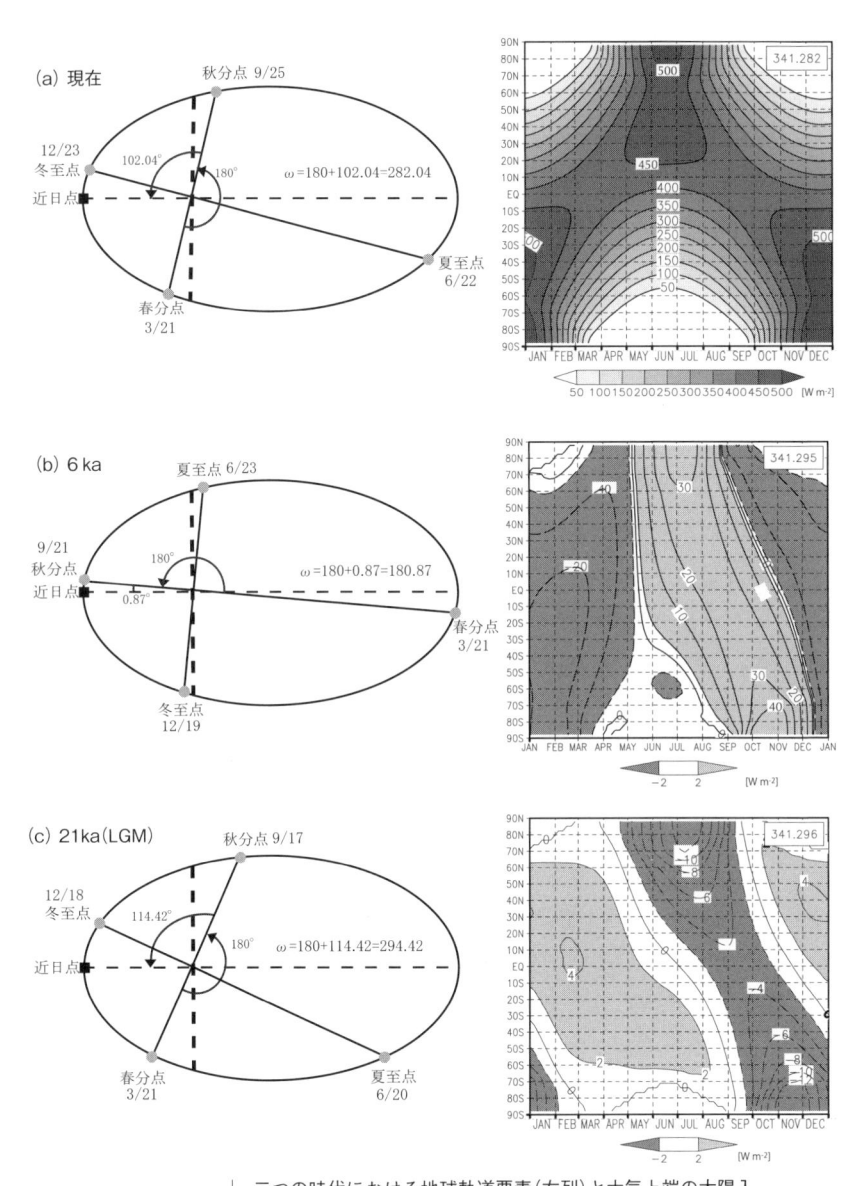

3.4.2 | paleoclimate modeling

図 3.4.17 | 三つの時代における地球軌道要素（左列）と大気上端の太陽入射量を帯状平均した緯度時間断面図（右列）．(b)と(c)は現在(a)からの偏差．

日点から遠くなるので，冬至点は近日点に近くなる．この影響で日射量は北半球の夏に減少し，冬には僅かながら増加する．

全球平均・年平均の太陽入射量は，現在 (0 ka) が 341.282 W m^{-2}，6 ka が 341.295 W m^{-2}，21 ka が 341.296 W m^{-2} となっている．つまり三つの時代における太陽入射量は，ほぼ同じ値である．それにもかかわらず，時代によって気温差が生じたのは何故であろうか．一般に，高緯度に存在する氷床の増減は，冬季の気温よりも融雪期である夏季の気温に大きく影響を受ける．最終氷期では，中高緯度における夏季の日射量の減少が気温低下を引き起こし，氷床の後退・融解が抑制されたため，アイス・アルベドフィードバックを介してさらなる気温低下が生じていたと考えられている．このように，太陽入射量の変動と気温との関係を論じる際には，季節変化という時間スケールで大気・陸面・海洋相互作用の変調を議論する必要がある．次に季節変化，すなわちモンスーンの変動について，各時代のシミュレーションの結果を紹介する．

図3.4.18は6千年前の地上気温を大気と海洋を結合させた気候モデルを用いて再現したものである．完新世中期は縄文海進 (補足3.7参照) が生じた時代でもあり，気候最適期 (ヒプシサーマル) と称されることがある．このような背景もあり，気温が高かったという記述が大半を占めているが，図3.4.18(a)に示すように，年平均気温は高緯度を除いて低くシミュレートされている．一方，インド北部からチベット高原南西部における，湖水データや花粉分析からは，モンスーンが現在よりも活発 (湿潤) であったことが指摘されている．夏の再現結果を見ると (図3.4.18(b))，35°Nを境界として，北側で正の温度，南側で負の偏差となっている．すなわち南低北高の温度偏差が，夏のモンスーンを強化する方向に作用し，結果として降水量の増大が引き起こされていたと解釈すれば，気候モデルとプロキシを整合的に説明できる．

図3.4.10の南極氷床コアの時系列データは，最後の氷期が今から約10万年前に始まって2万年前に極大になったことを示している．この時代を最終氷期と呼び，その中でも最も寒かった2.1万年前を最終氷期最盛期 (LGM) という．この時代は，北アメリカ大陸のほとんどがローレンタイド氷床に覆われていた．ヨーロッパの北部は，フェノスカンジア氷床と呼ばれる巨大な氷床が存在しており，シベリア平原の西部まで氷に覆われていたとされる．氷床の高さが

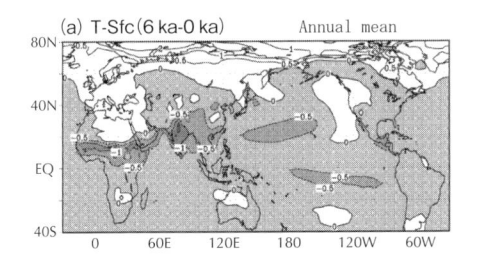

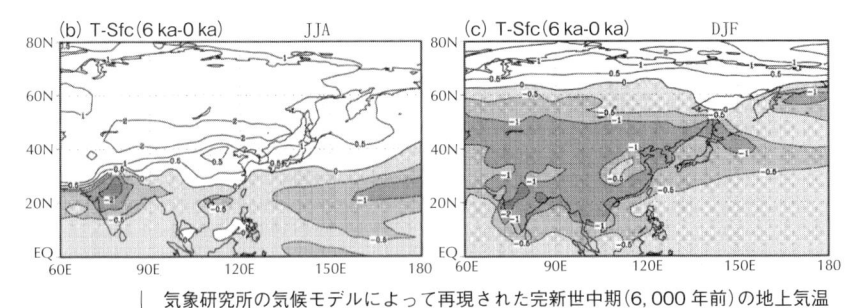

3.4.2 paleoclimate modeling

図3.4.18　気象研究所の気候モデルによって再現された完新世中期(6,000年前)の地上気温．(a)年平均値，(b)北半球夏期，(c)北半球冬期．大気海洋間のフラックス補正を施した実験結果．補正しない場合には，北太平洋において低温偏差が顕著となり，海氷が過剰に生成され，フラックス調整の影響が二次的である陸面での積雪量の増加を引き起こし，結果として全球平均気温は補正した場合に比べて低くなる．一連の大気・陸面・海洋相互作用の振る舞いを正しく表現するためには，プロキシデータの援用が重要となる(鬼頭, 2006による)．

2,000 m を超えていたという推定が事実であれば，現在の南極氷床に匹敵する氷床が大陸を覆っていたことになる．このような時代の気候はどうなっていたのであろうか．

図3.4.17(c)に見られるように，LGM の日射量は北半球の夏季に少なくなっているため，氷床は融解せずに越年氷として中高緯度の大気を冷却していたと考えられる．一方，絶対値は小さいものの，赤道以北の熱帯付近に降り注ぐ日射は，北半球の冬から春にかけて現在よりも多く，その大部分が海洋に吸収されていた．このような気候条件下でのモンスーンの季節変化を図3.4.19に示す．現在に比べて，盛夏期の降水量は減少している一方で，プレモンスーン期(4, 5月)の降水量は増加に転じている．温暖化時には，暖められた海洋からの蒸発が活発になるので，広域的にモンスーンに伴う雨が増加すると予測されているが，寒冷期の雨量の変化は温暖化の鏡像にはなっていない点が興味深

図3.4.19 10°N–20°N における降水量と850 hPa 風ベクトルの緯度時間断面図 (a)産業革命前(preindustrial : PI)の現在気候値，(b)LGM の PI からの偏差．(b)の偏差における薄い(濃い)陰影は降水量の増加(減少)を表す (Ueda et al., 2011 による)．

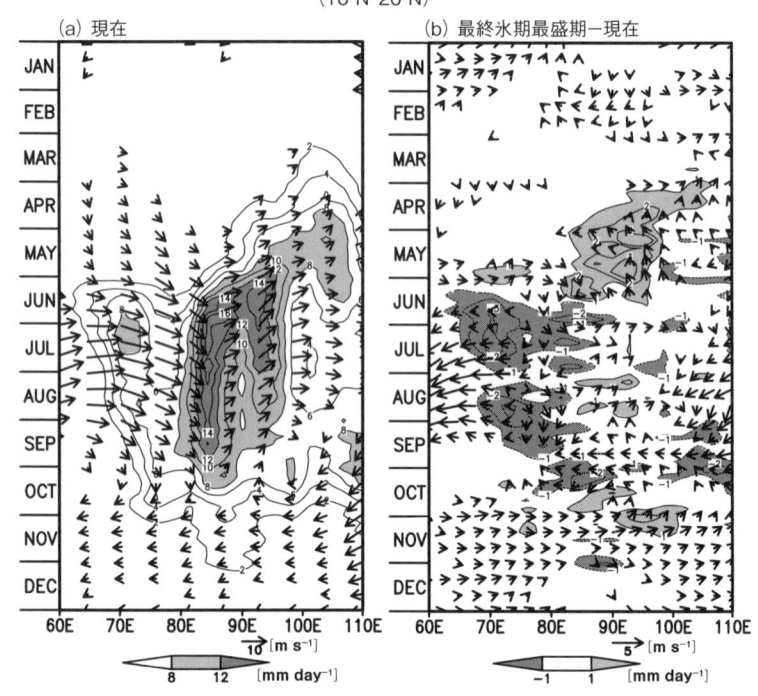

い．

このように，過去におけるモンスーンの研究は，季節サイクルの理解を深化させるだけではなく，季節サイクルの変調とプロキシデータとの比較を通して気候モデルに内在する物理過程を評価できるところに，モンスーン研究と古気候研究の接点を見出すことができる．

補足 3.6

古気候研究と温暖化研究の接点

3.4.1項で論じた温暖化に伴う夏季モンスーンの変動と，前述の最終氷期におけるモンスーンの変調を，南北温度勾配の観点から比較したものを補足図3.6に

3.4.2 paleoclimate modeling

(a) 温暖化時：南高北低の勾配（偏差）

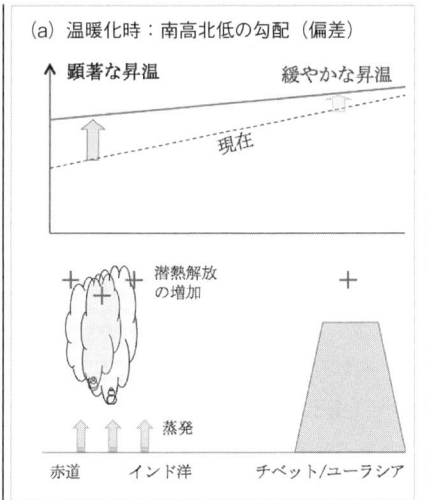

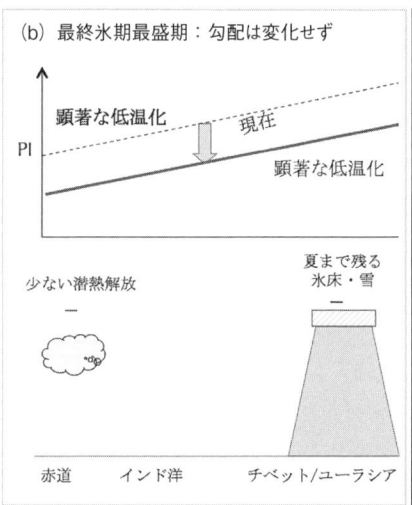

顕著な昇温　緩やかな昇温

現在

潜熱解放の増加

蒸発

赤道　インド洋　チベット/ユーラシア

(b) 最終氷期最盛期：勾配は変化せず

顕著な低温化　現在

PI

顕著な低温化

少ない潜熱解放

夏まで残る氷床・雪

赤道　インド洋　チベット/ユーラシア

補足図3.6　アジア・インド洋域における対流圏中上層の夏の温度勾配
(a)温暖化時，(b)寒冷期(最終氷期)．破線は現在の温度勾配を表す．

示す．夏のモンスーンは図3.2.9で説明したように，アジア大陸上の対流圏中・上層の気温がインド洋よりも相対的に高い「南低北高」の温度コントラストによって特徴付けられる(破線)．温暖化時は全球で気温が上昇するが，熱帯域では対流活動の活発化に伴う凝結熱加熱によって大気が暖められるため，現在とは反対の「南高北低」の気温勾配偏差になる（図3.4.1(c)参照）．この温度コントラストの弱化は，モンスーン循環の弱化とも整合的である(図3.4.1(a)参照)．一方，最終氷期のように寒冷化時には，熱帯の対流活動が弱まるので，温暖化とは反対に対流圏の中・上層の気温は低下する．興味深いことに，大陸上の気温も熱帯域とほぼ同じだけ低下する．この理由は，夏に融解せず残った雪や北半球高緯度の氷床が大気を冷却していることによる．つまり，最終氷期の温度勾配は現在とほとんど変わらない．それでは何故，寒冷化時のモンスーン循環と降水は弱化するのであろうか．この理由は，大気中の蒸気圧が温度の関数であるという「クラウジウス–クラペイロンの式(Clausius–Clapeyron equation)」で説明される．つまり温暖化時には，大気中に含み得る水蒸気量が増加するため，降水量は熱帯や水蒸気が収束するモンスーン地域で増加するが，寒冷化時にはその反対に減少するのである．このように，モンスーンの変動を議論する際には，温度コントラストを決定する熱帯の対流活動と，大陸上の陸面過程を同時に診断する必要があ

り，温暖化と寒冷化は単純に反対の関係にない点が重要である．

補足 3.7

縄文海進

　縄文時代は現在に比べて海岸線が内陸に入っており，海面水位も数 m 高かったという記録が日本の各地で報告されている．これまで，縄文時代の海水準の変動は，温暖な気候下で氷床が融けて海水量が増えたことが原因と考えられていたが，近年になって全く新たな概念が提案されている．Lambeck et al.(2002) によると，約 2.1 万年前の最終氷期最盛期から 7 千年前の完新世中期の間に，ローレンタイド氷床や南極氷床などの融解によって，海水準は 120〜130 m も上昇したとされる．融けた水は海洋に流れ込み，海洋底にはその分の圧力が加わることになる．海洋底はすぐには反応せず，数千年という長い時間スケールで沈み込み，陸地に流れ込んだマントルがゆっくりと陸地を押し上げる．つまり，縄文時代の海水準が現在に比べて高かったのは，縄文時代に海面が上がっていたのではなく，縄文時代から徐々に陸が隆起したことが原因であるという考え方で，ハイドロアイソスタシーと呼ばれている (横山，2007 参照)．

3.4.3　日変化

　対流活動の日変化というキーワードからは，日射量の日周期変動によって昼間に地表面が加熱されることにより，午後に大気の静的不安定度が増し，夕方から夜にかけて対流活動が活発化する，いわゆる「夕立」がイメージされる．しかし，熱帯モンスーン域では，必ずしもこのような陸面加熱に伴う静的安定度の変化だけでは説明できない，様々な日周期変動が存在している．

　Houze et al.(1981) は 1978 年の冬に実施された冬季モンスーン集中観測データ (winter monsoon experiment : WMONEX) に基づき，沿岸付近の降水システムを模式図にまとめた．図 3.4.20 は，ボルネオ島北岸付近に見られる日変化の様子を示したものである．海洋上の対流活動は，深夜に陸から沖合に向かって吹く陸風の先端付近において励起され，朝 8 時頃に極大になることが示されている (表紙写真参照)．この積雲対流活動は，太陽高度が最も高くなる昼

3.4.3　diurnal variation

頃には消失し，海陸風循環も反転している．Houze の模式図には，いくつかの問題も指摘されているが，そのことが後続研究を生む下地になったとも言える．例えば，同じ論文内に示されているゾンデの観測結果からは，根拠となる深夜の陸風が確認できない．また，陸風（南東風）と北東モンスーン気流は互いに直交しているので，水蒸気の収束と対流活発化を結び付けるには議論の飛躍がある．さらに季節風の向きが反転する夏における日変化の解釈など，海陸風

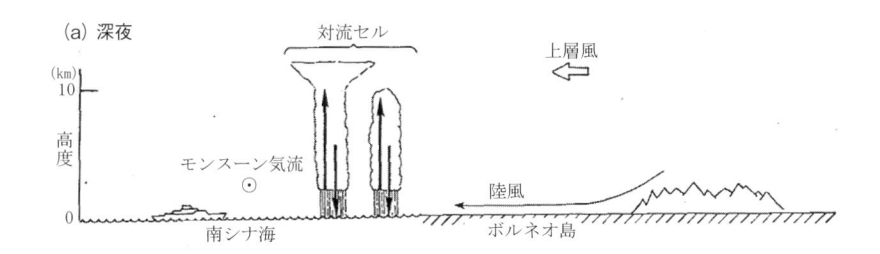

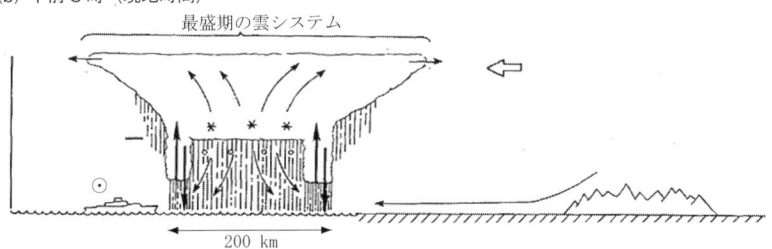

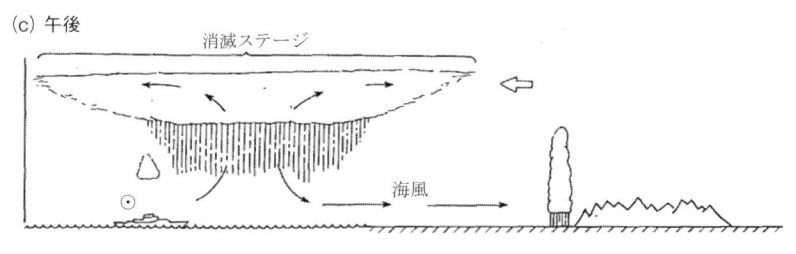

図3.4.20　ボルネオ島北西海岸沖での対流活動の日変化
一般風と海陸風の相互作用によって励起された積雲対流は朝方に最盛期を迎え，昼には消失する．横軸は海岸から沖に向かう北西−南東ラインを示す．⊙は冬季の北東モンスーン気流を表す（Houze et al., 1981 による）.

循環モデルに対する疑問が残されていた．以来，人工衛星や数値モデルを用いた研究が盛んに行われるようになる．

図3.4.21は，気象衛星ひまわりから得られた黒体放射輝度温度 T_{BB} に基づいて算出した日変化の位相と振幅を，それぞれベクトルの向きと長さで示したものである．ボルネオ島やインドシナ半島などの陸上では，午後遅く(19時頃)から夜半(23時)にかけて対流活動がピークに達していることが読み取れる．一方，島や陸地の周辺では，例えばA，Bで指し示す領域などでは，朝9時頃に対流活動が最も活発で，陸から離れた海洋上(open ocean)ではC地域のように昼過ぎ(〜14時)に対流活発化のピークが見られる．

上述のNitta and Sekine(1994)の解析では，3時間間隔のデータから第一調和成分を抽出している．この方法は，位相と振幅を一枚の地図に投影できるので，日周期における極大時刻とその大きさを，同時に議論できる点で優れている．一方，この手法は，極大が二つあった場合においても，1回のピークしか表現できないことに加え，極大となる位相がずれるという問題を含んでいる．それを端的に指摘したのが図3.4.22である．陸域における調和解析による対流活動の極大時刻は19時であるが，統計処理を施していないオリジナルデー

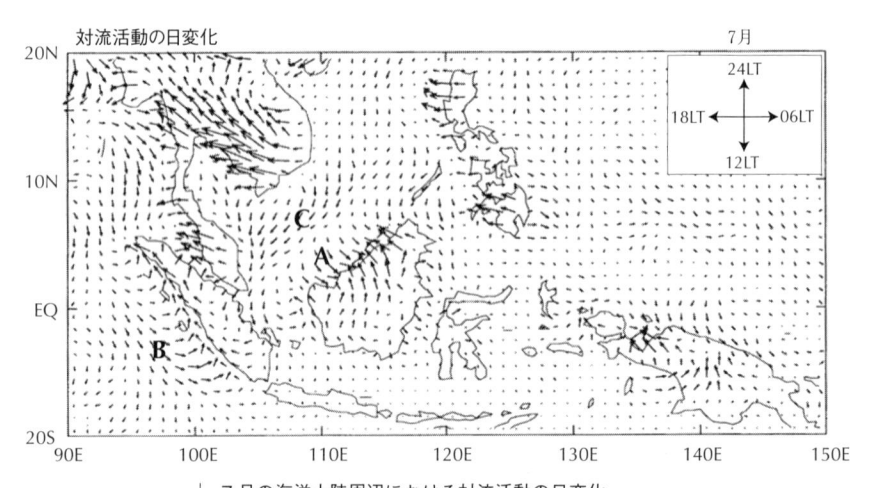

図3.4.21 ７月の海洋大陸周辺における対流活動の日変化
日変化の極大時刻と振幅を，それぞれベクトルの向きと長さで示す
(Nitta and Sekine, 1994による)．

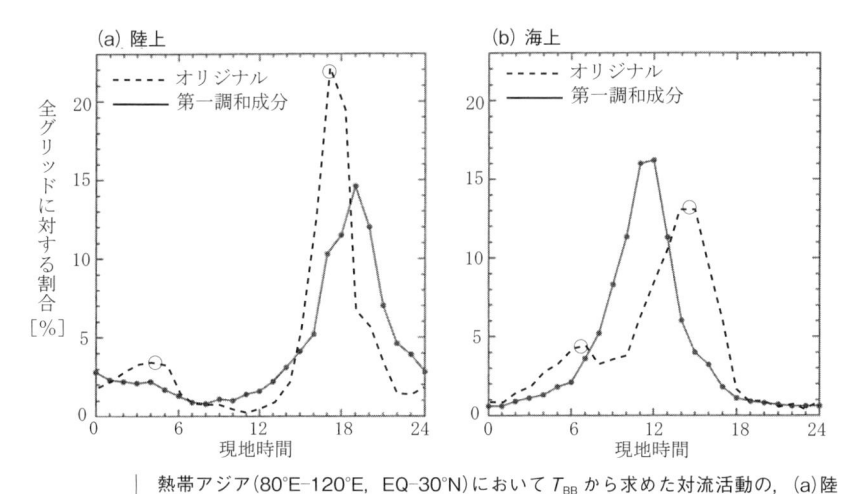

3.4.3 diurnal variation

図3.4.22 熱帯アジア(80°E–120°E, EQ–30°N)において T_{BB} から求めた対流活動の, (a)陸域と(b)海洋上での極大時刻の地点数
実線は第一調和成分, 破線はオリジナルデータを表す. オリジナルデータでは, ○で示すように陸・海ともに2回のピークが見られる(Ohsawa et al., 2001による).

タでは17時がピークとなっている. この位相のずれは, オリジナルデータに見られる早朝(～4時)の2番目のピークが影響していると考えられる. 海洋上でも同様の差異が見られる. オリジナルの時系列は14時に極大を迎えるのに対し, 調和解析を行った結果では, 12時が対流活動のピークとなっている. この理由は, 朝方(7時)に出現する2番目の極大に起因している.

日変化を引き起こす要因については様々な仮説が提案されている. Gray and Jacobson(1977)は, 夕方に発達した陸上の降水が夜半まで持続する原因を, 雲域と晴天域における放射冷却量の違いに求めている. その様子を図3.4.23(a)に模式的に示す. 雲の無い場所では, 放射冷却により気温が低下するが, すでに対流活動が活発化している領域では, 気温の低下が抑制される. このため, 暖かい領域に向かって風が吹き込むことで, 対流がさらに活発化する. この「雲域・晴天域間の放射差異」仮説は, 陸上において夜遅く(～23時)まで見られる対流活動の原因を解釈するには都合がよい.

一方, 海洋上においては, 日中に発達した対流活動に伴う上層雲が夜間にとどまることで, 雲頂付近の放射冷却が起こり, 大気が不安定化することで, 朝方に降水現象が再発生するという考え方も, Randall et al.(1991)によって提案

深夜・早朝極大仮説

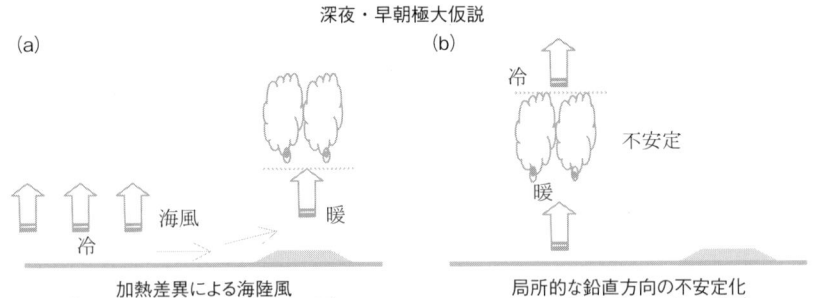

(a) 加熱差異による海陸風
(e.g., Gray and Jacobson, 1977)

(b) 局所的な鉛直方向の不安定化
(e.g., Randall et al., 1991)

図3.4.23　深夜から早朝に発達する対流システムを引き起こすメカニズム
(a)晴天・雲域間での放射冷却の違いによって駆動される海風が，陸上での下層収束と上層発散を強化し，対流活動が維持される(Gray and Jacobson, 1977による)．(b)海洋上に発達した雲頂付近の放射冷却と雲底での加熱差異に伴う大気成層の不安定化によって対流活動が維持される(Randall et al., 1991による)．原著論文の結果を筆者が解釈して模式図に集約．

対流活動の日変化

(a) 陸上
(b) 海上

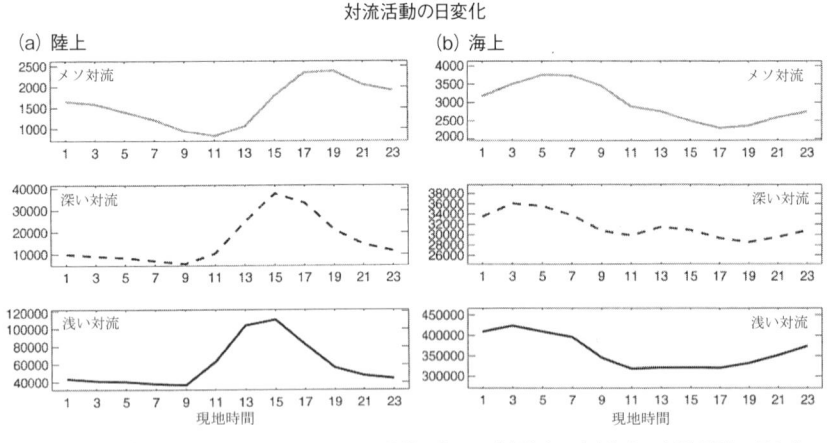

図3.4.24　TRMMによって検出された熱帯平均での(a)陸上，(b)海上の対流活動の日変化 上段からMCS(メソ対流)，深い対流，浅い対流(Nesbitte and Zipser, 2003による)．

されている(図3.4.23(b))．この「局所的な再発達メカニズム」は，気温低下による相対湿度の上昇が，降水量を3割ほど増加させる方向に働くとするSui et al.(1998)の数値実験の結果とも整合的であるが，放射冷却は昼夜とも同じように生じている点に留意する必要がある．

| 3.4.3 | diurnal variation |

　熱帯降雨観測衛星(TRMM)は静止気象衛星とは異なり，同じ場所でのサンプリング数が少ないので，個々の日変化を調べることはできないが，3年以上のデータがあれば，日変化を統計的に扱うことができる．Nesbitt and Zipser (2003)は，熱帯平均での浅い対流，深い対流，そして組織化したメソスケール対流(mesoscale convective system : MCS)の日変化について，陸地と海洋を区別して統計処理を行った．図3.4.24にその結果を集約して示す．陸上では，深い対流のピークが15時頃に現れているのに対し，MCSの活動は夕方から夜(17時〜19時)にピークを迎えている．これに対し，海洋上では早朝(3〜5

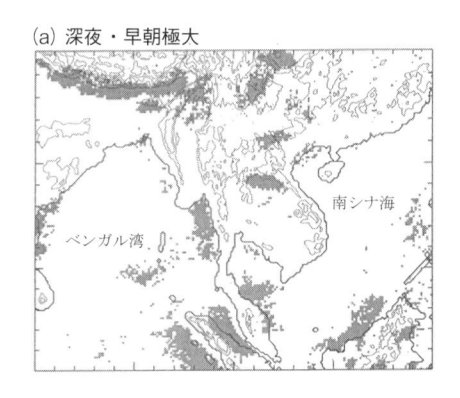

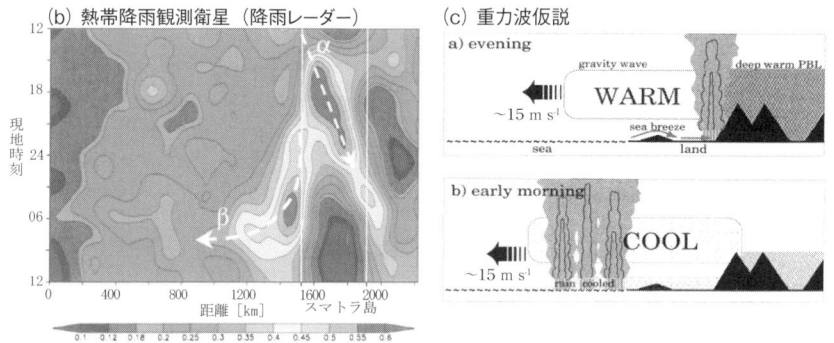

図3.4.25　(a)T_{BB}から得られた日変化における「深夜・早朝極大」型の分布(Ohsawa et al., 2001による)，(b)TRMM降水レーダーで計測したスマトラ島南西海岸沖の降水量の日変化．白抜きの実線で囲まれた領域がスマトラ島に相当する(Mori et al., 2004による)，(c)山岳上の混合層加熱/冷却域から射出される重力波(Mapes et al., 2003による)．

時)に対流性の雲が発達し，MCS の極大は約 2 時間後に見られる．

　TRMM で観測された海陸の両方に見られる対流雲と MCS の発達における時間差は，深い対流がアンビルを伴った対流システムへ変化しながら発達を続けている可能性を示唆している．しかしながら，熱帯平均のデータから日変化のメカニズムを論じることは，先に述べた調和解析における問題と同じように，実態とは異なる現象を論じている可能性を，頭の片隅に置いておきたい．

　近年，「深夜・早朝極大」型の分布が顕著に見られるスマトラ島周辺において，詳細な日変化の研究が行われている．Mori et al.(2004)はスマトラ島の南西海上において，深夜から早朝にかけて，降水システムが陸から海へ伝播していることを解析的に明らかにした．降水極大域の伝播スピードは，図 3.4.25(b)から概算すると，約 $23~\mathrm{m~s}^{-1}$(6 時間で 500 km)と見積もられる．この値は，Mapes et al.(2003)の数値実験によって示された重力波の位相速度とも合致している点が興味深い(図 3.4.25(c))．一方，マラッカ海峡では，周囲の陸地であるスマトラ島とマレー半島上での，夜間における降水過程の中で，雨滴の蒸発によって冷却された大気が，冷気流となって海洋上に流下し，海峡上でマレー半島からの冷気流と合流することで，海洋上の朝雨が引き起こされる，という仮説も提案されている(Fujita et al., 2010)．

　以上のように，日変化は複雑な様相を呈しており，そのメカニズムを単一の理論で説明することは難しいが，領域研究を積み重ね，その結果を理論研究と照合することで，骨格となるプロセスを見出すことが，日変化の全容の理解において重要であろう．モデル実験や人工衛星を用いた研究が主流となった今こそ，稠密な現地観測による検証が必要である．

第 3 章　注

1：熱帯域では，等価深度が 400 m のときには，赤道での影響が子午面方向に及ぶ水平スケールはおよそ 1,000 km 程度である．

2：乾燥域での下降流の実態は，モンスーン域に伴う補償下降流ではないという見方もある(榎本，2005)．チベット高気圧は，対流圏の中層以上での等温位面を引き下げ，この等

温位面に沿って亜熱帯ジェットが断熱的に下降する．下降流内では雲が無いため，放射冷却に伴う沈降流も加算される．これらの正のフィードバックが，中央アジアでの下降流の局在化を生み出す要因の一つという指摘もある．

3：鉛直速度 ω の推定

観測では直接 ω を計測することが難しいため，水平発散を鉛直積分することによって近似的に求めるのが一般的である．p 座標系での連続の式は，

$$\frac{\partial \omega}{\partial p} = -\left(\frac{\partial u}{\partial x} + \frac{\partial v}{\partial y}\right) = -\nabla \cdot \vec{v}(= -div\,\vec{v})$$

と書けるので，上式を p で積分するということは，

$$\omega = \omega_0 + \int_{p_0}^{p}(-\nabla \cdot \vec{v})dp$$

に相当する．ここで ω_0 は，下部境界である地形の凹凸に起因する地形性の上昇流を表す．大循環スケールの解析において，チベット高原のように強い地形性上昇流が無い場合には，近似的に $\omega_0 = 0$ が許される．なお，このような ω の推定法を「積み上げの ω」と称している．

4：非断熱加熱 Q_1 を「見かけの」加熱と呼ぶ理由は，温度 T，水平風 $V(u,v)$ のみから熱力学方程式を用いて領域での残差として求めていることによる．実際に Q_1 には凝結熱加熱や大気加熱のほかに，グリッドデータでは解像できない鉛直渦熱輸送が含まれている．

5：高原内部の水循環については，水蒸気のリサイクル率が注目されている．対流システムの日変化に伴ってヒマラヤ山脈を越えて水蒸気が高原内部に運ばれるとする研究もあり，より定量的な算定が今後の課題となっている．

6：$\langle Q_2 \rangle$ は降水量と蒸発量のバランスで表現されるので，5 日平均の $\langle Q_2 \rangle$ の値が同じあっても，僅かな降水で蒸発量が少ない場合もあれば，比較的多量の雨と活発な蒸発が混在している結果を見ていることもある．後者については，例えば熱帯における降水プロセスのように，間欠的な雨と引き続く強い日射による地表面加熱が，短時間間隔で繰り返し起こっているようなケースが考えられる．つまり Q_2 のみの情報から，大気加熱や積雲対流活動の強弱は議論できない．Q_1，Q_2 を比較すること，換言すれば Q_1，Q_2 をセットとして考えることが重要である．

7：IPCC レポート (2014) に掲載されている図は，既存の学術論文を引用することを原則にしているが，複数の温暖化予測結果が出揃ったのが 2013 年であったため，気候モデルの

解釈については部分的に今後の課題とした上で，補足図3.2や図3.4.7などのマルチモデルアンサンブル平均の結果が先行して報告されている．日本国内では，2007年(第4次評価報告)から全国の気候・海洋研究者が共同でプロジェクト研究を立ち上げ，モデルの再現性の比較や信頼性の向上に向けて物理プロセスの解明を行っている．

参考文献

Blanford, H. F., 1884 : On the connexion of the Himalayan snowfall with dry winds and seasons of droughts in India. *Proc. Roy. Soc. London*, **37**, 3–22.

Chromov, S. P., 1957 : Die geographische verbreitung der monsune. *Petermanns Geogr. Mitt.*, **101**, 234–237.

江守正多, 2008：地球温暖化の予測は「正しい」か？ 不確かな未来に科学が挑む．化学同人，238 pp.

榎本 剛, 2005：盛夏期における小笠原高気圧の形成メカニズム．天気, **52**, 523–531.

Enomoto, T., B. J. Hoskins, and Y. Matsuda, 2003 : The formation mechanism of the Bonin high in August. *Quart. J. Roy. Meteor. Soc.*, **129**, 157–178.

藤田敏夫, 1966：北陸地方の里雪と山雪時における総観場の特徴．天気, **13**, 359–366.

Fujita, M., F. Kimura, and M. Yoshizaki, 2010 : Morning precipitation peak over the Strait of Malacca under a calm condition. *Mon. Wea. Rev.*, **138**, 1474–1486.

Gill, A. E., 1980 : Some simple solutions for heat-induced tropical circulation. *Quart. J. Roy. Meteor. Soc.*, **106**, 447–462.

Gray, W. M. and R. W. Jacobson Jr., 1977 : Diurnal variation ocumulus convection. *Mon. Wea. Rev.*, **105**, 1171–1188.

Hahn, D. G. and J. Shukla, 1976 : An apparent relationship between Eurasian snow cover and Indian monsoon rainfall. *J. Atmos. Sci.*, **33**, 2461–2462.

Horel, J. D. and J. M. Wallace, 1981 : Planetary scale atmospheric phenomena associated with the Southern Oscillation. *Mon. Wea. Rev.*, **109**, 813–829.

Hori, M. E. and H. Ueda, 2006 : Impact of global warming on the East Asian winter monsoon as revealed by nine coupled atmosphere-ocean GCMs. *Geophys. Res. Lett.*, **33**, L03713, doi : 10.1029/2005GL024961.

Hoskins, B. J. and D. J. Karoly, 1981 : The steady linear response of spherical atmosphere in thermal and orographic forcing. *J Atmos. Sci.*, **37**, 1179–1196.

Houze, R. A. Jr., S. G. Geotis, F. D. Marks Jr., and A. K. West, 1981 : Winter monsoon convection in the vicinity of north Borneo. Part I : Structure and time variation of the clouds and precipitation. *Mon. Wea. Rev.*, **109**, 1595-1614.

Inoue, T. and H. Ueda, 2011 : Delay of the first transition of Asian summer monsoon under global qarming condition. *SOLA*, **7**, 081-084, doi : 10.2151/sola.2011-021.

IPCC, 2007 : Climate Change 2007 : The Physical Science Basis. Contribution of Working Group I to the Fourth Assessment Report of the Intergovernmental Panel on Climate Change. Cambridge University Press, 996 pp.

伊藤孝士・阿部彩子, 2007：第四紀の氷期サイクルと日射量変動. 地学雑誌, **116**, 768-782.

Johnson, R. H. and X. Lin, 1997 : Episodic trade wind regimes over the western Pacific warm pool. *J. Atmos. Sci.*, **54**, 2020-2034.

Kawamura, R., 1998 : A possible mechanism of the Asian summer monsoon-ENSO coupling. *J. Meteor. Soc. Japan*, **76**, 1009-1027.

Kawamura, R., T. Matsuura, and S. Iizuka, 2001 : Interannual atmosphere-ocean variations in the tropical western North Pacific relevant to the Asian summer monsoon-ENSO coupling. *J. Meteor. Soc. Japan*, **79**, 883-898.

川村隆一・田 少奮, 1992：北半球500 mb高度場のテレコネクションと日本のシンギュラリティ. 天気, **39**, 75-84.

Kimoto, M., N. Yasutomi, C. Yokoyama, and S. Emori, 2005 : Projected changes in precipitation characteristics around Japan under the global warming. *SOLA*, **1**, 85-88.

鬼頭昭雄, 2005：チベット高原の隆起がアジアモンスーンに及ぼす影響に関する気候モデルシミュレーション. 地質学雑誌, **111**, 654-667.

鬼頭昭雄, 2006：気候モデルによる気候変化研究：温暖化と古気候の接点. 低温科学, **65**, 77-85.

Kitoh, A. and T. Uchiyama, 2006 : Changes in onset and withdrawal of the East Asian summer rainy season by multi-model global warming experiments. *J. Meteor. Soc. Japan*, **84**, 247-258.

Lambeck, K., Y. Yokoyama, and A. Purcel, 2002 : Into and out of the Last Glacial Maximum : sea-level change during oxygen isotope stages 3 and 2c, *Quarternary Science Reviews*, **21**, 343-360.

Li, C. and M. Yanai, 1996 : The onset and interannual variability of the Asian summer monsoon in relation to land-sea thermal contrast. *J. Climate*, **9**, 358-375.

Mapes, B. E., T. T. Warner, and M. Xu, 2003 : Diurnal patterns of rainfall in northwestern South America. Part III : Diurnal gravity waves and nocturnal convection offshore. *Mon. Wea. Rev.*, **131**, 830-844.

Matsumoto, S., S. Yoshizumi, and M. Takeuchi, 1970 : On the structure of the "Baiu front" and associated intermediate-scale disturbances in the lower atmosphere. *J. Meteor. Soc. Japan*, **48**, 479-491.

Matsuno, T., 1966 : Quasi-geostrophic motions in the equatorial area. *J. Meteor. Soc. Japan*, **44**, 24-42.

松野太郎, 2007：警告から対応への温暖化研究の転回点. 科学, **77**, 730-736.

Meehl, G. A., 1987 : The annual cycle and interannual variability in the tropical Pacific and Indian Ocean regions. *Mon. Wea. Rev.*, **115**, 27-50.

Meehl, G. A., 1993 : A coupled air-sea biennial mechanism in the tropical Indian and Pacific regions: Role of the ocean. *J. Climate*, **6**, 31-41.

Meehl, G. A. and J. M. Arblaster, 2002 : The tropospheric biennial oscillation and Asian-Australian monsoon rainfall. *J. Climate*, **15**, 722-744.

Miyasaka, T. and H. Nakamura, 2005 : Structure and formation mechanisms of the Northern Hemisphere summertime subtropical highs. *J. Climate*, **18**, 5046-5065.

Mori, S., J.-I. Hamada, Y. I. Tauhid, M. D. Yamanaka, N. Okamoto, F. Murata, N. Sakurai, H. Hashiguchi, and T. Sribimawati, 2004 : Diurnal land-sea rainfall peak migration over Sumatera Island, Indonesian Maritime Continent, observed by TRMM satellite and intensive rawinsonde soundings. *Mon. Wea. Rev.*, **132**, 2021-2039.

Murakami, T., 1959 : The general circulation and water-vapor balance over the Far East during the rainy season. *Geophys. Mag.*, **29**, 127.

村上多喜雄, 1993：モンスーンとは何か. 科学, **63**, 619-623.

Murakami, T. and J. Matsumoto, 1994 : Summer monsoon over the Asian continent and western North Pacific. *J. Meteor. Soc. Japan*, **72**, 719-745.

Nesbitt, S. W. and E. J. Zipser, 2003 : The diurnal cycle of rainfall and convective intensity according to three years of TRMM measurements. *J. Climate*, **16**, 1456-1475.

Nigam, S. and S. C. Chan, 2009 : On the summertime strengthening of the Northern Hemisphere Pacific sea-level pressure anticyclone. *J. Climate*, **22**, 1174-1192.

Nishii, K., T. Miyasaka, Y. Kosaka, and H. Nakamura, 2009 : Reproducibility and future projection of the midwinter storm-track activity over the Far East in the CMIP3 climate models in relation to the occurrence of the first spring storm (Haru-Ichiban) over Japan. *J. Meteor. Soc. Japan*, **87**, 581-588.

Nitta, T., 1983 : Observational study of heat sources over the eastern Tibetan Plateau during the summer monsoon. *J. Meteor. Soc. Japan*, **61**, 590-605.

Nitta, T., 1987 : Convective activities in the tropical western Pacific and their impact on the Northern Hemisphere summer circulation. *J. Meteor. Soc. Japan*, **65**, 373-390.

Nitta, T. and S. Esbensen, 1974 : Heat and moisture budget analyses using BOMEX data. *Mon. Wea. Rev.*, **102**, 17-28.

Nitta, T. and S. Sekine, 1994 : Diurnal variation of convective activity over the tropical western Pacific. *J. Meteor. Soc. Japan*, **72**, 627-641.

Ogata, T., H Ueda, M. Hayasaki, A. Yoshida, S. Watanabe, and M. Kira, 2014 : Projected future changes of the Asian monsoon-Comparison between CMIP3 and CMIP5-. *J. Meteor. Soc. Japan*, **92**.

Ohsawa, T., H. Ueda, T. Hayashi, A. Watanabe, and J. Matsumoto, 2001 : Diurnal variations of convective activity and ratropical Asia. *J. Meteor. Soc. Japan*, **79**, 333-352.

Petit, J. R. et al., 1999 : Climate and atmospheric history of the past 420,000 years from the Vostok ice core, Antarctica. *Nature*, **399**, 429-436.

Ramage, C., 1971 : Monsoon Meteorology. Academic Press, 296pp.

Randall, D. A., Harshvardhan, and D. A. Dazlich, 1991 : Diurnal variability of the hydrological cycle in a general circulation model. *J. Atmos. Sci.*, **48**, 40-62.

Rodwell, M. J. and B. J. Hoskins, 1996 : Monsoons and the dynamics of deserts. *Quart. J. Roy. Meteorol. Soc.*, **122**, 1385-1404.

Sampe, T. and S.-P. Xie, 2010 : Large-scale dynamics of the Meiyu-Baiu rain band : Environmental forcing by the westerly jet. *J. Climate*, **23**, 113-134.

Shukla, J. (Fein, J. S. and Stephens, P. L. eds.), 1987 : Interannual variability of monsoons. Monsoons, Wiley, 399-463.

Sui, C.-H., X. Li, and K.-M. Lau, 1998 : Radiative-convective processes in simulated diurnal variations of tropical oceanic convection. *J. Atmos. Sci.*, **55**, 2345-2357.

平 朝彦, 2007 : 地球史の探求. 岩波書店, 396pp.

田中 博, 2007 : 偏西風の気象学. 成山堂, 172pp.

Ueda, H., 2005 : Air-sea coupled process involved in stepwise seasonal evolution of the Asian summer monsoon. *Geogr. Rev. Japan*, **78**, 825-841.

Ueda, H., A. Iwai, K. Kuwako, and M. E. Hori, 2006 : Impact of anthropogenic forcing on the Asian summer monsoon as simulated by 8 GCMs. *Geophys. Res. Lett.*, **33**, L06703, doi : 10.1029/2005GL025336.

Ueda, H. and M. E. Hori, 2006 : Two causes of the 2004 hot summer in East Asia. *Geogr. Rev. Japan*, **79**, 715-724.

Ueda, H. and R. Kawamura, 2004 : Summertime anomalous warming over the midlatitude western North Pacific and its relationships to the modulation of the Asian monsoon. *Int. J. Climatol.*, **24**, 1109–1120.

Ueda, H. and T. Yasunari 1998 : Role of warming over the Tibetan Plateau in early onset of the summer monsoon over the Bay of Bengal and the South China Sea. *J. Meteor. Soc. Japan*, **76**, 1–12.

Ueda, H., H. Kamahori, and N. Yamazaki, 2003 : Seasonal contrasting features of heat and moisture budgets between the eastern and western Tibetan Plateau during the GAME IOP. *J. Climate*, **16**, 2309–2324.

Ueda, H., H. Kuroki, M. Ohba, and Y. Kamae, 2011 : Seasonally asymmetric transition of the Asian monsoon in response to ice age boundary conditions. *Clim. Dyn*, **37**, 2167–2179.

Ueda, H., M. Ohba, and S.-P. Xie, 2009 : Important factors for the development of the Asian-Northwest Pacific summer monsoon. *J. Climate*, **22**, 649–669.

Ueda, H., T. Yasunari, and R. Kawamura, 1995 : Abrupt seasonal change of large-scale convective activity over the western Pacific in the northern summer. *J. Meteor. Soc. Japan*, **73**, 795–809.

Wakabayashi, S. and R. Kawamura, 2004 : Extraction of major teleconnection patterns possibly associated with the anomalous summer climate in Japan. *J. Meteor. Soc. Japan*, **82**, 1577–1588.

Walker, G. T., 1910 : Correlation in seasonal variations of weather II. *Mem. Indian Meteor. Soc.*, **11**, 299–309.

Wallace, J. M. and D. S. Gutzler, 1981 : Teleconnections in the geopotential height field during the Northern Hemisphere winter. *Mon. Wea. Rev.*, **109**, 784–812.

Xie, S.-P., C. Deser, G. A. Vecchi, J. Ma, H. Teng, and A. T. Wittenberg, 2010 : Global warming pattern formation: Sea surface temperature and rainfall. *J. Climate*, **23**, 966–986.

Yanai, M. and T. Tomita, 1998 : Seasonal and interannual variability of atmospheric heat sources and moisture sinks as determined from NCEP–NCAR reanalysis. *J. Climate*, **11**, 463–482.

Yanai, M., C. Li, and Z. Song, 1992 : Seasonal heating of the Tibetan Plateau and its effects on the evolution of the monsoon. *J. Meteor. Soc. Japan*, **70**, 319–351.

Yanai, M., S. Esbensen, and J.-H. Chu, 1973 : Determination of bulk properties of tropical cloud clusters from large-scale heat and moisture budgets. *J. Atmos. Sci.*, **30**, 611–627.

Yasunari, T., 1990 : Impact of Indian summer monsoon on the coupled atmosphere/ocean systems in the tropical Pacific. *Meteor. Atmos. Phy.*, **44**, 29-41.

横山祐典(日本第四紀学会，町田　洋，岩田修二，小野　昭編)，2007：地球史が語る近未来の環境．東京大学出版会，240 pp.

Yoshida, A. and Y. Asuma, 2004 : Structures and environment of explosively developing extratropical cyclones in the northwestern Pacific Region. *Mon. Wea. Rev.*, **132**, 1121-1142.

Yoshikane, T., F. Kimura, and S. Emori, 2001 : Numerical study on the Baiu Front genesis by heating contrast between land and ocean. *J. Meteor. Soc. Japan*, **79**, 671-686.

吉野正敏ほか編，1985：気候学・気象学辞典，二宮書店，742pp.

おわりに

　近年，大学院の重点化政策によって学生の質が大きく変化している．現在教鞭をとっている筑波大学をはじめ全国の大学の修士課程の学生数はどこも大きく増大した．各大学は様々なバックグラウンドを持った学生を受け入れつつあり，彼ら彼女らの多くは気候学，気象学などの基礎的な授業を満足に受けていない場合が多いと聞く．時代の功罪か，現在ではネット上にあるデータセットやパッケージ化された数値モデルを走らせて出てきた結果を図にすれば，体裁のよい卒論や修論を書くことができる．しかし背後に潜む物理プロセスまで思いを馳せて，本当に自然の真理を探求した研究なのか疑いたくなるような論文が粗製濫造されているのも事実で，一地方大学の教員として何とかしなければならないという思いから，本書の上梓を思い立った．

　1980年代後半から高まりを見せた地球環境問題は，21世紀に入り地球温暖化を中心として，人々に広く認識されつつある．IPCCとアル・ゴア元米国副大統領による2007年のノーベル平和賞の共同受賞は，時代の空気を端的に示している．気候変動に関する議論は，いわゆる「宇宙船地球号」の舵取りにおいて重要な位置を占めつつあることに，異論を唱える人はいないであろう．しかしながら，結論を性急に求めるあまり，プロセス研究の検証や解釈が十分でないまま，膨大な情報が一人歩きすることが多くなったように感じられる．

　学生に地球温暖化研究に関して質問したところ，「すでに多くの先達の研究があり，新たな開拓領域がないのでは」というやや食傷気味の声を聞く．本当にそうであろうか．むしろ，温暖化研究によって，気候システムに内在するサブシステム間のフィードバックの理解と定量化が，待ったなしに重要な課題となりつつあるのではないだろうか．フィードバックとカタカナで書くと理解した気分になるが，実際には異なる専門分野間の壁を超えた境界領域の研究が必要となる．これは，外部資金などの謳い文句に出てくる学際分野の研究に相当し，既存の概念に縛られない若い人たちの活躍の場としても期待が高まっている．つまり，時代は，これまでのように一専門分野だけを取り扱う研究者ではなく，双方を有機的に結びつける研究者を求めている．本書によって，次世代を担う様々な学問分野の若い人たちが，地球気候システム研究の扉を開けるき

っかけになれば一大学教員として望外の喜びである．

　前述のように，気候学は記述的な学問から，メカニズムに言及する気候力学へと進化を続けている．筆者の所属する気候学・気象学教室も，このような時代の流れの中で，気候学という学問体系を，地理学および地球物理学という枠組みの中で改めて見直す必要に迫られている．本書の執筆を通し，気候学がこれまでに果たしてきた役割，そして学際的な面を内包するポテンシャルにも改めて気付かされた．

　執筆を開始した平成20年の春から約2年半の間に，井上知栄研究員，大庭雅道準研究員（当時）をはじめとするclimate研究室のメンバーには，議論や図の作成など，多岐に渡ってお世話になった．また，筑波大学地形学分野の松倉公憲名誉教授には，執筆すべきか迷っている時に，貴重なご助言をいただいた．筑波大学出版会の編集委員を務められている人文地理分野の田林明教授には，入稿の遅れにもかかわらず終始明るく励まして頂いた．図3.1.1はカルトグラファーの小崎四郎氏に作成いただいた．筑波大学出版会の安田百合氏には，脱稿から制作にかかる様々な作業に尽力していただき無事出版の運びとなった．ここに記して心より御礼申し上げたい．

平成23年12月

植田宏昭

2刷発行にあたって

　口絵B，Cおよびカバー表紙袖の白地図は，早崎将光研究員に提供してもらいました．また，初版の発行後，恩師である安成哲三先生より，拙著の書評を「天気」にご寄稿いただきました．的確なレビューが，多くの読者が本書を手に取るきっかけになり，版を重ねることになりました．ここに厚く御礼申し上げます．

平成27年6月

植田宏昭

Appendix-1 β面近似の導出

緯度 θ_0 でのコリオリパラメーターを f_0 とし，θ_0 の近くでコリオリパラメーター $f = 2\omega \sin\theta$ をテイラー級数で展開(Appendix 末注1参照)すると，

$$f = 2\omega \left[\sin\theta_0 + \cos\theta_0 (\theta - \theta_0) - \frac{\sin\theta_0}{2}(\theta - \theta_0)^2 + \cdots \right] \quad (\text{AP1.1})$$

のように表せる．これは θ_0 の周囲での海洋や大気の運動を考えていることに相当し，東西方向に伝播する波動を論じる際に有効である．補足図 AP.1 に示すように，扇形の中心角の大きさを θ_0，そこから少しずれた位置の中心角とそこからの距離をそれぞれ θ，y とすれば，地球の半径 R を用いて，

$$\frac{y}{R} \approx \theta - \theta_0 \quad (\text{AP1.2})$$

と近似できる．θ_0 の周辺での局所的な運動を考えるということは，y と R の比が1より十分に小さい ($y/R \ll 1$) 状態を仮定することになる．この場合，(AP1.1)式の右辺第三項以下は省略できるので，

$$f = 2\omega \sin\theta_0 + \frac{2\omega \cos\theta_0}{R} y \quad (\text{AP1.1a})$$

となる．転向力の南北方向の変化量，すなわち(AP1.1a)式を y で微分した値を β とおくと，

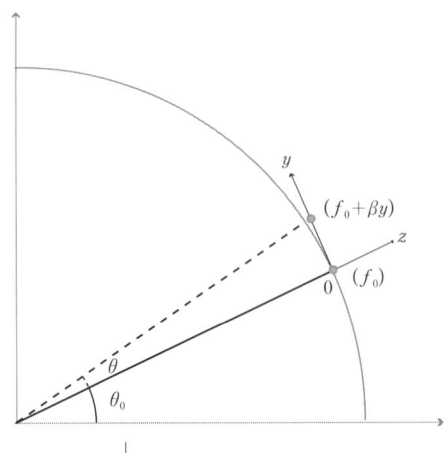

補足図 AP.1 | θ座標系から局所直交座標系への変換

$$\beta \approx \frac{df}{dy} = \frac{2\omega \cos \theta_0}{R} \quad (AP1.3)$$

のように，ある緯度 θ_0 での β が求まり，(AP1.1a)式は $f_0 = 2\omega \sin \theta_0$ を用いて，
$$f = f_0 + \beta y \quad (AP1.4)$$
と書ける．このようにコリオリパラメーターを極座標系から局所 x-y 座標系に書き換える（近似する）ことを β 面近似（β-plain approximation）と言う．赤道域での海洋ロスビー波の伝播緯度（$\theta_0 = 5$［度］）では，$\omega = 7.3 \times 10^{-5}$［rad s^{-1}］，$R = 6.4 \times 10^{6}$［m］を用いて $f_0 \approx 1.3 \times 10^{-5}$［s^{-1}］，$\beta \approx 2.3 \times 10^{-11}$［m^{-1} s^{-1}］と求まる．

Appendix-2　スヴェルドラップの関係式(2.2.9)の導出

(2.2.8)式を V_s について変形すれば，

$$V_s = \frac{f}{\beta} \, curl\left(\frac{\vec{\tau}}{\rho f}\right) = \frac{f}{\rho\beta}\left[\frac{\partial}{\partial x}\left(\frac{\tau_y}{f}\right) - \frac{\partial}{\partial y}\left(\frac{\tau_x}{f}\right)\right] \quad (AP2.1)$$

τ_x および f は y の関数なので右辺第2項は商の微分になる．また $f = \beta y$ の微分は $f' = \beta$ であることを考慮すると右辺第2項は，

$$\frac{\partial}{\partial y}\left(\frac{\tau_x}{f}\right) = \frac{\partial \tau_x}{\partial y}\frac{1}{f} - \tau_x \frac{f'}{f^2} = \frac{\partial \tau_x}{\partial y}\frac{1}{f} - \tau_x \frac{\beta}{f^2} \quad (AP2.2)$$

であるので，(AP2.2)式を(AP2.1)式に代入すると，

$$\frac{f}{\rho\beta}\left[\frac{\partial}{\partial x}\left(\frac{\tau_y}{f}\right) - \frac{\partial}{\partial y}\left(\frac{\tau_x}{f}\right)\right] = \frac{f}{\rho\beta}\left[\frac{\partial}{\partial x}\left(\frac{\tau_y}{f}\right) - \left(\frac{\partial \tau_x}{\partial y}\frac{1}{f} - \tau_x \frac{\beta}{f^2}\right)\right] \quad (AP2.1a)$$

のように変形できる．f は変数 x に対しては定数として扱えるのでこの式は，

$$\frac{1}{\rho\beta}\left[\frac{\partial \tau_y}{\partial x} - \frac{\partial \tau_x}{\partial y}\right] + \frac{\tau_x}{\rho f} \quad (AP2.1b)$$

となる．ここでエクマン輸送量は(2.2.1b)式すなわち $V_{EK} = -\tau_x/\rho f$ なので(AP2.1b)式はさらに，

$$\frac{1}{\rho\beta}\left[\frac{\partial \tau_y}{\partial x} - \frac{\partial \tau_x}{\partial y}\right] - V_{EK} = \frac{1}{\rho\beta} curl\,\vec{\tau} - V_{EK} = V_s \quad (AP2.1c)$$

のように簡略化できる．つまりスヴェルドラップ輸送とエクマン輸送の和は，

$$V_{EK} + V_s = \frac{1}{\beta} curl\left(\frac{\vec{\tau}}{\rho}\right)$$

と変形できる．

Appendix-3　温度 T と乾燥静的エネルギー s による熱力学方程式の表現

$$\frac{\partial T}{\partial t} = -\vec{v}\cdot\nabla T + \omega\left(\frac{RT}{c_p p} - \frac{\partial T}{\partial p}\right) + \frac{Q_1}{c_p} \tag{3.1.9}$$

$$Q_1 \equiv \frac{\partial \bar{s}}{\partial t} + \overline{\vec{v}}\cdot\nabla \bar{s} + \bar{\omega}\frac{\partial \bar{s}}{\partial p} \tag{3.1.14}$$

前半で導出した温度 T に関する熱力学方程式(3.1.9)において，T および $\vec{v}$ はそれぞれ広域の平均温度・風速であると仮定し，Q_1 を左辺に移項して両辺に c_p を乗ずると，

$$Q_1 = c_p\left[\frac{\partial \overline{T}}{\partial t} + \overline{\vec{v}}\cdot\nabla \overline{T} - \bar{\omega}\left(\frac{R\overline{T}}{c_p p} - \frac{\partial \overline{T}}{\partial p}\right)\right] \tag{3.1.9a}$$

と変形できる．この式が(3.1.14)式と等価であることを以下に示す．(3.1.14)式の右辺第1項(s の局所変化)，第2項(s の水平移流)において，ある場所(高度)での位置エネルギー gz は一定なので，それぞれの項は，

$$\frac{\partial \bar{s}}{\partial t} = c_p\frac{\partial \overline{T}}{\partial t}$$

$$\overline{\vec{v}}\cdot\nabla \bar{s} = c_p\overline{\vec{v}}\cdot\nabla \overline{T}$$

となり，(3.1.14)式の右辺第1項，第2項は，(3.1.9a)式の右辺第1項，第2項と一致することがわかる．最後に残った証明は，

$$\bar{\omega}\frac{\partial \bar{s}}{\partial p} = c_p\bar{\omega}\left(\frac{\partial \overline{T}}{\partial p} - \frac{R\overline{T}}{c_p p}\right) = c_p\bar{\omega}\frac{\partial \overline{T}}{\partial p} \boxed{-\bar{\omega}\frac{RT}{p}}$$

の関係である．上式の中辺に s を代入すれば，

$$\bar{\omega}\frac{\partial \bar{s}}{\partial p} = \bar{\omega}\frac{\partial (c_p\overline{T} + g\bar{z})}{\partial p} = c_p\bar{\omega}\frac{\partial \overline{T}}{\partial p} + g\bar{\omega}\frac{\partial \bar{z}}{\partial p}$$

となる．ここで静力学平衡の関係 $\partial p/\partial z = -\rho g$ を使うと，上式の右辺第2項は，

$$g\bar{\omega}\frac{\partial \bar{z}}{\partial p} = -g\bar{\omega}\left(\frac{1}{\rho g}\right) = -\left(\frac{\bar{\omega}}{\rho}\right)$$

と変形できる．さらに，気体の状態方程式 $p = \rho RT$ を用いれば，上式は，

$$-\left(\frac{\bar{\omega}}{\rho}\right) = \boxed{-\frac{\bar{\omega}R\overline{T}}{p}}$$

となり，(3.1.14)式と(3.1.9a)式は等価であることが証明される．

Appendix-4　水蒸気フラックス

比湿 q の時間変化を x, y, p 座標系で表すと((3.1.10a)式参照)，

$$\frac{dq}{dt} = \frac{\partial q}{\partial t} + u\frac{\partial q}{\partial x} + v\frac{\partial q}{\partial y} + \omega\frac{\partial q}{\partial p} \qquad (\text{AP 4.1})$$

となる．(AP 4.1)式の右辺第2項と第3項は水蒸気の水平移流，第4項は鉛直移流に相当する．一方，連続の式から，水蒸気の時間変化は，

$$\left(\frac{\partial u}{\partial x} + \frac{\partial v}{\partial y} + \frac{\partial \omega}{\partial p}\right)q = 0 \iff q\frac{\partial u}{\partial x} + q\frac{\partial v}{\partial y} + q\frac{\partial \omega}{\partial p} = 0 \qquad (\text{AP 4.2})$$

のように書けるので，この式に(AP 4.1)式を加算すれば，

$$\frac{dq}{dt} = \frac{\partial q}{\partial t} + \left(u\frac{\partial q}{\partial x} + q\frac{\partial u}{\partial x}\right) + \left(v\frac{\partial q}{\partial y} + q\frac{\partial v}{\partial y}\right) + \left(\omega\frac{\partial q}{\partial p} + q\frac{\partial \omega}{\partial p}\right) \qquad (\text{AP 4.3})$$

となる．(AP 4.3)式は，積の微分なので，

$$\frac{dq}{dt} = \frac{\partial q}{\partial t} + \frac{\partial}{\partial x}(uq) + \frac{\partial}{\partial y}(vq) + \frac{\partial}{\partial p}(\omega q) \qquad (\text{AP 4.3a})$$

のように簡潔に書き換えられる．(AP 4.1)式と(AP 4.3a)式は数学的には等価であるが，前者は水蒸気の保存を「移流」という概念で示しているのに対し，後者は「フラックス形式」になっている．つまり，移流とフラックスは全く異なる概念である．気候解析において水蒸気輸送を端的に示す場合は，水蒸気の水平フラックス項 (qu, qv) をプロットすることが一般的である．なお，水平フラックスの単位は $[\text{kg kg}^{-1}][\text{m s}^{-1}]$ で表される．

次に，水蒸気の水平フラックスを鉛直方向に積分する．大気の上端と下端では ω がゼロで，気柱内では鉛直混合が十分に行われている状態を仮定する．ω を含む項はゼロになるので，水蒸気量の鉛直(z)方向の積分は，静力学平衡の式($dp = -\rho g dz$)を用いると，

$$F = \int_{p_z}^{0} (\vec{v}q) dz = \frac{1}{\rho g} \int_{0}^{p_z} (\vec{v}q) dp \qquad (\text{AP 4.4})$$

のように書かれる．対流圏の全層を平均した密度は，およそ$1[\mathrm{kg\,m^{-3}}]$であるので，実際の計算においては，$\rho=1$とする場合が多い．(AP 4.4)式は2次元のベクトル量であることには変わりはないが，単位は$[\mathrm{m\,s^{-2}}]^{-1}[\mathrm{kg\,kg^{-1}}][\mathrm{m\,s^{-1}}]\cdot[\mathrm{kg\,m\,s^{-2}\,m^{-2}}]=[\mathrm{kg\,m^{-1}\,s^{-1}}]$である(図3.4.1(b)参照)．

　水蒸気フラックスの収束量は，領域を十分に広く取った場合，その内部での降水量と蒸発量の差にほぼ等しいことが経験的に知られている．この関係を式で表せば，

$$\nabla\cdot\vec{v}q=\frac{\partial(uq)}{\partial x}+\frac{\partial(vq)}{\partial y}=-P \qquad (\text{AP 4.5})$$

となる(発散は正なので，収束に伴う降水Pと対応させるために，Pの符号を反転させている)．

〈計算例〉

　図3.4.1(b)におけるベンガル湾での水蒸気フラックスの増加量は，東西成分が約$10[\mathrm{kg\,m^{-1}\,s^{-1}}]$，南北成分が$3[\mathrm{kg\,m^{-1}\,s^{-1}}]$であるので，流入した水蒸気フラックスが100 km格子内で全て降水に使われたと仮定すれば，$1.0\times 10^{1}[\mathrm{kg\,m^{-1}\,s^{-1}}]\cdot 1.0\times 10^{-5}[\mathrm{m^{-1}}]+3.0[\mathrm{kg\,m^{-1}\,s^{-1}}]\cdot 1.0\times 10^{-5}[\mathrm{m^{-1}}]=1.3\times 10^{-4}[\mathrm{kg\,m^{-2}\,s^{-1}}]$となる．これを1日あたりの収束量に換算すれば，$1[\mathrm{day}]=86400[\mathrm{s}]$なので，$11[\mathrm{kg\,m^{-2}\,day^{-1}}]$になる．さらに一般に用いられる日降水量の単位$[\mathrm{g\,cm^{-2}}]$に変換するには，[kg]を[g]に，[m]を[mm]に変換すればよい．その過程は，$11[\mathrm{kg\,m^{-2}\,day^{-1}}]=11\times 10^{(3-4)}[\mathrm{g\,cm^{-2}\,day^{-1}}]=1.1[\mathrm{g\,cm^{-2}\,day^{-1}}]\approx 11[\mathrm{mm\,day^{-1}}]$である．

Appendix　注

1：無限級数　$f(x)=f(a)+\dfrac{f'(a)}{1!}(x-a)+\dfrac{f''(a)}{2!}(x-a)^2+\cdots$
$\qquad\qquad\quad=f(a)+\sum_{n=1}^{\infty}\dfrac{f^{(n)}(a)}{n!}(x-a)^n$

を，関数$f(x)$の$x=a$におけるテイラー級数という．

和文索引

ア

アイス・アルベドフィードバック ice-albedo feedback　192
ITCZ の北偏 northward displacement of ITCZ　69
IPCC → 気候変動に関する政府間パネル
アクティブ・ブレイクサイクル active-break cycle　62, 126, 139
圧力傾度力 pressure gradient force　53
アメリカンモンスーン American monsoon　20, 134
アラフラ海 Arafura Sea　95
アリューシャン低気圧 Aleutian low　96, 161, 177
アルベド効果 albedo effect　144
アンチョビ anchovy　24
アンビル anvil　19

イ

位相速度 phase velocity　57, 102, 157
イラン高気圧 Iranian high　138
移流 advection　65
　鉛直—— vertical advection　107
　寒気—— cold air advection　109
　水平—— horizontal advection　107
　暖気—— warm air advection　109
インドモンスーン Indian monsoon　163
インド洋ダイポールモード Indian Ocean dipole mode　71
インド洋の全域昇温 Indian Ocean Basin-wide warming　82

ウ

ヴィルティキジェット Wyrtki jet　42, 73
Western Atlantic パターン Western Atlantic pattern　154
Western Pacific パターン Western Pacific pattern　154
WES フィードバック wind-evaporation-SST feedback　70, 150
ウォーカー循環 Walker circulation　29, 76, 147
雨季 wet season　120
渦糸 vorticity filament　46
渦度 vorticity　14
　——強制 vorticity forcing　47
　——方程式 vorticity equation　156
　——保存則 vorticity conservation law　4
　絶対—— absolute vorticity　58, 155
　惑星—— planetary vorticity　58, 156
渦動粘性 eddy viscosity　39
渦熱フラックス eddy heat flux　178
雨滴の蒸発 evaporation of raindrops　202
運動方程式 equation of motion　4

エ

エクマン Ekman
　——ダンプ Ekman dump　42, 60
　——パンピング Ekman pumping　36
　——パンピング流速 Ekman pumping velocity　42
　——輸送 Ekman transport　39, 60, 72

──螺旋 Ekman spiral　39
　　──流 Ekman flow　39
エル・ニーニョ El Niño　25
　　──・南方振動 El Niño/southern
　　　oscillation → ENSO（エンソ）
遠隔強制 remote forcing　71
沿岸ケルビン波 coastal Kelvin wave　53
沿岸湧昇 coastal upwelling　24, 41
遠日点 aphelion　185
ENSO（エンソ）El Niño/southern oscillation
　3, 33
　　──の遷移 ENSO transition　85
　　──−モンスーン論 ENSO–monsoon
　　　study　144
鉛直移流 vertical advection　107
鉛直渦熱輸送 vertical eddy heat transport
　106
鉛直速度 vertical velocity　8
塩分濃度 salinity　5

オ

オイラー公式 Euler's formula　87
オイラー表記 Eulerian description　107
小笠原高気圧 Bonin high　17, 161
小笠原諸島 Bonin Islands　93
オーストラリアモンスーン Australian
　monsoon　147
オホーツク海高気圧 Okhotsk high
　166, 173
温室効果ガス greenhouse gas　169
オンセット onset　121
温暖化懐疑論 global warming skeptics
　169
温度勾配の反転 reversal of temperature
　gradient　133
温度風 thermal wind　133

カ

回転循環 rotational circulation　13
回転風 rotational wind　13
海面高度 sea surface height　11
海面熱交換 heat exchange at the ocean
　surface　65
海洋深層循環 deep ocean circulation　3
海洋性のモンスーン ocean monsoon　126
海洋大陸 maritime continent　27
海洋ブイ ocean buoy　7
海洋フィードバック ocean feedback　131
海陸風 land–sea breeze　92, 96, 197
風応力 wind stress　39
風・蒸発フィードバック wind–evaporation
　feedback　38
風と降水のパラドックス wind–precipitation
　paradox　171
風の水平シアー horizontal wind shear
　36
加熱 heating
　凝結熱── condensation heating　93,
　　96, 107, 176
　顕熱── sensible heating　107
　潜熱── latent heating　107
　断熱── adiabatic heating　107
　非断熱── diabatic heating　107
加熱差異 differential heating　96
花粉分析 pollen analysis　192
乾季 dry season　120
寒気 cold air　166
　　──移流 cold air advection　109
完新世中期 mid–Holocene　183, 190
乾燥静的エネルギー dry static energy
　112

キ

気圧の峰 ridge　147
気温減率 temperature lapse rate　96
機械的混合 mechanical mixing　5
気化熱 heat of evaporation　65
気候最適期 hypsithermal　192
気候値 climatology　8
気候的歳差 climatic precession　183, 189
気候変動に関する政府間パネル Intergovernmental Panel on Climate Change (IPCC)　169, 179, 180
気象レーダー meteorological radar　128
季節温度躍層 seasonal thermocline　5
季節混合層 seasonal mixed layer　5
季節内振動 intraseasonal oscillation　61
季節内変動 intraseasonal variation (ISV)　64
季節風 seasonal wind　92
季節予報 seasonal forecast　83
北回帰線 Tropic of Cancer　184
北大西洋振動 North Atlantic oscillation (NAO)　169
気団変質 air mass modification　166
軌道要素 orbital parameter　3
逆転層 inversion layer　118
Q_1, Q_2 法 Q_1, Q_2 method　5
凝結熱加熱 condensation heating　93, 96, 107, 176
強制ロスビー波 forced Rossby wave　153
鏡像 mirror image　193
局所変化 local time change　107
近日点 perihelion　185

ク

雲クラスター cloud cluster　62, 64
クラウジウス-クラペイロンの式 Clausius-Clapeyron equation　195
黒潮 Kuroshio　4, 68
群速度 group velocity　158

ケ

傾圧構造 baroclinic structure　93
夏至 summer solstice　188
欠測値 missing value　129
ケッペンの気候区分 Köppen climate classification　104
ケプラーの軌道要素 Keplerian orbital elements　183
GAME GEWEX Asian Monsoon Experiment　135
ケルビン波 Kelvin wave　4, 101
　沿岸── coastal Kelvin wave　53
　赤道── equatorial Kelvin wave　54
　冷水── cold Kelvin wave　13, 148
顕熱 sensible heat　65
　──加熱 sensible heating　107
　──フラックス sensible heat flux　65

コ

広域モンスーンの開始 the first transition　123, 171
合成偏差 composite anomaly　25
豪雪 heavy snowfall　166
構造関数 structure function　57
抗マラリア剤 antimalarial　128
国連気候変動枠組み条約締約国会議 COP　180
コンデンサー効果 capacitor effect　81

サ

歳差 precession　183, 186
　気候的── climatic precession　183, 189

最終氷期最盛期 last glacial maximum（LGM） 183, 190, 192
五月晴れ mid-May fine weather 139
里雪型 plain-centered distribution 166
サブシステム sub system 2
サーモスタット理論 thermostat hypothesis 26
3細胞モデル three cell model 104, 162
三次元同化 3-dimentional assimilation 135
散布図 scatter diagram 27

シ

子午面方向の温度勾配 meridional temperature gradient（MTG） 138
湿潤静的エネルギー moist static energy 114
湿舌 wet tongue 174
質量保存の式 law of conservation of mass 4
シベリア高気圧 Siberian high 96, 166, 178
遮蔽効果 cloud shielding effect 67
集積 pile up 29
充填・放出振動子理論 recharge-discharge oscillator 4, 35, 38
秋分点 autumnal equinox 186
自由ロスビー波 free Rossby wave 4, 59, 61, 155
主温度躍層 main thermocline 6
順圧的 barotropic 17
順圧不安定 barotropic instability 124, 139
準2年振動 quasi-biennial oscillation（QBO） 61
春分点 vernal equinox 186
状態方程式 equation of state 4, 106

蒸発による冷却 evaporative cooling 26, 73
縄文海進 Jomon transgression 192
暑夏 anomalous hot summer 155
植物プランクトン phytoplankton 24
シルクロードパターン Silkroad pattern 166
新生代 Cenozoic period 99
振動数 frequency 57

ス

水蒸気フラックス water vapor flux 171
水蒸気保存の法則 law of conservation of water vapor 106
水蒸気輸送 water vapor transport 171
水平移流 horizontal advection 107
水平シアー horizontal shear 124, 139
　風の── horizontal wind shear 36
スヴェルドラップ Sverdrup
　──の関係 Sverdrup relation 48
　──バランス Sverdrup balance 4
　──輸送 Sverdrup transport 38, 47
ステファン-ボルツマンの法則 Stefan-Boltzmann law 19
スーパークラスター super cluster 64
スペクトルピーク spectrum peak 61

セ

西岸境界流 western boundary current 4
静止衛星 geostationary satellite 22
西進ロスビー波 westward Rossby wave 37
静的安定度 static stablity 196
正のフィードバック positive feedback 29
西部北太平洋モンスーン western North Pacific monsoon（WNPM） 121, 171

若 Japanese Index

静力学(水圧)平衡 hydrostatic equilibrium 8
積雲対流 cumulus convection 108
積雪深 snow depth 144
積雪被覆 snow cover extent 143
積雪面積 snow area 144
積雪履歴 snow memory 144
赤道 equator
 ──傾角 equatorial inclination 183
 ──ケルビン波 equatorial Kelvin wave 54
 ──対称ロスビー波 symmetric Rossby wave 101, 153
 ──導波管 equatorial wave guide 54
 ──波 equatorial wave 2
 ──モンスーン equatorial monsoon 71
 ──湧昇 equatorial upwelling 24, 41
舌状暖水域 tongue-shaped warm region 142
絶対渦度 absolute vorticity 58, 155
切離低気圧 cut-off low 166
全域昇温 basin-wide warming 71
 インド洋の── Indian Ocean basin-wide warming 82
線形化 linearization 156, 160
浅水方程式 shallow water equation 4, 44, 56
前線性のモンスーン frontal monsoon 126
潜熱 latent heat
 ──解放 release of latent heat 93
 ──加熱 latent heating 107
 ──フラックス latent heat flux 65

ソ

総観規模擾乱 synoptic disturbance 147, 174

層厚 thickness 137
相当黒体放射輝度温度 equivalent black body temperature (T_{BB}) 21, 129, 198
相変化 phase transition 65, 67
速度ポテンシャル velocity potential 13
外向き長波放射量 outgoing long-wave radiation (OLR) 19
ソマリジェット Somali jet 74, 99

タ

大円 great circle 153
大気海洋結合波動 air-sea coupled wave 4, 61
大気の窓 atmospheric window 19
台風 typhoon 124
太平洋・北アメリカパターン Pacific North American (PNA) pattern 33, 154
太平洋・高気圧 Pacific high 93, 161
タイムスライス実験 time-slice experiment 183
太陽入射量 insolation 190
大陸性のモンスーン continental monsoon 126
大陸配置 land-sea configuration 29, 70, 96
対流圏2年周期振動 tropospheric biennial oscillation (TBO) 145
対流ジャンプ convection jump 121, 126, 142, 171
ダーウィン Darwin 31
卓越風 prevailing wind 120
タクラマカン砂漠 Taklimakan desert 97
タヒチ Tahiti 31
WWWメカニズム westerly-induced Western Pacific warming 132, 139
暖気移流 warm air advection 109

短周期擾乱 short period disturbance 139
淡水 fresh water 7
暖水プール warm pool 25, 94
暖水ロスビー波 downwelling (warm) Rossby wave 37, 81
炭素循環 carbon cycle 182
断熱加熱 adiabatic heating 107
短波放射 shortwave radiation 67

チ

遅延振動子理論 delayed oscillator 5, 35, 60
地球サミット Earth Summit 180
地球放射 terrestrial radiation 19
地衡風 geostrophic wind 101
地衡流平衡 geostrophic balance 55
チベット高気圧 Tibetan high 93, 161
チベット高原 Tibetan Plateau 135
チャンマ Changma 126
中央アジア Central Asia 150
中部北太平洋トラフ Mid-Pacific trough 16, 93, 161
長周期 low frequency 61
長波放射 long-wave radiation 19, 67
貯熱量偏差 heat content anomaly 54

ツ

梅雨明け withdrawal of Baiu 173

テ

定圧比熱 constant pressure specific heat 67
定常ロスビー応答 stationary Rossby wave response 125
定常ロスビー波 stationary Rossby wave 5, 137, 139, 153, 155, 157, 169

定置ブイ autonomous telemetering line acquisition system (ATLAS) 7
テーラー-プラウドマンの定理 Taylor-Proudman theorem 46
テレコネクションパターン teleconnection pattern 5, 150, 154
転向力 Coriolis force 39, 92

ト

等温線 isotherm 8
冬季モンスーン winter monsoon 82, 179
東西波数 zonal wave number 57
冬至 winter solstice 188
東南アジアモンスーン South East Asian monsoon (SEAM) 121
導波管 wave guide 53, 153
　赤道―― equatorial wave guide 54
特異日 singularity 137, 139
TOPEX/POSEIDON (トペックス・ポセイドン) 11
トライトンブイ TRITON array 8

ナ

内部エネルギー internal energy 106
南西気流 southwesterly 153
南方振動 southern oscillation (SO) 31
　――指数 southern oscillation index (SOI) 31
南北波数 meridional wave number 57, 157

ニ

西風バースト westerly burst 64
西太平洋振動子理論 western Pacific oscillator 35, 38
日変化 diurnal variation 196

Japanese Index

日射の遮蔽 cloud shielding　27
ニュートン冷却 Newtonian cooling　101

ネ

熱源 heat source　4
熱源応答 heat-induced response　100
　松野-ギルの—— Matsuno-Gill type heat-induced response　154
熱帯海洋大気観測計画 Tropical Ocean and Global Atmosphere　128
熱帯降雨観測衛星 tropical rainfall measuring mission (TRMM)　22, 201
熱帯東風ジェット tropical easterly jet　29, 93
熱対流 thermal convection　5
熱伝導 heat conduction　65
熱膨張 thermal expansion　11
熱力学第一法則 first law of thermodynamics　4, 106
熱力学的効果 thermodynamic effect　99
熱力学方程式 thermodynamic equation　106

ノ

能動型レーダー active radar　11
ノーベル平和賞 Nobel Peace Prize　181

ハ

梅雨 Baiu　99, 121
梅雨前線 Baiu front　124, 173
背景風 background winds　157, 165
ハイドロアイソスタシー hydro-isostasy　196
爆弾低気圧 explosive low　166
波源 wave source　137
Pacific-Japan パターン → PJ パターン
発散 divergence　14
——循環 divergent circulation　13
——風 divergent wind　13
馬蹄形 horseshoe shape　34
ハドレー循環 Hadley circulation　104, 162, 176
春一番 first spring storm　179
バルク法 bulk method　65
バルク輸送係数 bulk transfer coefficient　67
ハレー Halley　92, 96
波列 wave train　33
半乾燥地域 semi-arid region　104

ヒ

PJ パターン Pacific-Japan pattern　150, 154, 165
PMIP Paleoclimate Modeling Intercomparison Project　183
PNA パターン → 太平洋・北アメリカパターン
比湿 specific humidity　67
非断熱加熱 diabatic heating　107
日付変更線 international date line　11
ヒプシサーマル hypsithermal → 気候最適期
ビヤクネスフィードバック Bjerknes feedback　29, 77
氷期・間氷期サイクル glacial-interglacial cycle　3, 183
氷床 ice sheet　192
氷床コア ice core　181

フ

フィードバック feedback　2
　アイス・アルベド—— ice-albedo feedback　192
　WES—— wind-evaporation-SST feedback　70, 150

海洋―― ocean feedback　　131
風・蒸発―― wind-evaporation feedback　38
正の―― positive feedback　　29
ビヤクネス―― Bjerknes feedback　29, 77
風成循環 wind-driven circulation　　39
フェノスカンジア氷床 Fennoscandia ice sheet　192
吹き寄せ（効果）pile up effect　　94
復元力 restoring force　　37, 53
フラックス補正 flux adjustment　　193
プラネタリースケール planetary-scale　　93
プラネタリー波 planetary wave　　163
プリミティブ方程式 primitive equation　　104
プロキシデータ proxy data　　182
分散関係 dispersion relationship　　5, 87, 157

ヘ

平年値 climatological mean　　142
β面近似 β-plain approximation　　44
ヘルムホルツの定理 Helmholtz's theorem　58
ベンガル湾 Bay of Bengal　　177
偏差 anomaly　　4
　合成―― composite anomaly　　25
　貯熱量―― heat content anomaly　　54
偏西風ジェット westerly jet　　29, 133, 179
偏東風 easterlies　　29, 94, 99, 176
　――ジェット easterly jet　　133
偏東風波動 easterly wave　　124, 139

ホ

ポアソン方程式 Poisson equation　　14
貿易風 trade wind → 偏東風

放射冷却 radiative cooling　　199
北西モンスーン気流 northwesterly monsoon flow　166, 178
補償下降流 compensating subsidence　　101
捕捉された波 trapped wave　　53
北極振動 Arctic oscillation（AO）　　169

マ

摩擦係数 drag coefficient　　39
松野―ギルパターン Matsuno-Gill pattern　4, 100
松野―ギルの熱源応答 Matsuno-Gill type heat-induced response　154
マッデン―ジュリアン振動 Madden and Julian oscillation（MJO）　　64

ミ

見かけの水蒸気減少 apparent moisture sink　106
見かけの熱源 apparent heat source　　106
南回帰線 Tropic of Capricorn　　184
南太平洋収束帯 South Pacific convergence zone（SPCZ）　16, 95
ミランコヴィッチサイクル Milankovitch cycle　183
ミランコヴィッチフォーシング Milankovitch forcing　183

メ

メイユ Meiyu　　174
メキシカンモンスーン Mexican monsoon　20, 163
メキシコ湾流 the Gulf stream　　68
メソスケール対流 mesoscale convective system（MCS）　201

| Japanese Index

モ

モウシム mausim　92
モンスーン monsoon　92
　——・砂漠メカニズム monsoon-desert mechanism　105
　——循環 monsoon circulation　29
　——低圧部 monsoon low　161
　——トラフ monsoon trough　103
　アメリカン—— American monsoon　20, 134
　インド—— Indian monsoon　163
　ENSO-——論 ENSO-monsoon study　144
　オーストラリア—— Australian monsoon　147
　海洋性の—— ocean monsoon　126
　西部北太平洋—— western North Pacific monsoon(WNPM)　121, 171
　赤道—— equatorial monsoon　71
　前線性の—— frontal monsoon　126
　大陸性の—— continental monsoon　126
　冬季—— winter monsoon　82, 179
　東南アジア—— South East Asian monsoon (SEAM)　121
　北西——気流 northwesterly monsoon flow　166, 178
　メキシカン—— Mexican monsoon　20, 163
　惑星規模—— planetary-scale monsoon　124

ヤ

山雪型 mountain-centered distribution　166

ユ

湧昇 upwelling　41
　沿岸—— coastal upwelling　24, 41
　赤道—— equatorial upwelling　24, 41
融雪期 snow disappearance period　192
Eurasian パターン Eurasian pattern　154

ラ

ラ・ニーニャ La Niña　30
　エル・ニーニョから——への遷移 transition from El Niño to La Niña　85
ラプラシアン Laplacian　14
乱流混合 turbulent mixing　27, 130

リ

力学的効果 dynamical effect　97
陸風 land breeze　196
離心率 eccentricity　183, 184
流線関数 stream function　13
領域気候モデル regional climate model　178

レ

冷水ケルビン波 cold Kelvin wave　13, 148
冷熱源応答 cold heat-induced response　85
レーリー摩擦 Rayleigh friction　101
連続の式 continuity equation　4

ロ

ロスビー応答 Rossby wave response　152
ロスビーの変形半径 Rossby radius of deformation　55
ロスビー波 Rossby wave　58, 153
　強制—— forced Rossby wave　153
　自由—— free Rossby wave　4, 59, 61,

155
西進── westward Rossby wave　37
赤道対称── symmetric Rossby wave　101, 153
暖水── warm Rossby wave　37, 81
定常── stationary Rossby wave　5, 137, 139, 153, 155, 157, 169

ローレンタイド氷床 Laurentide ice sheet　192

ワ

惑星渦度 planetary vorticity　58, 156
惑星規模モンスーン planetary-scale monsoon　124

英文索引

A

absolute vorticity 絶対渦度　58, 155
active radar 能動型レーダー　11
active-break cycle アクティブ・ブレイクサイクル　62, 126, 139
adiabatic heating 断熱加熱　107
advection 移流　65
　cold air—— 寒気移流　109
　horizontal—— 水平移流　107
　vertical—— 鉛直移流　107
　warm air—— 暖気移流　109
air mass modification 気団変質　166
air-sea coupled wave 大気海洋結合波動　4, 61
albedo effect アルベド効果　144
Aleutian low アリューシャン低気圧　96, 161, 177
American monsoon アメリカンモンスーン　20, 134
anchovy アンチョビ　24
anomalous hot summer 暑夏　155
anomaly 偏差　4
　composite—— 合成偏差　25
　heat content—— 貯熱量偏差　54
antimalarial 抗マラリア剤　128
anvil アンビル　19
aphelion 遠日点　185
apparent heat source 見かけの熱源　106
apparent moisture sink 見かけの水蒸気減少　106
Arafura Sea アラフラ海　95

Arctic oscillation (AO) 北極振動　169
atmospheric window 大気の窓　19
Australian monsoon オーストラリアモンスーン　147
autonomous telemetering line acquisition system (ATLAS) 定置ブイ　7
autumnal equinox 秋分点　186

B

background winds 背景風　157, 165
Baiu 梅雨　99, 121
Baiu front 梅雨前線　124, 173
baroclinic structure 傾圧構造　93
barotropic 順圧的　17
barotropic instability 順圧不安定　124, 139
basin-wide warming 全域昇温　71
　Indian Ocean—— インド洋の全域昇温　82
Bay of Bengal ベンガル湾　177
β-plain approximation β 面近似　44
Bjerknes feedback ビヤクネスフィードバック　29, 77
Bonin high 小笠原高気圧　17, 161
Bonin Islands 小笠原諸島　93
bulk method バルク法　65
bulk transfer coefficient バルク輸送係数　67

C

capacitor effect コンデンサー効果　81

227

carbon cycle 炭素循環　182
Cenozoic period 新生代　99
Central Asia 中央アジア　150
Changma チャンマ　126
Clausius–Clapeyron equation クラウジウス−クラペイロンの式　195
climatic precession 気候的歳差　183, 189
climatological mean 平年値　142
climatology 気候値　8
cloud cluster 雲クラスター　62, 64
cloud shielding 日射の遮蔽　27
cloud shielding effect 遮蔽効果　67
coastal Kelvin wave 沿岸ケルビン波　53
coastal upwelling 沿岸湧昇　24, 41
cold air 寒気　166
cold air advection 寒気移流　109
cold heat–induced response 冷熱源応答　85
cold Kelvin wave 冷水ケルビン波　13, 148
compensating subsidence 補償下降流　101
composite anomaly 合成偏差　25
condensation heating 凝結熱加熱　93, 96, 107, 176
constant pressure specific heat 定圧比熱　67
continental monsoon 大陸性のモンスーン　126
continuity equation 連続の式　4
convection jump 対流ジャンプ　121, 126, 142, 171
COP 国連気候変動枠組み条約締約国会議　180
Coriolis force 転向力　39, 92
cumulus convection 積雲対流　108
cut–off low 切離低気圧　166

D

Darwin ダーウィン　31
deep ocean circulation 海洋深層循環　3
delayed oscillator 遅延振動子理論　5, 35, 60
diabatic heating 非断熱加熱　107
differential heating 加熱差異　96
dispersion relationship 分散関係　5, 87, 157
diurnal variation 日変化　196
divergence 発散　14
divergent circulation 発散循環　13
divergent wind 発散風　13
downwelling Rossby wave 暖水ロスビー波　37, 81
drag coefficient 摩擦係数　39
dry season 乾季　120
dry static energy 乾燥静的エネルギー　112
dynamical effect 力学的効果　97

E

Earth Summit 地球サミット　180
easterlies 偏東風　29, 94, 99, 176
easterly jet 偏東風ジェット　133
easterly wave 偏東風波動　124, 139
eccentricity 離心率　183, 184
eddy heat flux 渦熱フラックス　178
eddy viscosity 渦動粘性　39
Ekman dump エクマンダンプ　42, 60
Ekman flow エクマン流　39
Ekman pumping エクマンパンピング　36
Ekman pumping velocity エクマンパンピング流速　42
Ekman spiral エクマン螺旋　39
Ekman transport エクマン輸送　39, 60,

English Index

72

El Niño エル・ニーニョ　25
　transition from ── to La Niña エル・ニーニョからラ・ニーニャへの遷移　85
El Niño/southern oscillation ENSO（エンソ〈エル・ニーニョ・南方振動〉）　3, 33
ENSO–monsoon study ENSO–モンスーン論　144
ENSO transition ENSO の遷移　85
equation of motion 運動方程式　4
equation of state 状態方程式　4, 106
equatorial inclination 赤道傾角　183
equatorial Kelvin wave 赤道ケルビン波　54
equatorial monsoon 赤道モンスーン　71
equatorial upwelling 赤道湧昇　24, 41
equatorial wave 赤道波　2
equatorial wave guide 赤道導波管　54
equivalent black body temperature (T_{BB}) 相当黒体放射輝度温度　21, 129, 198
Eulerian description オイラー表記　107
Euler's formula オイラー公式　87
Eurasian pattern Eurasian パターン　154
evaporation of raindrops 雨滴の蒸発　202
evaporative cooling 蒸発による冷却　26, 73
explosive low 爆弾低気圧　166

F

feedback フィードバック　2
　Bjerknes ── ビヤクネスフィードバック　29, 77
　ice–albedo ── アイス・アルベドフィードバック　192
　ocean ── 海洋フィードバック　131
　positive ── 正のフィードバック　29
　wind–evaporation ── 風・蒸発フィードバック　38
　wind–evaporation–SST ── WES フィードバック　70, 150
Fennoscandia ice sheet フェノスカンジア氷床　192
first law of thermodynamics 熱力学第一法則　4, 106
first spring storm 春一番　179
flux adjustment フラックス補正　193
forced Rossby wave 強制ロスビー波　153
free Rossby wave 自由ロスビー波　4, 59, 61, 155
frequency 振動数　57
fresh water 淡水　7
frontal monsoon 前線性のモンスーン　126

G

geostationary satellite 静止衛星　22
geostrophic balance 地衡流平衡　55
geostrophic wind 地衡風　101
GEWEX Asian Monsoon Experiment GAME（ゲーム）　135
glacial–interglacial cycle 氷期・間氷期サイクル　3, 183
global warming skeptics 温暖化懐疑論　169
great circle 大円　153
greenhouse gas 温室効果ガス　169
group velocity 群速度　158

H

Hadley circulation ハドレー循環　104, 162, 176
Halley ハレー　92, 96

heat conduction 熱伝導　65
heat content anomaly 貯熱量偏差　54
heat exchange at the ocean surface 海面熱交換　65
heating 加熱
 adiabatic── 断熱加熱　107
 condensation── 凝結熱加熱　93, 96, 107, 176
 diabatic── 非断熱加熱　107
 latent── 潜熱加熱　107
 sensible── 顕熱加熱　107
heat of evaporation 気化熱　65
heat source 熱源　4
heat-induced response 熱源応答　100
 Matsuno-Gill type── 松野–ギルの熱源応答　154
heavy snowfall 豪雪　166
Helmholtz's theorem ヘルムホルツの定理　58
horizontal advection 水平移流　107
horizontal shear 水平シアー　124, 139
horizontal wind shear 風の水平シアー　36
horseshoe shape 馬蹄形　34
hydro-isostasy ハイドロアイソスタシー　196
hydrostatic equilibrium 静力学（水圧）平衡　8
hypsithermal 気候最適期　192

I

ice core 氷床コア　181
ice sheet 氷床　192
ice-albedo feedback アイス・アルベドフィードバック　192
Indian monsoon インドモンスーン　163

Indian Ocean basin-wide warming インド洋の全域昇温　82
Indian Ocean dipole mode インド洋ダイポールモード　71
insolation 太陽入射量　190
Intergovernmental Panel on Climate Change (IPCC) 気候変動に関する政府間パネル　169, 179, 180
internal energy 内部エネルギー　106
international date line 日付変更線　11
intraseasonal oscillation 季節内振動　61
intraseasonal variation (ISV) 季節内変動　64
inversion layer 逆転層　118
Iranian high イラン高気圧　138
isotherm 等温線　8

J

Jomon transgression 縄文海進　192

K

Kelvin wave ケルビン波　4, 101
 coastal── 沿岸ケルビン波　53
 cold── 冷水ケルビン波　13, 148
 equatorial── 赤道ケルビン波　54
Keplerian orbital elements ケプラーの軌道要素　183
Köppen climate classification ケッペンの気候区分　104
Kuroshio 黒潮　4, 68

L

La Niña ラ・ニーニャ　30
 transition from El Niño to── エル・ニーニョからラ・ニーニャへの遷移　85
land breeze 陸風　196

English Index

land-sea breeze 海陸風　92, 96, 197
land-sea configuration 大陸配置　29, 70, 96
Laplacian ラプラシアン　14
last glacial maximum (LGM) 最終氷期最盛期　183, 190, 192
latent heat flux 潜熱フラックス　65
latent heating 潜熱加熱　107
Laurentide ice sheet ローレンタイド氷床　192
law of conservation of mass 質量保存の式　4
law of conservation of water vapor 水蒸気保存の法則　106
linearization 線形化　156, 160
local time change 局所変化　107
long-wave radiation 長波放射　19, 67
low frequency 長周期　61

M

Madden and Julian oscillation (MJO) マッデン-ジュリアン振動　64
main thermocline 主温度躍層　6
maritime continent 海洋大陸　27
Matsuno-Gill type heat-induced response 松野-ギルの熱源応答　154
Matsuno-Gill pattern 松野-ギルパターン　4, 100
mausim モウシム　92
mechanical mixing 機械的混合　5
Meiyu メイユ　174
meridional temperature gradient (MTG) 子午面方向の温度勾配　138
meridional wave number 南北波数　57, 157
mesoscale convective system (MCS) メソスケール対流　201
meteorological radar 気象レーダー　128
Mexican monsoon メキシカンモンスーン　20, 163
mid-Holocene 完新世中期　183, 190
mid-May fine weather 五月晴れ　139
Mid-Pacific trough 中部北太平洋トラフ　16, 93, 161
Milankovitch cycle ミランコヴィッチサイクル　183
Milankovitch forcing ミランコヴィッチフォーシング　183
mirror image 鏡像　193
missing value 欠測値　129
moist static energy 湿潤静的エネルギー　114
monsoon モンスーン　92
　American—— アメリカンモンスーン　20, 134
　Australian—— オーストラリアモンスーン　147
　continental—— 大陸性のモンスーン　126
　ENSO——study ENSO-モンスーン論　144
　equatorial—— 赤道モンスーン　71
　frontal—— 前線性のモンスーン　126
　Indian—— インドモンスーン　163
　Mexican—— メキシカンモンスーン　20, 163
　northwesterly——flow 北西モンスーン気流　166, 178
　ocean—— 海洋性のモンスーン　126
　planetary-scale—— 惑星規模モンスーン　124
　South East Asian——(SEAM) 東南アジ

アモンスーン 121
western North Pacific——(WNPM) 西部北太平洋モンスーン 121, 171
winter—— 冬季モンスーン 82, 179
monsoon circulation モンスーン循環 29
monsoon low モンスーン低圧部 161
monsoon trough モンスーントラフ 103
monsoon-desert mechanism モンスーン・砂漠メカニズム 105
mountain-centered distribution 山雪型 166

N

Newtonian cooling ニュートン冷却 101
Nobel Peace Prize ノーベル平和賞 181
North Atlantic oscillation (NAO) 北大西洋振動 169
northward displacement of ITCZ ITCZの北偏 69
northwesterly monsoon flow 北西モンスーン気流 166, 178

O

ocean buoy 海洋ブイ 7
ocean feedback 海洋フィードバック 131
ocean monsoon 海洋性のモンスーン 126
Okhotsk high オホーツク海高気圧 166, 173
onset オンセット 121
orbital parameter 軌道要素 3
outgoing long-wave radiation (OLR) 外向き長波放射量 19

P

Pacific high 太平洋高気圧 93, 161
Pacific North American (PNA) pattern 太平洋・北アメリカパターン 33, 154
Pacific-Japan pattern PJパターン 150, 154, 165
Paleoclimate Modeling Intercomparison Project (PMIP) 183
perihelion 近日点 185
phase transition 相変化 65, 67
phase velocity 位相速度 57, 102, 157
phytoplankton 植物プランクトン 24
pile up 集積 29
pile up effect 吹き寄せ(効果) 94
plain-centered distribution 里雪型 166
planetary vorticity 惑星渦度 58, 156
planetary wave プラネタリー波 163
planetary-scale プラネタリースケール 93
planetary-scale monsoon 惑星規模モンスーン 124
Poisson equation ポアソン方程式 14
pollen analysis 花粉分析 192
positive feedback 正のフィードバック 29
precession 歳差 183, 186
 climatic—— 気候的歳差 183, 189
pressure gradient force 圧力傾度力 53
prevailing wind 卓越風 120
primitive equation プリミティブ方程式 104
proxy data プロキシデータ 182

Q

Q_1, Q_2 method Q_1, Q_2法 5
quasi-biennial oscillation (QBO) 準2年振動 61

R

radiative cooling 放射冷却 199
Rayleigh friction レーリー摩擦 101

English Index

recharge-discharge oscillator 充填・放出振動子理論　4, 35, 38

regional climate model 領域気候モデル　178

release of latent heat 潜熱解放　93

remote forcing 遠隔強制　71

restoring force 復元力　37, 53

reversal of temperature gradient 温度勾配の反転　133

ridge 気圧の峰　147

Rossby radius of deformation ロスビーの変形半径　55

Rossby wave ロスビー波　58, 153

　downwelling—— 暖水ロスビー波　37, 81

　forced—— 強制ロスビー波　153

　free—— 自由ロスビー波　4, 59, 61, 155

　stationary—— 定常ロスビー波　5, 137, 139, 153, 155, 157, 169

　stationary——response 定常ロスビー応答　125

　symmetric—— 赤道対称ロスビー波　101, 153

　westward—— 西進ロスビー波　37

rotational circulation 回転循環　13

rotational wind 回転風　13

S

salinity 塩分濃度　5

scatter diagram 散布図　27

sea surface height 海面高度　11

seasonal forecast 季節予報　83

seasonal mixed layer 季節混合層　5

seasonal thermocline 季節温度躍層　5

seasonal wind 季節風　92

semi-arid region 半乾燥地域　104

sensible heat 顕熱　65

sensible heat flux 顕熱フラックス　65

sensible heating 顕熱加熱　107

shallow water equation 浅水方程式　4, 44, 56

short period disturbance 短周期擾乱　139

shortwave radiation 短波放射　67

Siberian high シベリア高気圧　96, 166, 178

Silkroad pattern シルクロードパターン　166

singularity 特異日　137, 139

snow area 積雪面積　144

snow cover extent 積雪被覆　143

snow depth 積雪深　144

snow disappearance period 融雪期　192

snow memory 積雪履歴　144

Somali jet ソマリジェット　74, 99

South East Asian monsoon (SEAM) 東南アジアモンスーン　121

South Pacific convergence zone (SPCZ) 南太平洋収束帯　16, 95

southern oscillation (SO) 南方振動　31

southern oscillation index (SOI) 南方振動指数　31

southwesterly 南西気流　153

specific humidity 比湿　67

spectrum peak スペクトルピーク　61

static stability 静的安定度　196

stationary Rossby wave 定常ロスビー波　5, 137, 139, 153, 155, 157, 169

stationary Rossby wave response 定常ロスビー応答　125

Stefan-Boltzmann law ステファン-ボルツマンの法則　19

stream function 流線関数　13
structure function 構造関数　57
sub system サブシステム　2
summer solstice 夏至　188
super cluster スーパークラスター　64
Sverdrup balance スヴェルドラップバランス　4
Sverdrup relation スヴェルドラップの関係　48
Sverdrup transport スヴェルドラップ輸送　38, 47
symmetric Rossby wave 赤道対称ロスビー波　101, 153
synoptic disturbance 総観規模擾乱　147, 174

T

Tahiti タヒチ　31
Taklimakan desert タクラマカン砂漠　97
Taylor–Proudman theorem テーラー–プラウドマンの定理　46
teleconnection pattern テレコネクションパターン　5, 150, 154
temperature lapse rate 気温減率　96
terrestrial radiation 地球放射　19
the first transition 広域モンスーンの開始　123, 171
the Gulf stream メキシコ湾流　68
thermal convection 熱対流　5
thermal expansion 熱膨張　11
thermal wind 温度風　133
thermodynamic effect 熱力学的効果　99
thermodynamic equation 熱力学方程式　106
thermostat hypothesis サーモスタット理論　26

thickness 層厚　137
three cell model 3細胞モデル　104, 162
3-dimentional assimilation 3次元同化　135
Tibetan high チベット高気圧　93, 161
Tibetan Plateau チベット高原　135
time–slice experiment タイムスライス実験　183
tongue-shaped warm region 舌状暖水域　142
TOPEX/POSEIDON トペックス・ポセイドン　11
trade wind 貿易風→ easterlies
trapped wave 捕捉された波　53
TRITON array トライトンブイ　8
Tropic of Cancer 北回帰線　184
Tropic of Capricorn 南回帰線　184
tropical easterly jet 熱帯東風ジェット　29, 93
Tropical Ocean and Global Atmosphere 熱帯海洋大気観測計画　128
tropical rainfall measuring mission (TRMM) 熱帯降雨観測衛星　22, 201
tropospheric biennial oscillation (TBO) 対流圏2年周期振動　145
turbulent mixing 乱流混合　27, 130
typhoon 台風　124

U

upwelling 湧昇　41

V

velocity potential 速度ポテンシャル　13
vernal equinox 春分点　186
vertical advection 鉛直移流　107
vertical eddy heat transport 鉛直渦熱輸送

English Index

106
vertical velocity 鉛直速度　8
vorticity 渦度　14
　absolute—— 絶対渦度　58, 155
　planetary—— 惑星渦度　58, 156
vorticity conservation law 渦度保存則　4
vorticity equation 渦度方程式　156
vorticity filament 渦糸　46
vorticity forcing 渦度強制　47

W

Walker circulation ウォーカー循環　29, 76, 147
warm air advection 暖気移流　109
warm pool 暖水プール　25, 94
warm Rossby wave 暖水ロスビー波→ downwelling Rossby wave
water vapor flux 水蒸気フラックス　171
water vapor transport 水蒸気輸送　171
wave guide 導波管　53, 153
　equatorial—— 赤道導波管　54
wave source 波源　137
wave train 波列　33
westerly burst 西風バースト　64
westerly jet 偏西風ジェット　29, 133, 179
westerly-induced Western Pacific warming WWW メカニズム　132, 139
Western Atlantic pattern Western Atlantic パターン　154
western boundary current 西岸境界流　4
western North Pacific monsoon (WNPM) 西部北太平洋モンスーン　121, 171
western Pacific oscillator 西太平洋振動子理論　35, 38
Western Pacific pattern Western Pacific パターン　154
westward Rossby wave 西進ロスビー波　37
wet season 雨季　120
wet tongue 湿舌　174
wind stress 風応力　39
wind-driven circulation 風成循環　39
wind-evaporation feedback 風・蒸発フィードバック　38
wind-evaporation-SST feedback WES フィードバック　70, 150
wind-precipitation paradox 風と降水のパラドックス　171
winter monsoon 冬季モンスーン　82, 179
winter solstice 冬至　188
withdrawal of Baiu 梅雨明け　173
Wyrtki jet ヴィルティキジェット　42, 73

Z

zonal wave number 東西波数　57

著者紹介

植田宏昭（うえだ　ひろあき）
筑波大学教授(生命環境系；持続環境学専攻・環境科学専攻・地球環境科学専攻・地球科学専攻・計算科学研究センター・地球学類担当)，博士(理学)
1969 年生まれ
1992 年 筑波大学第一学群自然学類卒業
1997 年 筑波大学大学院地球科学研究科修了
1996 年 日本学術振興会 特別研究員
1998 年 運輸省気象庁気象研究所気候研究部 研究官
2002 年 筑波大学地球科学系 講師
　　2006-2007 年 ハワイ大学国際太平洋研究センター 客員研究員(兼任)
　　2007-2009 年 鳥取大学乾燥地研究センター 客員准教授(兼任)
2009 年 筑波大学大学院生命環境科学研究科 准教授
2011 年 筑波大学生命環境系 准教授
2012 年 筑波大学生命環境系 教授
大学教育では，気候学・気象学(大気科学)の分野を担当．これまでモンスーン気候力学の視点から，異常気象に代表される気候システムの年々変動や，地球温暖化問題をはじめ，近年では古気候モデリングに関する研究に従事．
1997 年 日本気象学会山本・正野論文賞受賞
2006 年 ハワイ大学国際太平洋研究センター招聘研究奨励賞

気候システム論
―グローバルモンスーンから読み解く気候変動―

2012 年 3 月 25 日初 版 発 行
2015 年 12 月 10 日第 2 刷発行

著作者　　植　田　宏　昭

発行所　　筑波大学出版会
　　　　　〒 305-8577
　　　　　茨城県つくば市天王台 1-1-1
　　　　　電話 (029) 853-2050
　　　　　http://www.press.tsukuba.ac.jp/

発売所　　丸善出版株式会社
　　　　　〒 101-0051
　　　　　東京都千代田区神田神保町 2-17
　　　　　電話 (03) 3512-3256
　　　　　http://pub.maruzen.co.jp/

編集・制作協力　　丸善プラネット株式会社

Ⓒ Hiroaki UEDA, 2012　　　　　　　　　　Printed in Japan

組版・印刷・製本／三秀舎
ISBN978-4-904074-21-3 C3044